国家林业和草原局普通高等教育"十三五"规划教材

FURNITURE MATERIALS: PRINCIPLES, GUIDELINES, AND BEST PRACTICES

# 家具材料学

第 2 版

张求慧 / 主　编

程旭锋　张　帆　张世锋 / 副主编

中国林业出版社

### 图书在版编目（CIP）数据

家具材料学 / 张求慧主编. —2版. —北京：中国林业出版社，2018.5（2024.4重印）
国家林业和草原局普通高等教育"十三五"规划教材
ISBN 978-7-5038-9491-6

Ⅰ.①家…  Ⅱ.①张…  Ⅲ.①家具材料－高等学校－教材  Ⅳ.①TS664.02

中国版本图书馆CIP数据核字（2018）第057437号

### 国家林业和草原局生态文明教材及林业高校教材建设项目

**中国林业出版社·教育出版分社**

| | |
|---|---|
| 策划、责任编辑 | 杜 娟 |
| 电　话 | 83143553　　传　真　83143516 |
| 出版发行 | 中国林业出版社（100009　北京西城区德内大街刘海胡同7号） |
| | E-mail: jiaocaipublic@163.com　电　话：（010）83143500 |
| | http://lycb.forestry.gov.cn |
| 经　销 | 新华书店 |
| 印　刷 | 北京中科印刷有限公司 |
| 制　作 | 北京金舵手世纪图文设计有限公司 |
| 版　次 | 2012年12月第1版 |
| | 2018年5月第2版 |
| 印　次 | 2024年4月第3次印刷 |
| 开　本 | 889mm×1194mm　1/16 |
| 印　张 | 19 |
| 字　数 | 正文550千字 |
| 定　价 | 66.00元 |

未经许可，不得以任何方式复制或抄袭本书之部分或全部内容。

**版权所有　侵权必究**

# 第 2 版前言

材料科学的发展日新月异，作为材料科学领域的一个重要分支，家具材料也呈现出飞速发展的态势，除了新型家具材料的层出不穷和产业化应用以外，对传统材料的创新使用也有了令人惊喜的局面，这些都为家具产品实现功能上的舒适、造型上的多变、表现力上的提高提供了更广阔的空间。

家具材料是构成家具实体的必备条件和物质基础，材料自身所具有的丰富内涵和外延值得每一位家具设计和制造人员深入探究。掌握材料的基本属性和变化规律，才有能力驾驭材料，发现每一种材料所具有的独特表达语言，发掘其内涵并赋予其新的含义。

本书为国家林业和草原局普通高等教育"十三五"规划教材，其修订是在第 1 版的基础上完成的，主要介绍各种常用家具材料的种类、性能、特点，在讲述基本知识的同时，介绍了部分涉及家具材料的相关标准（扫描嵌入的二维码可查阅具体内容），既方便教师教学，也便于学生自学，更可提供实际应用时权威性的各类家具材料所应具备的产品质量指标和检测方法。另外，以分享为唯一目的，书中以拓展阅读的形式介绍了一些国际著名家具品牌以及有代表性的国内外家具设计作品，希望读者能有更宽阔的视野了解国际家具设计与制造的潮流与趋势。

本书既可作为高等院校木材科学与工程、家具设计与制造、工业设计、产品设计等相关专业的专业教材，也可供从事家具设计与制造工作的工程技术人员参考使用。

本书由北京林业大学教师团队编写完成，由张求慧教授主编，全书共分 9 章。第 1、2、3、8 章由张求慧教授编写，第 4 章由张帆教授编写，第 5 章由钱桦教授编写，第 6、7 章由程旭锋教授编写，第 9 章由张世锋教授编写。全书由张求慧统稿。

特别感谢中国林业出版社的杜娟编辑在本书的策划与出版过程中的辛苦付出。

由于家具材料涉及学科众多，加之编者水平有限，书中可能存在不足之处，敬请读者指正。

张求慧

2018 年 1 月

# 第1版前言

伴随着我国经济的高速发展和人们生活水平的不断提高，家具行业也呈现出一派欣欣向荣的景象。家具材料是构成家具实体的必备条件和物质基础，家具工业的快速发展与技术进步，也体现在新型家具材料和工艺技术的研发和应用上。新材料层出不穷，为家具设计和制造提供了更广阔的用材空间。因此，学习、了解和掌握各种家具材料的基本知识，有助于正确合理地设计、制造和使用家具产品。

家具设计和制作人员应该熟悉各种材料的性能特点、分类、尺寸规格、用途、使用要求和经济成本等，只有这样才能更好地掌握材料，也才会有能力驾驭材料。除此以外，优秀的家具设计师应该善于发现材料的潜质，敢于打破对材料固有认识的局限，发掘其内涵并赋予其新的含义。

本书主要介绍各种常用的家具材料及辅料的种类、性能、特点，全书强调材料基础知识的系统性和专业知识的实用性。在论述基本知识的同时，介绍了部分涉及家具材料质量指标和检测方法的现行国家标准和行业标准，既方便教师教学，也便于学生自学，突出培养学生的分析问题和解决问题的能力。

本教材既可作为高等院校木材科学与工程、家具设计与工程、工业设计及相关专业的专业教材，也可供从事家具设计与制造工作的工程技术人员参考使用。

本教材由北京林业大学张求慧和钱桦主编。全书共分9章，第1、第2、第3、第8章由张求慧编写，第4章由张帆编写，第5章由钱桦编写，第6、第7章由程旭锋编写，第9章由张世锋编写。

由于家具材料涉及学科众多，加之编者水平有限，书中可能存在不足之处，敬请读者指正。

编　者
2012年10月

# 目 录

第2版前言
第1版前言

**第1章 概论** \01

1.1 引言 \02
  拓展阅读：关于交椅 \03
1.2 家具材料的概念与作用 \05
1.3 家具材料的分类 \07
1.4 家具材料的一般性质 \09
1.5 家具材料的选择原则 \15
1.6 家具材料的相关标准 \19
1.7 家具材料的发展趋势 \20
  拓展阅读：生命周期评估 \22
1.8 课程学习的目的及学习方法建议 \23

**第2章 木材** \25

2.1 木材概论 \26
2.2 木材宏观构造与识别 \31
  拓展阅读：硬软木家具论 \42
2.3 木材物理性质 \47
2.4 木材力学性质 \56
2.5 木材的化学性质 \65
2.6 木材缺陷 \68
2.7 木材尺寸计量、锯材名称及规格 \78
2.8 木家具用材要求以及有害物质限量 \80

2.9 木材保护和改性 \81
  拓展阅读：关于实木家具和板式家具 \89

**第3章 人造板** \91

3.1 人造板的基本性质 \94
3.2 胶合板 \97
  拓展阅读：伊姆斯夫妇和他们的 DCW（Dining Chair Wood）椅 \104
3.3 刨花板 \116
3.4 纤维板 \130
3.5 贴面装饰人造板 \134
  拓展阅读：意大利知名品牌 Tumidei 和其板式家居空间 \141

**第4章 竹材与藤材** \145

4.1 竹材 \146
  拓展阅读：竹家具的创新设计方向 \160
4.2 藤材 \161
  拓展阅读：工业用藤的质量要求 \164

**第5章 金属材料** \171

5.1 金属家具概述 \172
  拓展阅读：马歇·布劳耶与他的钢管椅 \173
5.2 金属家具常用材料 \180

5.3 金属家具标准简介 \195
5.4 家具五金件简介 \195

## 第 6 章　玻璃　\203

6.1 玻璃的组成、基本特性与分类 \205
6.2 家具常用玻璃 \207
6.3 常用玻璃材料加工工艺 \213
6.4 新型玻璃简介 \221

## 第 7 章　塑料　\227

7.1 塑料的分类及特性 \229
7.2 塑料的组成 \231
7.3 家具常用塑料品种 \234
7.4 塑料家具的特点及塑料的成型 \242
　　*拓展阅读：意大利著名家具企业 Kartell 简介* \243

## 第 8 章　纺织品与皮革　\249

8.1 纤维基础知识 \251
　　*拓展阅读：法国家具品牌 Rochebobois 简介* \259
8.2 常用家具覆面纺织品 \261
　　*拓展阅读：意大利家具品牌 Cappellini 简介* \269
8.3 家具覆面用皮革 \269
　　*拓展阅读：荷兰家具品牌 Leolux 简介* \277

## 第 9 章　胶黏剂　\281

9.1 概述 \282
9.2 胶接机理及胶黏剂的选用原则 \283
9.3 家具常用胶黏剂 \285

**参考文献**　\294

# 第 1 章
# 概 论

[本章提要] 材料是家具产品的物质基础和必备条件。掌握家具材料的知识，目的在于把握材料的性质，以便在进行家具设计和制造时，有能力驾驭材料，诠释材料的语言内涵，发挥材料的本质功能。本章主要介绍家具材料的概念与作用、家具材料的分类、家具材料的一般性质以及家具材料的选择原则。同时，明确学习家具材料课程的目的，对本课程的学习方法给出建议。

1.1 引 言
1.2 家具材料的概念与作用
1.3 家具材料的分类
1.4 家具材料的一般性质
1.5 家具材料的选择原则
1.6 家具材料的相关标准
1.7 家具材料的发展趋势
1.8 课程学习的目的及学习方法建议

## 1.1 引言

材料的历史与人类史一样久远。人类生活在材料世界中,居住在由不同家具材料构筑而成的房屋里。材料不但是人类生活和生产的物质基础,也是人类认识自然和改造自然的工具。从考古学的角度,人类文明被划分为旧石器时代、新石器时代、青铜器时代、铁器时代等,由此可见材料的发展对人类社会的影响。

材料也是人类进化的标志之一,任何工程技术都离不开材料的设计和制造工艺,每一种新材料的出现,都极大地促进了社会文明的发展。家具材料是材料科学领域的重要分支,对家具行业的发展具有举足轻重的作用。

家具材料是构成家具实体的物质基础,家具设计作品的实现离不开材料的支撑。从家具发展的漫长历史不难发现,家具工业的发展一直伴随着人类精神文明和物质文明水平的不断提高而实现。不同时代的家具产品采用不同属性的家具材料,体现出各个时代的文明程度和经济技术发展轨迹,也深刻影响了家具设计的不同风格和流派。

家具材料的初级阶段可以追溯到人类有记载的历史之前,那时的家具材料取之于自然。尽管由于物质和工艺条件的限制,当时的家具产品显得粗糙简单。但随着时代变迁,家具用材的种类越来越多,体现出时代的进步和材料科学的发展进程。我国商周时期就已出现了木材和青铜制作的家具,到明代则诞生了用各种名贵木材(如紫檀、花梨木等)制成的造型优美、工艺精湛、材质坚硬、纹理美观的明式家具。

家具用材的变革为家具产品注入了新活力,至今蜚声中外、代表中国古典家具最高水平、具有鲜明民族特色和清雅风格的明式家具就是这一变革的具体体现。

中国明式家具产生于经济繁荣的明代,是中国家具发展史的鼎盛时期,当时的城镇发展迅速,家具需求量不断扩大。与此同时,海外贸易往来频繁,郑和下西洋带来了大量的优质红木,这些均对明式家具的形成和发展产生了巨大作用。

明式家具之所以对世界家具发展具有如此重要的影响作用,原因主要有三个:其一,采用名贵树种木材,这些木材具有"与生俱来"的典雅色泽和清晰纹理,增加了家具产品的质感美和自然情趣;其二,家具表面不用油漆涂饰,只在原木表面进行打蜡处理,可充分体现出材料自身的丰富纹理和天然色泽;其三,红木树种木材具有密度大、孔隙率小的特征,材性上具有质地坚硬、吸湿吸水率低、尺寸稳定的特点,这为实木家具部件之间实现榫卯结构提供了保障。图1-1为我国著名的代表性红木家具——明紫檀交椅。

图1-1　明紫檀交椅

### 拓展阅读：关于交椅

古人最初的坐具是一种被称为"杌"的凳子，由汉代北方游牧民族传入。这种木制小凳双脚交叉而立，传入中原后被叫做"交床"。"交"是取了凳脚交叉的形，"床"则是古语对坐具的称谓。唐明宗始，为了更趋舒适，人们在交床上增加了靠背与扶手，有了椅子。

椅子改变了人类千年的起居方式，让我们的先祖离开地席、垂足而坐。不同款型的椅子内涵隐喻丰富，表达了中国家具中丰富的等级观念。交椅盛行于宋元时期，是当时帝王将领专享的高贵坐具。帝王出行、狩猎时，侍从扛着椅具随行伺候，皇帝累了就可不分场地地随时展开交椅歇息。行军作战的将领也有专用的交椅，由随身士兵驮着，供将领在作战歇息时使用。久而久之，交椅成了身份象征，权贵专属，他人轻易不得沾身。

因为权贵，也因需便携，交椅的做工精巧，无任何累赘之设。靠背连着扶手，三五节攒接，攒接处铜饰包裹，是为坚固。椅面丝绳纺织，是为轻巧。作为户外途中的临时用椅，交椅没有忽略坐者的君王仪态，设计在前足处的足踏板，使端坐其上之人在户外依然丝毫不减正襟危坐的风范。

存世的交椅精品多为明代所制。在这个讲求精致文雅的年代，交椅的造型也是流畅至美。月牙扶手、云纹如意头、靠背上开光的浮雕，无一不透出清灵之气。后世，交椅渐失户外之用，进入厅堂，成为室内的摆设之物，鲜有使用。交椅现存极少，举世仅百余件，多存博物场馆，民间罕见。人们对其进行造型结构上的改进，使其更加舒适而且坚固耐用，四足直立的交椅就是现今多见的"圈椅"。

---

伴随工业革命的进程，西方现代的家具设计思想开始逐渐渗透到中国家具业，性能优良、质感别致、成型方法简单的新材料也为家具材料家族提供了新的选择（图1-2）。家具材料的多元化、加工设备功能的不断提升以及家具生产新工艺的涌现为家具行业的发展起到了推波助澜的积极作用。

家具用材品种的丰富及材料使用方法的不断创新，体现了社会文明进步的进程。纵观家具材料史的前世今生，家具材料的主体依然是包括天然木材及人造板在内的木质材料。此类材料的主体是与人类最亲近的可再生材料，多彩柔和的自然色泽、丰富多变的花色纹理、软硬适

图1-2 伊特鲁里亚椅

图 1-3 "河"桌

度和保温隔热的触感、理想的声学性能以及机械加工性能，使木质材料至今在家具材料大家族中扮演着举足轻重的作用。在材料科学高速发展的今天，至今依然没有一种材料能够全方位的替代木材。这也是古今中外世界上的众多家具设计师对木材情有独钟的重要原因。除了木材以外，还有一些自然材料也在家具作品中具有重要体现，包括：温暖亲和的家具覆面材料棉麻和皮革；韧性和弹性好、抗弯能力强的竹材和藤材等。

家具制作中采用人工材料可使作品更具有现代风格，这些材料在不同加工工艺（如切、琢、磨、刻、压、磋等）的处理下显现出变换丰富的质感和表面性能，包括：晶莹剔透、透视感强的玻璃；轻巧精美、结构牢固、张力感强的金属；色彩艳丽、造型变化多、成型便利、价格低廉的塑料等。图 1-2 是英国的家具设计师 Danny Lane 于 1984 年设计的伊特鲁里亚椅（*Etruscan Chair*），以低碳钢为四腿支撑，雕刻后的大理石为座椅面，靠背采用的是玻璃，整个作品体现了材料多元化特有的丰富韵味。

将天然材料与人工材料进行"混搭"使用也是家具设计与制作常用的方法，两种不同材料之间的语言对话，可以产生妙不可言的装饰美感。图 1-3 是美国设计师 Greg Klassen 的"河"系列（*River Collection*）作品之一。采用的主材包括木材和玻璃，嵌入式青绿色"玻璃河"贯穿木材，木材表面特有的自然旋转、随机变化的生动纹理以及与生俱来的"缺陷"美，还有变化不齐的边缘，都提供了完美的"岸"，作品旨在模仿河流原本的自然景观。

家具新材料与制作新工艺的完美结合是家具工业永远的追求，家具作品的艺术效果和功能在很大程度上受到材料的制约。每一种材料都有其自身的材质语言和加工特性，可以产生不同的形态特征和使用效果。家具设计的创作构思与表现往往依赖于设计师对材料的了解程度和驾驭能力。将材料的肌理美、色彩美和质地美等外在特征充分表现出来，并将材料的硬度、强度、尺寸稳定性等内在特性充分利用起来，是家具设计师设计出优秀家具产品的前提条件。因此，家具设计和制作人员有必要熟悉各种材料的性能特点、分类、尺寸规格、用途、使用要求和经济成本等，以便于更好地为家具设计和制造服务。

现代材料技术发展迅速，不断出现的新材料为家具设计和制造提供了更广阔的空间，优秀的家具设计师应该善于发现和挖掘材料的潜质，敢于打破对材料固有认识的局限，开拓其内涵并赋予其新的含义和境界。另外，对原有材料的创新性使用也是家具设计师应该关注的热点。将家具作品的设计风格与其放置的室内装饰风格环境相贴切应该是家具设计师应予以重视的要点。实际上，任何一款精品家具都会融合国际最新的潮流元素，将艺术和工艺完美结合，并考虑个性表达、时尚追求以及环境因素。图 1-4 所示是一款时尚休闲椅及应用场景，显示出与室内环境设计风格的和谐统一。该款椅子由以色列籍国际著名家具设计师、建筑师 Ron Arad（罗恩·阿拉德）于 2002 年为意大利品牌 MOROSO 设计，名为 *Little Albert*，采用金属框架，充填高弹泡沫海绵，外包布艺。成立于 1952 年的 MOROSO 一直以环保、舒适、艺术、合理为设

图 1-4　时尚休闲椅及应用

计理念，主要代表了前卫和稀有艺术在家具上的反映，从结构上讲究简洁的线条，从风格上追求现代简约，从色彩上以大胆的色块组合追求视觉上的强烈冲击。

## 1.2　家具材料的概念与作用

### 1.2.1　概念

家具的构成要素包括造型结构、材料和功能。其中：功能是先导，是推动家具发展的动力；造型结构是主干，是实现功能的基础；材料是支撑，是家具实体的基础。在家具设计和制造的范畴里，家具材料是指用于家具主体结构制作以及可用于家具表面覆面装饰、局部黏接和零部件紧固的与家具相关的各种材料的总称。

家具材料涉及的范围十分广泛，从液态到固态，从单质到化合物，无论是古老的传统材料还是新型的现代材料，无论是天然材料还是人工合成材料，都是家具产品设计制造的物质基础。

家具材料的外在特性主要包括：材料的肌理，色彩和光泽，透明性，平面花式，质地美感，外形尺寸等。家具材料的内在特性主要包括：硬度，强度，延展性，收缩性，防水防潮性，防腐防虫性，耐久耐候性等。

### 1.2.2　作用

家具材料是家具制品形态美感与强度功能的物质载体，它的强度支撑作用、质感的艺术表现作用均对产品质量有着重要影响。没有材料的强度功能体现和语言内涵表现，所有的家具设计都只能停留在"纸上谈兵"的创意设计上。材料的特性决定了家具造型的特点，根据家具造型和风格选择家具材料，是家具作品创作的前提。但是，理想的家具设计用材并非就是多种贵重材料的机械堆砌，而应该是材料的合理搭配和贴切应用，只有正确地选材和合适的工艺相结合，才能赋予家具制品特有的功能和美感。

可以说，在家具设计中，对材料性能的把握和对材料语言的理解和诠释，是家具设计风格产生和家具实体制作实现的必要基础和充分条件。丹麦著名家具设计师 Kaare·Klint 就曾指出：

"将材料特性发挥到极致，是任何完美设计的第一原理。用正确的工艺技巧去处理正确的材料，才能真正地解决人类的需要，并获得真实和美的效果。"

图 1-5　面具椅

　　进行家具设计时，首先应该考虑的就是材料因素，要根据家具的功能选择适宜的材料，并利用不同材料的特性，将它们有机地结合在一起，使其各自的性能和美感得以体现、深化和升华。

　　材料科学的快速发展导致了新材料的发现与运用，为家具设计提供了多样化的选择空间，是新家具产品诞生的动力和源泉，也是家具工业得以长足发展的根源。从大量的家具设计案例中，可以清晰地看到，新材料的出现为家具设计制造注入了活力，提供了更多的选择性，对家具工业的发展起到了革命性的推动作用。图 1-5 所示为由意大利设计师 Fabio Novembre 为意大利品牌 Driade 设计的面具椅（Nemo Chair），采用合成树脂类材料制作。Driade 一直是设计界一个特立独行的存在，鼓励创新与个性，也关注品位与格调，品牌多元化的设计理念让其产品看起来不拘一格，甚至有些古怪，但同时也显得优雅别致，充满趣味。

　　设计师 Fabio Novembre 喜欢借助设计传达一些精彩的、引人入胜的故事，而这张面具椅就是想表达出古希腊神话中美的神圣与神秘。面具椅的造型极具古希腊神话雕塑般的美感，有让人一眼着迷的独特魅力，似在用精湛的艺术意象来诉说家具故事。Fabio Novembre 的家具作品的"主角"往往是一个抽象人物，面具椅就体现了一个由外观经典的脸营造出的生存空间。一人高的面具椅恰好能将使用者完全包覆，给人一种安全感。椅子背后是浑然自成的扶手，坐进去的一刹那，能够感受到材料特有的温柔和肃穆，仿佛整个世界都静止了！

图 1-6　马赛克面具椅

图 1-6 所示为在此基础上衍生出来的马赛克面具椅，具有更强的装饰性。

## 1.3　家具材料的分类

用于家具制造的材料品种繁多，涉及面很广。表 1-1 列出了家具生产中常用的材料。通常，将家具材料分为金属材料、非金属材料和复合材料三大类。从材料的本质特性上分类，家具材料又可分为有机高分子材料和无机材料两大类。可见从不同的角度分析家具材料的属性，可以得到不同的结果。常用的家具材料分类方法主要包括以下几种。

表 1-1　常用的家具材料

| 家具材料 | 有机家具材料 | 植物纤维家具材料 | 木材，竹材，藤材，其他天然植物纤维及制品等 | |
|---|---|---|---|---|
| | | 合成高分子家具材料 | 塑料，化学纤维及制品，涂料，胶黏剂等 | |
| | 无机家具材料 | 金属家具材料 | 黑色金属 | 钢铁及不锈钢，彩色涂层钢板等 |
| | | | 有色金属 | 铝合金，铜及铜合金等 |
| | | 非金属家具材料 | 玻璃，大理石等 | |
| | 复合家具材料 | 有机材料基复合材料 | 胶合板，纤维板，刨花板，集成材，单板层积材，塑合木，浸渍纸贴面材料等 | |
| | | 无机材料基复合材料 | 涂塑钢板，涂塑铝合金等 | |

### 1.3.1　按家具材料的化学性质分类

根据家具材料在化学性质上不同的自然属性，可将家具材料分为：木材及木质复合材料、竹材和藤材、金属、塑料、玻璃、纺织纤维织物、皮革、石材、胶黏剂及涂料等。其中，木材及木质复合材料、金属和塑料是三大基础家具材料。

这种分类方法方便学习和掌握材料的基本知识和基本理论，因为材料属性的界限严谨、清楚，对于新材料的兼容性好，而且便于从根本上分析材料的基本性质和应用规律，也方便教学内容的系统性和连贯性，因此，在应用材料科学研究领域，常采用这种分类方法。

### 1.3.2 按家具材料的用途和主辅作用分类

按照这种分类方法,将家具材料分为:结构材料,表面装饰材料和辅助材料。

结构材料在家具中主要起结构支撑作用,用于家具的主体结构,可以承受人体及所放物品的应力,是家具的基础材料,可保持产品的结构强度、刚性和稳定性,木材、木质复合材料、金属、玻璃、塑料和石材等都具有这种功能。

表面装饰材料主要对家具的表面具有保护作用和装饰作用,可以赋予家具产品更理想的装饰效果和表面综合抗耐性,各种薄木制品、热固性树脂装饰层压板、浸渍纸、聚氯乙烯薄膜、各种有机或无机涂料以及各种金属贴面材料都是常用的家具表面覆面材料。

辅助材料主要指用于家具生产的各种类型的胶黏剂和金属连接件等。

### 1.3.3 按家具材料的软硬程度分类

按软硬程度可将家具材料分为:软质材料、半硬质材料和硬质材料。

软质材料主要指各种用于软体家具包覆使用的纺织纤维装饰织物、皮革,以及充填软体家具内部的发泡物(如聚氨酯发泡海绵)等,软质材料在软体家具中应用广泛。图 1-7 所示为荷兰著名家具品牌 Leolux 采用新型泡沫材料作为充填物制作的时尚沙发。

半硬质材料主要包括各种速生木材、普通塑料和瓦楞纸板等,用于低档家具、塑料家具和纸质家具的制造。

硬质材料包括金属、玻璃、石材、工程塑料以及各种木材等,是家具生产中使用较多的家具材料。

### 1.3.4 按家具材料的来源分类

按材料来源可将家具材料分为:天然材料和人工材料。

天然材料主要指木材、竹材、藤材、石材及天然纤维装饰织物,这些材料在具有古典风格以及田园风格的家具制造中采用较多,也在不同风格的家具包覆材料中有广泛应用。

人工材料主要包括金属及合金、塑料和玻璃等,该类材料在具有现代风格的塑料家具、金属家具和玻璃家具制造中被广泛采用。

图 1-7 时尚沙发

图 1-8 雀椅

图 1-9 书椅

图 1-8 和图 1-9 分别展现的是我国家具设计师采用天然材料和人工材料制作的座椅，两件原创设计作品均参加了 2012 年米兰家具设计周 "'坐下来'中国当代坐具设计展"。图 1-8 所示为我国家具设计师朱大象特别为女儿设计的 "雀椅"，实木与圆角的运用不仅看起来憨厚富有童趣，体现了是家具、也是玩具的儿童家具功能特点，而且用起来也更加安全与放心。图 1-9 所示为我国青年设计师何牧和张倩的 "书椅"，通过将书籍的展示、储存与椅子的组合，以及坐在上面的时候取书、看书、放书行为更为方便，椅子散发出了让人阅读的欲望。整个椅子采用的是塑料材质。

## 1.4 家具材料的一般性质

### 1.4.1 物理性质

家具材料的物理性质主要包括密度、孔隙率、吸湿吸水性、导热性、耐热耐寒性等。

密度 是表示和评价家具材料的重要指标。

严格意义上的密度定义为：材料在绝对密实状态下（不含任何内部孔隙），单位体积的质量。材料密度的大小取决于材料的组成和微观结构，当材料的组成和微观结构一定时，材料的密度为常数。

材料的体积密度（也称表观密度）是材料在自然状态下，单位体积的质量。测定体积密度时，材料的质量可以是在任意含水状态下，但需说明具体含水率数值。通常所说的体积密度是材料在气干状态下的密度，称为气干体积密度，简称体积密度。如果材料是在绝干状态时，则称绝干体积密度。材料的体积密度除与材料密度有关外，还与材料的内部孔隙和材料的含水率状态有很大关系。材料的孔隙率越大、含水率越小时，则其体积密度越小。

不同品种的材料具有不同的密度，同种材料的密度大小也会存在较大差异，例如木材、竹材、塑料和金属等。家具生产中，可以根据材料密度判断其紧密程度和多孔性。材料密度对家具产品的强度、尺寸稳定性、机械加工性能、使用性能等具有重要影响，对家具生产的加工过程如工艺参数的选择与控制具有实际意义。另外，材料的密度因与质量密切相关，因此对家具原料以及产品的运输成本也具有实际意义。

从材料的加工性能上看，现代家具制造希望采用轻质高强（强重比高）、易于加工，尺寸稳定、综合抗耐性（耐水、耐热、耐磨、耐污染等）好的材料。

木材是使用历史最古老也是至今使用最普遍的家具材料，我国传统硬木家具，如红木家具中，常以各种红木原料的密度作为材料品质以及机械加工性能难易程度的评定依据。

表 1-2 列出了常用家具材料的密度。从宏观分析的结果可以看出，常用于家具的主体材料如木材、竹材、人造板等的密度相对较低，容易进行切削等机械加工，塑料次之，玻璃的密度较高，而金属的密度则是常用家具材料中最高的。

**表 1-2　常用家具材料的密度**

| 材料名称 | | 密度（g/cm³） | 材料名称 | | 密度（g/cm³） |
| --- | --- | --- | --- | --- | --- |
| 木材 | 软木类 | 0.3～0.5 | 铝合金 | | 2.7 |
| | 普通类 | 0.5～0.8 | 普通玻璃 | | 2.3 |
| | 硬木类 | 0.8～1.1 | 钢化玻璃 | | 2.5 |
| 胶合板 | | 0.6～0.7 | 聚酯纤维玻璃 | | 1.62 |
| 纤维板 | 硬质 | ≥0.8 | 有机玻璃 | | 1.19 |
| | 中纤板 | 0.45～0.88 | 刚性泡沫玻璃 | | 1.28～1.36 |
| 刨花板 | 普通 | 0.55～0.80 | 钢 | | 7.85 |
| | 高密度 | ≥0.8 | 锌 | | 7.14 |
| 细木工板 | | 0.5～0.7 | 聚氯乙烯 | | 0.5～0.8 |
| 软木板 | | 0.13 | 聚乙烯塑料 | 低密度 | 0.91～0.94 |
| 竹材 | | 0.6～0.8 | | 高密度 | 0.94～0.97 |
| 秸秆压密板 | | 0.36 | 泡沫塑料 | | 0.016 |
| 铜 | | 9.0 | 毛毡（含黄麻纤维） | | 0.12 |

**孔隙率**　是指材料内部所有孔隙的体积占材料在自然状态下体积的百分率，分为总孔隙率（简称孔隙率）、开口孔隙率和闭口孔隙率。

开口孔隙率是材料内部开口孔隙的体积占材料在自然状态下体积的百分率，由于水可进入开口孔隙，工程中常将材料在吸水饱和状态下所吸水的体积，视为开口孔隙的体积。闭口孔隙率是材料内部闭口孔隙的体积占材料在自然状态下体积的百分率。

一般情况下，材料内部的孔隙率越大，则材料的体积密度、强度就越小，而且耐磨性、耐水性、耐腐蚀性和耐久性也越差，但保温性、吸湿吸水性会越好。材料的孔隙形状和孔隙状态对材料的性能也有不同程度的影响，例如：相对于闭口孔隙和球形孔隙而言，材料的开口孔隙和非球形孔隙（如扁平孔隙或片状孔隙即裂纹）对材料的强度、保温性、抗冻性、抗渗透性、耐腐蚀性、耐水性和耐污染性等更为不利，但对材料的吸声性和吸湿吸水性有利，并且孔隙尺寸越大，影响程度也就越大。家具材料中，低密度的速生树种木材因为孔隙率较大，所以材料的强度较低，耐水性能也差；而金属、玻璃、高密度塑料以及木材中一些红木树种材料的孔隙率则较小，材料强度相对较高，吸湿吸水率低，耐久性较理想。

**吸湿吸水性**　指某些家具材料在一定温度和湿度条件下，具有从空气中吸收水蒸气或与水接触时吸收水分的性能。其中，吸水是指材料在水中吸收水分的能力，常用吸水率表示。吸湿是材料在潮湿空气中吸收水分的性质称为吸湿性，吸湿性用含水率表示。材料的耐水性是指材料长期在水的作用下保持原有性质（不发生破坏，强度也不显著降低）的能力。石材是具有优异耐水性的材料，因此是制造橱柜、浴室家具及户外家具的良材（但花岗石类个别颜色鲜艳的石材品种可能存在放射性，选用时应予以注意，几乎所有品种的大理石、人造石材都无此隐患）。图 1-10 所示为水磨石在橱柜台面中的应用。

一般吸湿吸水性高的材料其耐水性能均较低。常用的家具材料中，天然木材、各种人造板材以及竹材藤材都是典型的具有吸湿吸水性的材料，这种材料在条件适宜的情况下，吸收水分而使材料含水量增加，自重加大，并且造成材料尺寸膨胀。但在干燥环境中，这种材料又会释放出水分，减少含水量，并因此引起尺寸上的干缩。而家具材料中的金属和玻璃等则不具有吸湿吸水性，是耐水性好、尺寸稳定性好的家具材料。

图 1-10 水磨石橱柜台面

材料的吸湿吸水性会导致家具在使用过程中的干缩湿涨，因此是材料重要的物理性质指标。表 1-3 列出了部分家具材料在干湿条件下的变形程度比较。

特别需要指出的是，天然木材在纵向、径向和弦向的干缩率差异，是致使实木家具在使用时，容易因环境气候变化出现干缩开裂、尺寸变形的重要原因之一。

**导热性**  是指家具材料对热量的传递性能。导热性低的家具材料对环境温度的变化不敏感，具有更理想的使用性能。由于家具材料的组成成分和结构不同，各种家具材料的导热性差异很大。材料的导热性还受到材料的颜色以及光滑程度的影响。一般而言，金属的导热性强，因此铝合金家具不适宜用在气候温度变化差异大的环境条件下。木材及木质复合材料的导热性小，由这些材料制成的家具可以应用在更加广泛的地域范围。

表 1-3  部分家具材料的干湿变形比较

| 材料名称 | | 变  形 |
|---|---|---|
| 木材 | 软木 | 径向 0.45～2.0 |
| | | 弦向 0.6～2.6 |
| | 硬木 | 径向 0.5～2.5 |
| | | 弦向 0.8～4.0 |
| 碎木胶合板 | | 0.1～12.0 |
| 细木工板 | | 0.15～0.30 |
| 塑料层压板 | | 0.10～0.50 |
| 有机玻璃 | | 0.35 |
| 聚酯纤维玻璃 | | 0.002 |
| 玻璃纤维增强复合材料 | | 0.07 |
| 金属、玻璃 | | — |

**耐热耐寒性**  指家具材料耐温度变化而保持其原有性质的能力，即在急冷急热作用下，不发生强度功能下降的性能，又称材料的抗热震性和热稳定性。该性质取决于材料的成分和结构的均匀性。熔点越高，耐热性越强。一般规律是：晶体结构材料的耐热耐寒性大于非晶体结构材料；无机材料大于有机材料，金属材料的耐热耐寒性最高，玻璃次之，木材和塑料更低。有些家具制品如塑料家具需要能够在较低的温度下也具有良好的使用性能，因此要求具有耐寒性，可以在低温下保持一定的韧性，脆化倾向小。

### 1.4.2  力学性质

材料力学性质主要包括强度、弹性和塑性等。

材料的强度可以分为抗压强度、抗拉强度、抗弯曲强度、抗剪切强度、耐磨损强度以及抗冲击强度等。家具材料的使用条件不同时，其受到的外力作用形式不同，因此强度对于不同家具产品使用的材料具有不同意义。图 1-11 是材料受各种外力作用时的简单示意图。

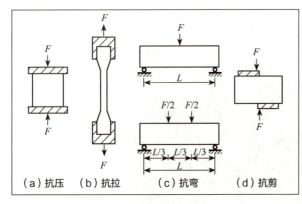

图 1-11 材料受各种外力作用时的示意图

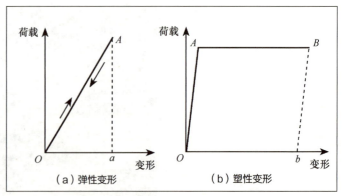

图 1-12 材料的弹性变形与塑性变形

家具中的桌椅、写字台、床和沙发等产品的台面和腿部主要受力形式为垂直方向的抗压和抗弯，因此要求这些台面材料和腿部的支撑结构材料分别具有良好的抗压强度和静力弯曲强度。

材料的塑性是指在外力作用下，材料的外形发生变形，但并不断裂破坏，移去外力后，材料仍然不能恢复到原有形状的性质，该变形称为塑性变形或永久变形。

家具材料受外力作用时，拉长或变形的量很大但不会出现破裂时，则表明该材料的塑性好。家具制造过程中，采用塑性成型方法生产家具制品或在家具表面进行塑料贴面装饰时，需要材料具有较理想的塑性。制造金属家具制造时，也希望材料具有良好的塑性，以满足加工过程对材质的需要。

材料的弹性是指其在外力作用下产生变形，当外力除去后，能够完全恢复原来形状的性能。材料的弹性决定了其缓冲性能。某些软体家具的填充物质需要具有良好的弹性。

材料在受到一定外力作用时，变形量大而且恢复形变时间短，则其弹性越好，缓冲性能越理想。图 1-12 所示为材料的弹性变形和塑性变形曲线。

在目前现有的家具材料中，几乎没有完全的弹性材料或塑性材料。如木材为具有黏弹性的材料，在不同的温度和湿度条件下，木材可以呈现出不同的性质，在家具产品的设计制造和使用时，可以利用材料在弹性和塑性阶段的特性，使材料的功能性发挥到极限。

### 1.4.3 装饰性能

不同品种的家具材料具有不同的外观特点和装饰效果，这也是构成家具制品具有不同表面质感的根本原因，同时还是显示家具材质美的重要因素。家具材料的装饰性能是指由材料的质感、色彩纹理以及形态尺寸等因素共同表现出的综合视觉效果。图 1-13 是极具大自然装饰美感的软体沙发。

质感是材质被视觉和触觉感受后，经大脑综合处理后，产生的一种对材料表现特性的感觉和印象，其内容包括材料的形态、色彩、质地和肌理。

质感是构成家具风格的主要物质因素，不同质感的材料具有不同的审美品质与个性。

人类自古以来就对具有原始美的质感或粗犷或柔软的自然材料有亲近之感，从心理上乐于接受它。

表面光滑的人造材料通常具有流畅之美，但同时也会产生冰冷、刚硬和厚重的漠视感。

同类材料的不同品质之间也会存在质感的差异，如不同树种的针叶材、阔叶材以及不同属性的阔叶材木材，其纹理和色泽等均具有明显不同，显现出具有不同的质感。

色彩和形态尺寸是体现家具产品效果最直接的因素，容易被感知。优秀的家具设计作品

图 1-13 极具大自然装饰美感的沙发

通过创新性地展现家具材料的色彩和形态尺寸获得令人耳目一新的视觉效果，并将自己设计的家具风格予以充分体现。

利用色彩的心理联想，可以使人获得各种不同的艺术感受。例如，红色和橙黄等暖色调使人感受到温暖和兴奋等，绿色和蓝色等冷色调会让人宁静和安定等。一般，天然木材的色调具有真实自然、柔和宜人的特点，是最受欢迎的家具色彩之一，具有这种色调的家具材料非常适宜打造具有古典风格美的实木家具。色彩明艳的家具材料如塑料等，因为其亮丽的色彩语言更适宜表现前卫的风格，因此常用于具有现代风格的家具生产制造中。

家具材料形态尺寸的变化也是家具作品结构造型设计的重要元素，中规中矩的材料形态适合表现风格庄重严肃的家具作品，而外形尺寸规格多变的不规则材料则适宜风格活泼、充满童趣的儿童家具制造或用于具有前卫风格的超现代风格家具的制造。图 1-14 所示为采用不同材料制造的具有不同结构形式和造型变化的家具座椅。

总之，优秀的家具设计需要有适宜的家具材料进行渲染，诱使人们去联想和体会。家具材料的恰当运用，可以强化家具作品的艺术效果，同时也是体现家具艺术价值的重要标志。实际在家具制造中，经常将天然材料和人工材料进行有机组合，这样不但可以使各种材料的特性得以充分展现，更可以在相互对比和搭配的作用下，通过传递不同的材料视觉反差，达到相得益彰、各显风采的艺术效果。

### 1.4.4 化学稳定性

材料的化学稳定性是指受外界环境条件作用时，不易发生化学变化（如腐朽、老化、锈蚀等）的性能。材料化学稳定性不良时则意味着使用环境苛刻而且功能寿命短。所有的材料均会出现功能退化，因此，有必要了解常用家具材料化学稳定性变化的原因和规律。

图 1-14 采用不同材料制造的不同结构造型的座椅

**腐朽** 主要是针对木材、竹材和藤材等天然高分子材料，这些材料由于在自然环境中受到昆虫或其他生物的侵蚀，材料表面出现颜色变化，材性将受到破坏，有强度下降等现象。在持续潮湿的环境下，真菌对木材的侵蚀更加危险和严重。为了避免木材等生物质材料的腐朽，延长其使用寿命，可采取防腐处理的方法。

**老化** 是指塑料高分子材料在光、氧气和温度作用下，因内部分子结构发生降解而产生的机械强度急剧下降、制品表面发黏和变软的现象。为了提高塑料的抗老化性能，一般在塑料制造过程中，加入热稳定剂、光稳定剂和抗氧化剂等抗老化剂。

**锈蚀** 是指金属材料在大气环境中，在温度、湿度和周围电解质等因素的共同作用下，表面出现的腐蚀现象。另外。在硫酸盐存在的环境中，硫酸盐还原菌会产生硫化物，腐蚀钢、铁等金属材料。为了增加金属材料的抗锈蚀能力，可采用在金属中添加合金元素、电镀、表面涂饰防锈涂料以及采用气相防锈技术等措施。

### 1.4.5 成型加工性能及表面加工性能

家具材料一般需要采用冷加工（如木材制品的机械加工）或热加工（如塑料和金属制品的成型加工）的方法加工成部件或直接制成成品。

材料的成型加工性能对家具材料综合性能的影响十分重要。不同的家具材料和不同的成型加工工艺要求有不同的加工性能。如木材的刨削、铣型、钉钻性能等；竹材和藤材的柔韧性能和弯曲性能等；金属的冲压、焊接、冷弯性能等；塑料的热成型性能及印刷性能等。有些家具在生产过程中需要在高温加工条件才能成型，如金属家具的铸造成型、塑料家具的模压成型或注射成型，因此要求家具材料具有较好的热塑性。图 1-15 所示为在 2011 年米兰家具展上现身的"麻椅"（*Hemp Chair*），由德国建筑师和设计师 Werner Aisslinger 设计制作。作品以纯天然材料亚麻纤维为原材料，采用了模压技术压合而成。整个座椅质地坚固、结构轻巧，而且成本低廉，属于热门的环保家具。

一般情况下，表面加工性能是指对其进行涂饰、胶贴、雕刻、着色、烫、烙、磨光、抛光等装饰的可行性。包括实木家具和板式家具在内的木质家具制品通常均需要在产品的最后工序进行不同形式的表面加工，金属家具和玻璃家具也需要进行表面的磨光或抛光处理，以提高其各自的装饰效果和使用性能，因此，家具材料的表面加工性能非常重要。

**图 1-15 利用模压技术制作的"麻椅"**

## 1.5 家具材料的选择原则

家具材料的品种很多，涉及范围很广，可供选择的种类众多，但实际生产中，并非任何材料都适宜应用于家具生产。家具材料的选用主要应考虑到下列因素。

### 1.5.1 功能协调性原则

家具材料应与该家具所承担的功能相适应。家具结构材料需要具有相应的强度，能够承担该家具所需要的承重载荷，具有相应的强度极限值。金属家具和石材家具容易给人安全感，就是因为其具备足够的强度。图1-16所示为我国某公司生产的石家具，台面装饰有中国元素符号，汉字本身的表意性就很强，使得该茶几带有很强的东方文化的禅意。

实木家具中，多采用密度较高、硬度较大的木材作为家具的结构材料，如桌椅、柜类和卧床的腿部支撑件。红木家具、硬木家具之所以受到大众青睐，其材料强度高、硬度大、尺寸稳定是重要原因之一。板式家具中，也有采用实木为结构件支撑的形式，即所谓的板木结合式的家具。

玻璃茶几和玻璃柜类家具制造中，常用金属作为支撑材料，而玻璃则作为台面材料使用，可以利用两者之长，使金属的硬朗性和玻璃的通透性均得到很好的体现，不但可以满足家具的使用功能，也可以达到理想的装饰效果。图1-17所示为常见的金属玻璃餐桌椅。

另外，家具生产过程中，家具产品的部件之间需要金属连接件相互联结，因此，还要考虑材料的握钉力、抗劈裂性等性能。

家具表面的覆面材料以及围护材料主要起装饰作用和提高表面综合抗耐性作用（包括耐磨性、耐水性、耐热性、耐化学污染性等），因此，对强度的指标要求在其次。常用的家具饰面材料包括各种薄木制品、聚氯乙烯薄膜、热固性树脂装饰层压板以及三聚氰胺浸渍纸等，常用的家具围护材料包括各种人造板材如薄型的胶合板、纤维板和刨花板等。

### 1.5.2 装饰美学性原则

家具材料自身的装饰效果与家具设计的风格息息相关。不同的家具材料具有迥然不同的质地和外观质量，其具有的独特性质地和肌理决定了家具产品的美学感受，也是家具材质美的重要因素，决定了家具作品的自然风韵和特殊艺术感染力。从家具材料选择的装饰美学性原则出发，主要考虑材料的种类、颜色、纹理、透明性等。

图1-16 石茶几

图1-17 金属玻璃家具

材料种类不同时，则具有不同的内在表现力，如：品种繁多的天然木材属于自然材料，色调柔和、纹理自然、触感真实，给人亲切、舒适、包容的外观感觉；金属材料表面光洁，具有突出的坚硬、富于张力的力度感，可以使人产生稳定、信任、安全的心理感受；玻璃具有出色的透明性，使人一目了然，其晶莹剔透的特性，可以使家具制品的空间层次具有延伸和扩大的视觉效果，也可以调节家具整体和局部的虚实关系；棉麻织物和纺织品则以柔软和轻盈见长，常给人以温暖、舒适的感受，非常适宜用于软体家具的包覆材料。

图 1-18 所示为世界著名的美国家具设计师 Charles 和 Ray Eames（查尔斯和蕾伊姆斯）即伊姆斯夫妇在 1956—1957 年间设计的休闲椅和脚凳，以檀木成型胶合板为座椅托，椅子面用牛皮覆面，座垫内用发泡海绵填充，可旋转的脚架为铸铝材料制成。该款家具是为专门为他们的朋友设计的躺椅，坐上去非常舒服，适用于休息室或者其他很多场所。伊姆斯夫妇设计制作的这款家具被誉为家具设计史上的经典作品，被美国纽约现代艺术博物馆 MoMA 永久收藏。1957 年此产品被推出时，就已成为引领时代的精品，现仍广受欢迎。伊姆斯休闲椅（也称俱乐部椅）的现代风格不仅持续了 60 多年，也已成为 20 世纪最伟大的家具设计风格之一，产品的标识化明显，极易识别。此款躺椅是某奥斯卡金像奖电影导演的生日礼物、世界著名演员明星的宠儿、相关纪录片和专业家具书籍的主角，被评为家具界的保时捷，苹果电脑总裁 Steve Jobs、全球首富 Bill Gates 都是它的拥护者。

特别需要指出的是，家具作品具有不同的风格和流派，家具材料的选择应与家具设计的风格相贴切。例如：中国古典家具的风格是崇尚自然的，讲究天人合一的艺术效果，在家具用材上，多采用一些具有自然风韵的材料，包括木、竹、石、藤、布等。图 1-19 所示为我国建筑师卢志刚为"米丈堂"木作设计制作的以江南文化为创作土壤、取书法笔意之精髓的"缘圆椅·逸"。这款椅子的用材采用了珍贵的木材树种——花梨木，家具的外观造型如行云流水，流畅典雅的线条中隐含铮铮风骨，宛若一挥而就的行草篇章。椅子造型在扶手等转折处切合书法行笔中的"略停"，显得坚实有力。不为外形所限的是，设计时考虑了座椅的舒适度，整个椅子看上去颇有格调。

图 1-18　伊姆斯夫妇的休闲椅和脚凳

图1-19　缘圆椅·逸

米丈堂"缘圆椅"

图1-20　"飘"纸椅

　　图1-20所示为我国年轻的家具设计师张雷和他的搭档在2011年米兰家具设计周上呈献的作品"飘"纸椅（*Paper* Chair）。椅子上部采用了经过特殊处理的中国宣纸作为座椅面，支撑腿为榉木。作品体现了一种中国风尚，利用宣纸细腻的质感和韧性，使其既有温暖的触摸感，又在特定工艺下具备了几乎和实木一样的牢固度，与此同时，材料本身还蕴涵了特定的文化寓意。

　　现代前卫风格的家具主张突出时代特色，讲究的是采用具有高技术象征意义的新型材料，玻璃、铝合金和不锈钢、塑料等具有典型时代潮流特征的材料被大量采用，以突出其现代材料的特有美感。图1-21所示为获得2016年德国红点奖最高荣誉——最佳设计奖（Best of the Best）第一名的作品 *Uncle Jack* 沙发，与 *Uncle Jack* 成系列的 *Uncle Jim*（单人椅），采用同样的材料并有着与前者大致相同的形状和轮廓，可满足家具市场多样性的要求。这个作品由享有"设计鬼才、设计天才"、设计界"国王"等重量级美誉的法国著名设计大师Philippe Starck（菲

图 1-21　*Uncle Jack* 沙发

利浦·斯塔克）为意大利著名公司家具制造商 Kartell 设计。创立于 1949 年的 Kartell，擅长运用塑料制作色彩丰富又充满设计感的家具单品。作为塑料家具的鼻祖，Kartell 在当今家具领域有超然的地位，能始终如一地专注于塑料家具的创造，并把塑料做成奢侈品的品牌。

*Uncle Jack* 采用性能独特的聚碳酸酯塑料，材料的透明度近似玻璃，弯曲的流线形外观十分迷人。先进的注塑成型技术，使重达 30 kg、长为 1.9 m 的产品表面无任何接缝，极好的整体感增强了视觉感受。*Uncle Jack* 和 *Uncle Jim* 沙发的表面触感柔软，结构坚固，同时具有良好的气候适应性，可置于室外使用。

总之，利用不同材料所具有的不同的特殊装饰效果，可以赋予家具作品特殊的材质美。

### 1.5.3　加工适应性原则

家具生产中，需要对材料进行各种形式的加工处理，因此，材料的加工工艺性直接影响到家具生产是否能够顺利地进行，也决定了家具制品的质量。成型加工性能不好的材料不适宜用在家具生产中。常用的家具材料中，木材和木质材料易于进行各种形式的机械加工，也容易进行表面涂饰和着色，是生产家具的上等材料。在木材和木质材料的加工过程中，还要考虑到其受水分的影响而产生的干缩湿涨、各向异性、易变形及开裂以及多孔性等。塑料及其合成材料具有模拟各种天然材料质地的特点，具有突出的延展性、热塑变形性和成型性，并且具有良好的着色性能，但其易于老化，易受热变形，用此生产家具，其使用寿命和使用范围受到限制。金属材料家具加工过程中，要考虑其锻造性、冲孔性、冲压性、铣削性等。玻璃材料要考虑到其热变形性、脆性、硬度等。

### 1.5.4　经济适用性原则

家具材料的经济性包括材料的价格、材料的加工劳动消耗、材料的利用率及材料来源的丰富性等。材料的选择还与家具产品的生产成本、经济效益以及生产管理的难易程度息息相关，因此，在经济市场的大环境下，家具材料的选择必须与其经济适用性联系在一起进行合理考虑。

任何家具制品的寿命都不是天长地久的，需要有少则几年、多则几十年的更换周期。因此，合理采用的家具材料是应该与其寿命相匹配的，既不能因过分考虑耐久性而盲目追求高档次的材料，也不可为了降低成本而降低材料的质量标准。木材具有自然的花色纹理、良好的机加工性能以及优异的物理化学及环境友好的等优点，被广泛用于家具制造生产中。但随着需求量的增加，木材蓄积量不断减少，特别是珍贵树种的木材资源日趋匮乏，因此价格相对便宜的普通树种木材、速生材以及与木材材质相近的、经济美观的人造板材将越来越广泛地用于家具的生产中。塑料的颜色变化丰富，可以热塑成型出不同的复杂多变的形状，其原料成本和加工费用较低，其产品的视觉装饰效果突出，使用性能可满足一般强度要求，寿命较短，适宜制造儿童家具以及更换频繁的临时性家具。

### 1.5.5 环境友好性原则

家具使用过程中，经常是与人相互紧密接触的，因此家具材料应该对人体安全的，即是无毒、无污染并且对环境友好的材料。另外，家具是室内环境中不可缺少的重要构成要素，因此，家具材料的质量及环保性能直接影响到生产加工环境以及家庭居室的空气质量。材料的环保性能还关系到能否实现清洁生产，是否存在残留在家具制品中的有毒有害物质，如：甲醛、重金属以及放射性元素等，这些物质有可能在人造板、胶黏剂、涂料及石材等材料中出现，需要特别予以关注。我国现行的相关强制标准包括：GB18584—2001《室内装饰装修材料木家具中有害物质限量》和GB18580—2017《室内装饰装修材料人造板及其制品中甲醛释放限量》等，这些标准的出台有利于家具生产部门按照严格的规定组织生产，也为保证消费者的合法权益提供了法律依据。

还需要注意的是，从家具生产行业的可持续发展考虑，家具材料应该尽量选用绿色环保、对人体健康无害、对环境友好的可再生、可降解的材料，天然木材、木质人造板、竹材和藤材等都具有这样的特点，是家具制造的优选材料。采用塑料制造家具时，要特别注意相应产生的废弃物的回收和再利用。图1-22所示为我国某包装公司以瓦楞纸板为材料制造的纸家具，是典型的环保家具。纸是中国的四大发明之一，采用纸制作的家具含有特殊的内涵和外延韵味，纸家具独有的装饰美不但可以满足现代的生活方式和审美要求，更能弘扬中国传统文化，值得家具设计者和制造企业予以特殊的重视和关注。

图 1-22　纸家具

## 1.6 家具材料的相关标准

家具材料是应用性较强的材料，各种不同的家具材料（包括木材制品、人造板、玻璃、金属和塑料等）的生产以及产品质量指标控制需要由各种不同等级标准进行制约。各种不同等级的人造板相关标准的实施，可以为生产者、消费者、质量监督检验部门以及与人造板产品相关的公众提供有效的指导。目前，我国的现行各种标准分为几大类，即：国家标准、部颁标准（行业标准）、地方标准和企业标准。国家鼓励企业制订严于国家标准或行业标准的企业标准，在企业内使用执行。标准的制订、执行和监督权属于国家质量技术监督局，也可以委托相关具有一定资质的机构代为行使其职权，如某标准化委员会、某质量检测中心或某质量检测站等。

我国的《标准化法》中规定，国家标准、行业标准分为强制性标准和推荐性标准。保障人体健康、人身、财产安全的标准和法律及行政法规规定强制标准的标准是强制性标准，必须执行。不符合强制性标准的产品被禁止生产、销售和进出口。推荐性标准不具有强制性，任何单位均有权决定是否采用，违犯这类标准，不构成经济或法律方面的责任。但应当指出的是，推荐性标准一经接受并采用，或各方商定同意纳入经济合同中，就成为各方必须共同遵守的技术依据，具有法律上的约束性。例如：GB/T 18101—2013《难燃胶合板》为推荐性国家标准，其中规定：难燃胶合板是经过阻燃处理，达到难燃等级的胶合板。这就要求，生产此类板材的厂家一旦采用了这个标准，就应对胶合板的原料进行阻燃处理，使板材在空气中受到火烧或高温作用时，难起火、难微燃、难碳化，当离开火源后，燃烧或微燃应立即停止，达到此标准后方可出厂销售使用。一般涉及家具材料的标准大多为推荐性标准。

根据国家法令，在制订标准时应尽量以国际技术规程或标准为依据，直至等同采用国外的先进标准，如：国际标准化组织（ISO）标准、欧洲标准化委员会（CEN）标准、德国标准化组织（DIN）标准、美国材料实验学会（ASTM）标准、美国国家标准研究所（ANSI）标准、美国木材标准委员会（ALSL）标准、日本农林标准（JAS）标准、日本木材检测和研究协会（JLIRA）标准、加拿大木材标准授权办公室（CLSAB）标准等。

当我国的各种现行标准不能有针对性地满足实际需要时，可采用类似的国际相关标准，制约企业的生产、保证产品的质量并满足实际使用者的需求。

## 1.7 家具材料的发展趋势

进入21世纪的中国家具行业面临一个新的发展时期，家具材料的发展也同时充满挑战与机遇。随着世界范围内对环境保护问题的极大关注，国内外企业均加强了科技投入和新材料的研发，并在家具材料领域予以应用，以便满足不断发展的家具市场的要求。新的家具材料和新的加工工艺技术正被陆续不断地应用于家具生产行业。纵观目前家具材料的发展状况，可以分析总结出具有以下几个趋势。

### 1.7.1 向材料多元化发展

天然木材是古老、传统而永恒的家具材料，以健康环保为主要特征的实木家具至今仍在我国家具市场占有不少份额。特别是以珍贵树种木材制作的红木家具因具有收藏价值而价格不菲。但我国实木家具市场对原木的需求量远超国内木材资源总量，供需矛盾长期突出，导致原木货源十分紧俏，价格随之疯涨。因此，家具材料市场有必要进行新的结构调整，向多种材料并举应用及组合应用的方向发展。

目前，我国家具市场仍以包括木材和人造板在内的木质家具为主，图1-23所示为2016年我国家具各子行业规模以上企业利润总额占比情况。相信不久的将来，更多采用新型材料的家具、或将现有材料进行创新性使用的家具会在我国家具市场占有更多的市场份额。集成

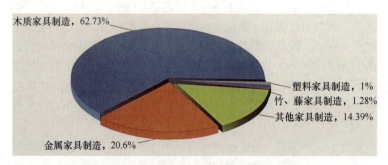

图1-23　2016年我国家具各子行业规模以上企业利润总额占比情况
（资料源自《2017中国家具年鉴》）

图 1-24　2017 年中国椅子艺术展上的部分作品

材家具、大片刨花板及可饰面定向刨花板家具、重组装饰材贴面家具、塑合木家具、纸板及纸浆模塑家具等将使家具市场呈现百花齐放的局面。

另外，对传统家具材料的重新诠释和创新性使用也是值得业内人士重视的。新型家具材料是家具设计风格的新源泉，可以点代面地完善整个家具设计体系，掌握家具风格创新的主动权。图 1-24 所示为 2017 年在北京清华大学举办的中国椅子艺术展（"坐·境"）上的部分作品，设计大师们的作品不仅诠释了他们对家具的理解，同时也彰显了他们驾驭材料的能力。

### 1.7.2　向材料复合化、多功能化、预制化发展

木材、竹藤材以及植物纤维纺织物均为天然材料，用于家具制造时，虽性能优良但毕竟存在资源有限且功能不足之处。利用材料复合技术生产可以得到多功能材料和特殊性能材料，例如：集成材、人工染色薄木、泡沫塑料、人造革和木塑复合材料等，这些材料极大地丰富了家具材料市场，为家具制造提供了更多的选择性。随着科学技术发展以及材料科学的进步，具有多功能的新型材料将会成为研发的重点，这对提高家具的使用功能、艺术效果、经济性能以及组合加工安装速度等都具有重要作用。

### 1.7.3　向材料高性能、高质量发展

家具材料品种繁多，涉及面十分广泛。家具产品质量受到原料种类、来源、加工技术、国家及行业标准等的影响较大。提高家具材料的质量是提高家具产品质量的重要前提，因此，研发高性能、高质量的性能稳定、尺寸变化小、综合表面抗耐性能理想的家具材料是目前的发展趋势，这对提高家具产品的适用性、艺术性、经济性、安全性及使用寿命都具有非常重要的实际意义。

### 1.7.4　向材料绿色化发展

随着人类对环境保护意识的提高，以及对保护自身健康的需求更加迫切，绿色环保型家具材

料品种成为家具制造的首选,对环境友好、对人体无害的家具新材料的研发将成为家具材料的发展趋势。

所谓绿色环保材料是指采用清洁生产技术,少用天然资源和能源,大量使用城市工业固态废弃物生产的无毒害、无污染、无放射性,有利于环境保护和人体健康的材料。绿色环保型材料的定义中考虑了地球资源与环境的因素,在材料的生产与使用过程中,尽量节省资源和能源,对环境保护和生态平衡具有一定的积极作用,并能为人类构造舒适的环境,它具有以下特性:①满足结构物的力学性能、使用功能以及耐久性的要求。②对自然环境具有友好性、符合可持续发展的原则,即:节省资源和能源,不生产或不排放污染环境、破坏生态的有害物质,减轻对地球和生态系统的负荷,实现非再生性资源的可循环使用。③能够为人类构筑温馨、舒适、健康和便捷的生存环境。

### 拓展阅读:生命周期评估 自:"360 百科"

生命周期评估(Life Cycle Assessment,简称 LCA),是一项自 20 世纪 60 年代开始发展的重要环境管理工具。按 ISO14040 的定义,生命周期评估是用于评估与某一产品(或服务)相关的环境因素和潜在影响的方法,它是通过编制某一系统相关投入与产出的存量记录,评估与这些投入、产出有关的潜在环境影响,根据生命周期评估研究的目标解释存量记录和环境影响的分析结果来进行的。简言之,生命周期评估对某一产品(如家具产品)从原料采撷、生产制造、使用、废弃、再生为止的整个生命周期过程(从摇篮到坟墓)进行综合评价。

图 1-25  实木家具与树木

随着世界各国社会经济的不断发展,人类的生产经营活动的环境影响越来越大,人们迫切要求获取产品和服务的有关信息,以便进行全过程控制与改进。在大量的环境行为及其责任投诉和争议面前,消费者和利益团体要求知道某种产品真正的环境影响究竟是什么(图 1-25 所示为实木家具与树木的关系);在改善环境行为的压力下,制造商们希望知道如何在其产品的整个生命周期中减少污染;而政府和其他管理机构更要获得可靠的产品信息以帮助制定和完善其法规和环境方案。

在这种背景下,国际标准化组织环境管理技术委员会(ISO/TC207)在开始制定 ISO14000 系列标准时,即建立了第五分委员(SC5)制定生命周期评估方面的标准。其中《ISO14040:环境管理—生命周期评估—原则和框架》已于 1997 年 6 月正式颁布为国际标准。

从 LCA 强调全面认识物质转化过程中对环境的影响,这些影响不但包括各种废料的排放,还涉及物料和能源的消耗以及对环境造成的破坏作用。将污染控制与减少消耗联系在一起,这样既可以防止环境问题从生命周期的某个阶段转移到另一个阶段或污染物从一个介质转移到另一个介质,也有利于通过全过程控制实现污染预防。一个实例是,世人都认为塑料不是环保材料,因为其废弃后极难处理,在自然界难以降解使得这种材料会对人类的生存环境造成永久的影响和伤害。但是,生产同体积的材料耗电量中,玻璃 2.40kW·h,纸张 0.20kW·h,铁 0.70kW·h,铝 3.00 kW·h,而塑料仅为 0.11kW·h,仅从生产过程这一个环境进行评判的话,塑料的环保性能有待于重新评价。

## 1.8 课程学习的目的及学习方法建议

本课程是林业高等院校本科木材科学与工程专业（家具设计与制造方向）的专业基础课，是必修课。本课程的核心内容是介绍各种家具材料的基本性质、特点、应用规律以及国内外家具材料的使用现状和发展趋势等。通过本课程的学习，希望使学生获得有关家具材料方面的知识，熟悉各种家具材料的性质和特点，了解传统家具和现代家具材料的制造方法，掌握家具材料的基本性能和使用规律，具备能够利用材料的性质和语言进行合理选择和应用各种家具材料的能力，并具有对家具材料的质量进行品质评定和质量管理等方面的能力。同时要求学生了解国内外本行业的生产现状和发展概况，为今后从事与本专业相关的工作打下良好的专业基础。

家具材料的内容庞杂、品种繁多，涉及多学科，其名词、概念和专业术语众多，且各种家具材料相对独立，即各章节的内容相互之间的联系和衔接较差。因此，建议学习家具材料时，应从材料科学的观点和方法以及实践的角度来进行，否则就无法掌握家具材料的组成、性质应用以及他们之间的相互联系。建议从以下三个方面进行本课程的学习。

（1）以家具材料的性质和应用为主线。掌握材料知识的目的是为了合理地应用材料，从这个角度出发去了解材料的组成、结构和性质的关系，同时还应注意外界因素对材料结构和性质的影响。

（2）运用对比的方法。通过对比各种材料的组成和结构来掌握材料的性质和变化规律，特别是通过对比掌握材料之间的共性和个性。

（3）密切联系家具生产实际。家具材料是一门实践性很强的课程，学习时应注意理论联系实际，利用一切机会注意观察周围的家具制品，并从各种文献资料和电子网络中获取有关新型家具材料的应用现状、研发进展及发展趋势等相关信息，通过自己的思考后提出问题，并带着问题学习相应的材料学知识，还要在实践中验证和补充所学内容。

**本章小结**

家具材料是家具设计与制造的物质基础和必要条件，选择家具材料时应该考虑的因素包括功能协调性、装饰美学性、加工适应性、经济适用性和环境友好性。家具材料的性质对家具制品具有重要作用，通常，材料的性质主要指：材料装饰性、物理力学性、化学稳定性、成型加工性能、表面加工性能以及环境协调性等。家具材料的未来发展趋势应该是朝着多元化、多功能化、复合化和绿色化的方向发展。

**思考题**

1. 简述家具材料的概念和主要作用。
2. 家具材料的选择原则主要有哪些？
3. 家具材料的分类主要包括哪几种方法？
4. 家具材料的一般性质主要指哪几个方面？
5. 家具材料的吸湿吸水性对强度有何影响？
6. 什么是绿色家具材料？从材料的使用功能、加工性能、表现力以及对环境的协调性（LCA）等方面分析一下，在目前常用的各种家具材料中，你认为哪一种是最有发展前景的？

## 推荐阅读

1. 参考书

2. 网站

（1）材料科学网 http://www.cailiaokexue.con/

（2）家具材料网 http://www.jj718.com/

# 第 2 章

# 木 材

[本章提要] 本章介绍木材的基础知识、宏观构造特征以及常用的木材识别方法。对木材的物理性质和化学性质进行一般性阐述，对影响家具制品性能的木材相关力学性能及主要影响因素、各项强度指标、测定方法进行较详尽的介绍。简述木材天然缺陷和加工缺陷的种类及涉及的家具用材等级要求，对木材保护和改性的常用方法以及新型木材品种进行概述性介绍。

2.1　木材概论
2.2　木材宏观构造与识别
2.3　木材物理性质
2.4　木材力学性质
2.5　木材的化学性质
2.6　木材缺陷
2.7　木材尺寸检量、锯材名称及规格
2.8　木家具用材要求以及有害物质限量
2.9　木材保护和改性

木材印象

木材是最重要的家具材料,是家具制造的本源。木材的主要特点是:材色美观柔和,纹理变化自然丰富,密度硬度适中,而且取材方便易于加工。从古至今,木材及其木质材料都是家具材料的主体。作为天然可再生的材料,木材在材料语言的表现力、生产过程的机械加工性以及家具制品的使用性等方面都非常优异。即使在材料科学高速发展的今天,每年出现的新型材料品种数以万计,依然没有一种材料能够完全替代木材。

人类生活离不开木材,以木材为主体制造的实木家具不仅反映了古老的传统文化,也体现了现代的物质文明。因此,作为古老而永恒的家具材料,木材仍将在家具材料市场中占据主导地位。

另外,人类在与木材的长期接触和使用过程中,还形成了带有感情色彩的深层次的木文化。木材是大自然赋予人类的宝贵财富,是人类最熟悉、最感到亲近的材料。从人类诞生的那一刻起,就与森林、树木和木材结下了不解之缘。早先,人类的祖先就是在树上居住和生活的,他们不仅攀爬树木,而且利用伸展开来的粗大树枝建造"藏身之处"。在进化过程中,为适应气候的变化以及生存发展的需要,人类渐渐学会直立行走。到目前为止,人类依然是哺乳动物中唯一能够直立行走的,有趣的是树木也是高大植物领域中唯一直立的。人和树木都有所谓的"躯干"和"肢体"。

我国森林资源分布范围很广,树种丰富,多达 3000 多种,其中适用于家具制造的木材主要有几十种,分布于东北、南方和长江流域等地。值得指出的是,木材是生长缓慢的天然资源,从环境保护和家具生产的可持续发展的角度出发,在家具产品设计时,充分利用木材所具有的"天性"及文化内涵也是常用的表现手段之一。图 2-1 所示为两款具有原生态韵味的坐具:前者是采用天然木材随形略加雕琢而成的原生态家具大象凳,大象吉祥如意的寓意被体现得淋漓尽致;后者为木球凳,球形体现了生命的孕育和宇宙的无限,国人期待的生活圆满美好之意也尽在其中。两款家具的心边材颜色差异以及隐约出现的裂纹,都成为材料特有的装饰元素符号。

## 2.1 木材概论

### 2.1.1 树木的组成

树干是树木的主体,占树木体积的 50%~90%。木材由树干加工而成,是实木家具制造的主要原料。树木的组成如下。

**树皮** 主要起保护树木的作用。当树种不同、立地条件不同时,树皮的主要特征如:颜色、形态、厚度、气味、皮孔和剥落状态等常出现较大差异,因此,树皮被作为木材树种识别的依据之一。为识别方便,可将不同树种的树皮厚度分成 5 个等级,见表 2-1 所示。

表 2-1 部分树种的树皮厚度分级

| 树皮厚度(mm) | | | | |
|---|---|---|---|---|
| 很薄(<3) | 薄(3~6) | 中等(7~12) | 厚(13~16) | 很厚(>16) |
| 紫荆 | 光皮桦 | 枫杨 | 核桃木 | 栓皮栎 |
| 七裂槭 | 七叶树 | 槐木 | 甜楮 | 刺槐 |
| 冬青 | 臭椿 | 野核桃木 | 麻栎 | 黄波罗 |
| 鹅耳枥 | | 板栗 | 肉桂 | |

栓皮栎的树皮非常发达,被作为软木原料,用于室内地面装饰地板、墙面吸音材料、家具表面贴面材料、葡萄酒瓶上的软木塞以及高跟鞋底等。有些树皮可以作为贴面材料直接用于制作家具,图 2-2 是俄罗斯设计师模仿树皮形式设计的树皮椅。

图 2-1　原生态家具　　　　　　　　　　　　　　　　图 2-2　树皮椅

形成层　位于树皮和木质部之间，肉眼不可见，只在显微镜下才可观察到。形成层在冬季处于休眠状态，只在春季生长季节呈现生机，此时的植物细胞体积增大，进行分裂繁殖。形成层细胞的分生功能在于直径加大，向内分生出新的木质部细胞，向外分生出新的韧皮部细胞，树干因此被不断加粗。所以，形成层是树皮和木质部产生的根源。

木质部　位于树皮和髓心之间，是树干中最主要的经济用材部分，包括边材和心材。根据细胞来源，可将木质部分为初生木质部和次生木质部。次生木质部来源于形成层的逐年分裂，是木材加工利用的主要部分。针叶材的木质部主要由管胞组成，占95%左右，常沿径向整齐排列；阔叶材的木质部主要由木纤维和导管细胞等组成，占90%左右，径向排列不整齐。仔细观察木材的横切面，可以根据是否存在管孔以及细胞结构的均匀程度大致确定该木材是针叶材还是阔叶材。

髓心　是被木质部包围的一种松软的薄壁组织，其构造上的大小、形状、颜色和质地等差异特征有利于识别木材树种。髓心的直径通常很小，组织松软，强度低、易开裂，在木材生产中没有利用价值。一般家具生产用的普通木材允许在非重要位置存在少量的髓心物质。

## 2.1.2　木材分类与名称

### 2.1.2.1　木材分类

（1）按树种分类

因木材来源于树木的躯干，所以按树种的分类方法，可将木材分为针叶树材和阔叶树材。

针叶树为裸子植物，是常绿树，树干高大通直，纹理顺直、材质均匀、尺寸稳定性较好，容易制成大规格木材。针叶材的耐腐朽性能较强，而且膨胀变形程度较小。材质相对较软，又称软材（soft wood），容易进行机械加工。常用的家具用木材中，属于针叶材的主要有软松（红松、华山松等）、硬松（马尾松、樟子松等）、落叶树、柏木、冷杉、云杉和杉木等。

阔叶树为被子植物中的双子叶植物，是落叶树，树干的通直部分相对较短，性质上具有密度大、强度高、干缩湿涨后变形和翘曲程度大、易开裂等特点。但其纹理和色彩变化丰富，具有天然装饰美。材质相对较硬，又称硬材（hard wood）。阔叶材常被用于家具制造的结构材料。常用的家具用木材中，属于阔叶材的主要有水曲柳、榆木、樟木、槭木、栎木、核桃楸、水青冈、榉木和柚木等。

图 2-3 所示为荷兰设计师 Gerrit Thomas Rietveld（吉瑞特·托马斯·里特维尔德）在 1918 年设计的红蓝椅（*Red and Blue Chair*），具有激进的纯几何形态。椅子采用 15 根互相垂直的榉木条组成空间结构，各部件之间用螺钉紧固而非传统的榫接方式。红蓝椅用涂成红

图 2-3　红蓝椅

图 2-4　锯材在木结构房屋建筑中的应用

图 2-5　木质背景墙　　　　图 2-6　木质吊顶

色的胶合板作靠背支撑，座面板为涂成蓝色的胶合板，框架表面涂成黑色（端面为黄色），以划分出具体功能的不同。作为一款躺椅，红蓝椅微妙的玩转了水平线和垂直线，这款造型独特的椅子成为荷兰风格主义的宣言，也被后人认为是 20 世纪西方现代艺术设计史上最富创造性的经典作品，其主要颜色被看作是向蒙德里安绘画致敬，里特维尔德是将风格派艺术从平面延伸到立体空间的重要艺术家之一。红蓝椅现由意大利家具品牌 Cassina（卡希纳）生产。

（2）按木材的供应形式分类

主要将木材分为原条、原木和锯材。

原条　树木采伐后，去除根、梢、（皮）但未按标定的规格尺寸加工的原始木材。在建筑上经常被用于搭建脚手架。

原木　在原条的基础上，按一定直径、长度尺寸、形状、质量标准和用材计划等具体要求加工而成的木段。在建筑中主要是直接用作屋架、檩、椽等。

锯材　经过专用制材设备，按一定的规格和质量要求，沿纵向或横向锯解加工成一定尺寸的成材木料。锯材是重要的基础建筑材料，应用领域十分广泛。不但可以直接用于制作实木家具，更可以用于建筑行业、室内装饰行业、公共设施建设、文教用品、包装运输等行业。图 2-4 所示为锯材在木结构房屋建筑中的应用，图 2-5 和图 2-6 分别为锯材在木质背景墙和木质吊顶上的应用。

在我国现行的国家推荐标准 GB/T 4822—2015《锯材检验》中，规定了锯材的术语和定义、尺寸检量、材质评定、检量工具和等级标志，该标准适用于生产及流通领域中锯材产品的检验。《锯材检验》标准的具体内容可扫描二维码进行浏览阅读。

GB/T 4822—2015
锯材检验

### 2.1.2.2　木材名称

树木的种类繁多，正确的木材名称是遵循《国际植物命名法规》所规定的命名法，即双命名法（也称两段命名法），该方法是用拉丁文给植物起名，每一植物的种名均由两个拉丁词或拉丁化形式的字构成：第一个词是属名；第二个词是种加词。植物的属名和种加词都有其特定的含义和来源，并有一些具体的相关规定。有时，一个完整的学名还需要加上最早给该植物命名的作者名，即第三个词是命名人。例如：银杏的学名为 *Ginkgo bioloba* L.，学名中 *Ginkgo* 为属名，*bioloba* 为种加词，L. 为人名的缩写。

木材科学中，木材名称大多是沿用植物分类学的树木分类学的名称，这种命名方法科学严谨，不会产生木材种类上的混淆，便于国际、国内的学术交流。在科学研究和木材贸易市场上，均要求必须以规范化的拉丁学名命名木材。

家具工作者有必要掌握植物命名的基本方法，只有这样才能准确区分树木的材种，为家具设计和加工制造打下良好的基础。特别是在我国市场经济不断繁荣和木材市场销售旺盛、木材供应品种繁多的今天，更应特别注意对市场上具有不同俗称的木材树种名称与实际树种之间进行正确甄别。

目前，国内木材市场上常有乱用木材名称的现象，其一是移花接木，即给普通的木材冠以珍贵木材的名称，而实际上名不符实；其二是虚拟名称，即利用如"黄金""玛瑙""象牙"等人们认为名贵的产品，硬加到木材中，而这种名称是树种本身没有的；其三是以次充好，即木材本身有，树种标识也对，但树材之间存在优劣之分，将劣质的木材通过染色或漂白等技术处理，冒充优质材料。另外，随着进口木材的新树种层出不穷，在经营和流通中由于也有随意命名的情况，给市场造成了混乱。

我国早在 1997 年就颁布了国家标准 GB/T 16734—1997《中国主要木材名称》，其中，共收载了我国 380 类（个）木材名称（中、英名）及其树种名称（包括中名、别名、拉丁名）、科别、产地和备注。并随后颁布了国家标准 GB/T 18513—2001《中国主要进口木材名称》。但因原国标中木材名称定义存在学术化倾向，在实际工作中，生产企业、消费者和执法部门难以准确把握。

鉴于国际上木材贸易的惯例是不采用拉丁名而采用各国或各地的流通商品名进行交易，

而近年出现的一些实际已常用的新树种需要补充，因此，中国木材流通协会又颁布了行业标准 WB/T 1038—2008《中国主要木材流通商品名称》，该标准共收集目前中国市场上流通的主要国内外木材 416 个树种，增加了近年来市场上新出现的树种，具体内容主要包括：进口针叶树材、进口阔叶树材和国产针叶树材、国产阔叶树材 4 部分和树种中文名索引、树种拉丁名索引、流通商品名索引等。标准中的木材流通商品名称按其所在科、属、种拉丁名字母顺序分级排列，不仅有木材名称、树种的中文名和拉丁名、商品名、流通商品名，同时还介绍了木材的科别、材色、密度和产地。该标准可以为木材名称规范化起到十分重要的指导作用，并具有非常积极的实用价值。

### 2.1.3　木材组织与三切面

#### 2.1.3.1　木材组织

木材组织是指来源相同、形态结构相似、互相联系在一体、共同执行生理功能的细胞群。根据各种细胞的形态和功能，主要将其按照所起的主要作用分为下列三类。

**输导组织**　主要作用是运送树木体内的水分和营养物质。木材输导组织对家具制造本身并无直接作用，但对木材改性具有重要意义，如有利于木材防腐剂的渗透、木材染色剂的扩散以及制备塑化木时各种树脂的浸渍。

**机械组织**　主要作用是在树木生长过程中起到机械支撑作用，不但支撑巨大的枝叶重量，还具有抵抗风暴雨雪等外力侵袭、使树木稳固地直立于地面的作用。广义上木材的机械组织就是树木的木质部即木材，是木制家具制造的主体材料。图 2-7 所示的主体为木材机械组织。

**贮藏组织**　主要作用是贮藏丰富的营养物质，包括蛋白质、淀粉、糖类脂肪等，以供树木生长所需。木材的贮藏组织含量和组成对木材化学稳定性具有一定影响，淀粉和糖类物质含量高的树种木材通常耐腐蚀性较差，导致该木材制成的家具耐久性不高。

#### 2.1.3.2　木材三切面

作为天然生长的植物资源，木材生物有机体是由各种不同类型的细胞和组织构成的，其自身构造组成具有不均匀性，形态大小和排列方式各不相同，而且由于受到树木立地条件不同等外界环境的影响，使木材的结构呈现复杂化的情景。从不同的角度方向锯解实体木材时，可以得到无数个切面，体现出不同的结构形态特征。为了充分认识木材组织的基本结构特征，常将木材的结构形态与三维图像联系，建立一个完整的立体概念，以便更好地识别和研究木材。木材的 3 个切面是人为设定的 3 个特定的木材截面，其本身并非木材特征，只是通过对

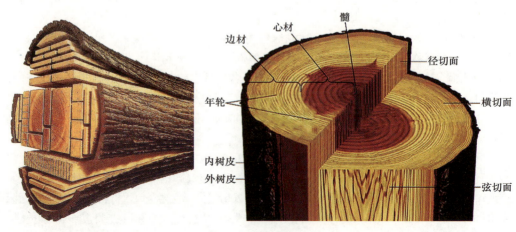

图 2-7　木材机械组织　　　　图 2-8　木材的三切面

图 2-9　弦切板墙面及家具

这 3 个切面的观察，达到全面了解木材构造的目的。图 2-8 所示为木材的 3 个切面。

　　**横切面**　是与树干纵轴方向或与木材纹理方向垂直的切面，又称端面或横截面。在此切面上，可看到生长轮、边材和心材、早材和晚材、木射线、薄壁组织、管孔（或管胞）等。木材细胞之间的某些相互联系也可以在横切面上清晰地反映出来。木材横切面是识别木材最重要的切面，又称基准面。木材在横切面上的硬度较大，耐磨损，但机械刨削时较难。

　　**径切面**　是沿树干纵轴方向、通过髓心与木射线平行或与生长轮相垂直的纵切面。在该切面上，可以观察到相互平行的生长轮、边材和心材、导管或管胞线沿纹理方向的排列情况、木射线的高度和长度等。木材沿径向切削得到板材被称为径切板，这种板材的纹理方向基本互相平行，干缩湿涨时变形程度小，不易翘曲。

　　**弦切面**　是沿树干纵轴方向、与生长轮相切但不通过髓心的纵切面。在这个切面上，生长轮呈现出抛物线状（或称 V 字形、山水状花纹），具有很强的装饰美感。木材弦切板的干缩湿涨变形程度大，易翘曲，尺寸稳定性低于径切板。

　　家具造型和结构设计以及家具制造中，应根据锯材的具体实际情况，考虑板材的装饰需要和尺寸稳定性等因素，合理选择不同纹理的木材，以得到良好的效果。图 2-9 所示为具有典型弦切面木纹特征的卧室墙面装饰及家具。

## 2.2　木材宏观构造与识别

　　木材构造是决定木材性质和使用性能的物质基础，同时也在很大程度上影响了其加工性能和适用条件。在家具设计和制造过程中，从合理选择木材、利用木材的角度考虑，应该了解、熟悉和掌握木材的构造，并知晓这些构造特征的变异规律以及其对木材材性的影响，以最大限度地利用木材，提高其使用价值，减少浪费。同时，木材构造特征还是树木材种甄别的重要基础，只有掌握了木材构造的相关知识，才能正确地识别和鉴定木材材种，更有利于合理利用木材资源。

　　树木生长过程中，所处的外界环境条件及人工采取的护林措施都会反映到木材的具体构造中。不同木材具有不同的构造特征，一般，将木材构造分为两大类：其一是在肉眼或借助普通放大镜观察到的木材结构和外观特征，被称为宏观构造或粗视结构，从木材材种识别的角度分析，一般将木材的外貌特征分为主要特征和辅助特征；其二是采用光学显微镜才能观察到的木材构造，被称为微观构造。家具材料中主要涉及木材的宏观构造特征，因而本文主要介绍木材的宏观构造。

### 2.2.1 木材宏观构造的主要特征

木材宏观构造的主要特征包括：心材和边材、生长轮（年轮）、早材和晚材、管孔、木射线、树脂道和薄壁组织等。这些特征比较稳定，而且具有一定的规律性，是识别木材材种的主要依据。

#### 2.2.1.1 心材和边材

在木材的横切面上观察，木质部通常可分为2个部分。外部靠近树皮的部分颜色较浅、水分较多，称为边材；内部靠近树干中心位置的部分颜色较深，水分较少，称为心材。

立木的边材具有木质部的全部生理功能，可以输送水分和溶于水中的矿物质，也具有储存养分作用。心材是已经失去生理机能的细胞，只有支撑树木的作用。心材的材质较硬，密度大，渗透性降低，而且因为含有对真菌有害的物质使木材的耐久性能提高。

所有的心材都是由边材转变而来。树木在幼龄期全部是由边材构成的，随树龄增加，逐步转变为心材。在家具制造中，心材的利用价值远大于边材。

为了实际生产的需要，常根据心材和边材的颜色、立木中心和边材含水率将木材分为心材树种（显心材树种）、边材树种和熟材树种（隐心材树种）3类。

心材树种木材的心、边材颜色差异明显，如图2-10所示。常见的心材树种包括：针叶材中的落叶松、马尾松、柏木、杉木等；阔叶材中的楝木、水曲柳、桑树、苦木、榆木、榉木、栓皮栎、香椿和刺槐等。

边材树种木材的心、边材颜色差异不明显，这类木材多为阔叶材中的桦木、椴木、杨木、鹅耳枥及一些槭属木材。

熟材树种木材的心、边材差异也不明显，但在立木中心部分的木材含水率较低，如：云杉属、冷杉属、山杨和水青冈等。

心边材差异明显的树种木材在视觉上具有较强的装饰性，因此常用于实木家具制造中的台面和主要立面。图2-11是采用显心材树种木材制作的长桌和圆桌。

#### 2.2.1.2 生长轮（年轮）

树木在生长过程中，伴随形成层的活动，在一个生长周期所形成的木材，在横切面上呈现出围绕着髓心构成的一个完整的轮状结构（同心圆），称为生长轮或生长层。在温带和寒带

**图2-10 心材树种木材**

图 2-11　显心材树种木材制作的长桌和圆桌

地区，一年中树木的生长周期只有一次，即形成层在一年中向内只生长一层木材，那么此时的生长轮被叫做年轮。在热带地区，树木的生长季节是与雨季和旱季的交替相吻合的，所以一年内可能会产生几个生长轮。

另外，树木在生长过程中，由于旱灾、虫灾等自然灾害或气候突变等因素的影响，会出现生长暂时停滞现象，过一段时间后，树木又重新开始生长，导致在同一生长期内，具有二个或二个以上的生长轮，这种生长轮称为假生长轮或伪生长轮。假生长轮的界限不如正常生长轮清晰，也常常不能构成一个完整的圆圈。某些针叶材如杉木、柏木和马尾松常会出现不连续的假生长轮。

年轮在不同切面上具有不同的形状。多数树种的生长轮在横切面上为同心圆状，如：杉木、红松等；少数树种的生长轮为不规则性质，如：千金榆、鹅耳枥等为波浪状；红豆杉、锥栗等为曲折状等。生长轮在横切面上的形状是木材识别的重要依据之一。生长轮在径切面上为平行状条纹，在弦切面上为抛物线状。

年轮的宽窄主要因树种和树木立地条件（包括气候、土壤和光照等）的不同而出现差异。另外，同一株树木中：沿树干垂直方向上，越靠近树根的位置年轮越窄，越近树梢的地方年轮越宽；沿树干的水平方向上，越靠近树皮的位置年轮越窄。

年轮的宽窄与木材材性有一定关系。木材加工利用中，常以横切面上 1cm 长度范围内的年轮数大致地判别材性。对于针叶材，1cm 长度范围内的年轮均匀者强度较大；对于阔叶材如水曲柳等，1cm 长度范围内的年轮数越大，强度越大。

年轮是决定木质家具装饰美感的重要因素之一，木材独特美丽而富于变化的年轮，具有天然自成的装饰美。另外，树木的生长轮还体现了该植物的生长史，根据树木生长轮的宽度变化，可以准确地了解当地的气候条件的历史变迁，因此可以衍生出一个新的学科，即：树木年代学。

对家具工业而言，由于树木的年轮产生于沧桑岁月的时光流逝，也具有万物生长、永不停息、生命轮回的寓意，因此格外受到实木家具设计人员及制造者的青睐。图 2-12 所示为我国著名家具设计师朱小杰作品"年轮桌与清水椅"，材料自身所具有的独特质感、不可再现的纹理与色调乃至光泽，都给人以情感上的震撼之美。

### 2.2.1.3　早材和晚材

温带和寒带的树种，每一个年轮都可以划分为 2 个部分：靠近髓心端的部分是树种在生长季节早期所形成的木材，细胞分裂速度快，形成的细胞腔形态较大、壁薄，材质较松软，材色浅淡，称为早材（又称春材）。生长季节晚期所形成的木材，细胞分裂慢，所形成的细胞

图 2-12　年轮桌与清水椅

腔形态相对较小、壁厚，材质较致密，坚硬、材色深沉，称为晚材（又称秋材）。

在1个生长季节内，由早材和晚材共同组成1轮同心生长层，即为生长轮或年轮。由于不同的树种以及同一树种的不同立地条件的差异，早材和晚材的结构和颜色会有不同，在其交界处形成明显或不明显的分界线。

在1个年轮内，早材和晚材的转变程度是识别针叶材的特征之一。红松、华山松、白皮松和冷杉等从早材到晚材是逐步转变的，称为缓变；马尾松、油松、柳杉、樟子松和落叶松等的早材和晚材的转变是急剧变化的，称为急变。

晚材率是衡量木材强度的重要指标，我国国家标准 GB/T 1930—2009《木材年轮宽度和晚材率测定方法》中，规定了晚材率的计算公式为：

$$L_w = \frac{\sum L_b}{b} \times 100\%$$

式中：$L_w$——试样的晚材率，%；

$\sum L_b$——测定范围内的晚材总宽度，mm；

$b$——试样测定范围内的整年轮总宽度，mm。

晚材率可用来衡量针叶材或阔叶材中环孔材的强度大小。晚材率的数值在树木中的分布并非均匀，一般的规律是：在树干的横切面上，晚材率自髓心向外逐渐增加，但当达到最大值后将会开始降低，大多数树种的生长轮越靠近树皮的位置，其晚材率就越小；沿树干高度方向，晚材率自下而上逐渐降低，但在到达树冠的位置区域便停止下降。

#### 2.2.1.4　管孔

导管是阔叶材独有的输导组织，在木材横切面上，导管呈现出直径大小不等的孔眼，被称为管孔。在木材纵切面上，导管为细沟状，称为导管线或导管槽。导管槽有规律地排列可以形成木材花纹。水曲柳纵切面上的花纹就是导管槽形成的，著名的明清家具采用的珍贵红木原料中，所谓的"牛毛纹紫檀"木材表面上的牛毛纹也是其导管槽扭曲形成的独特花纹。有些紫檀木表面布满所谓"金星"，实际上是因树木生长时的所处环境中的土壤里含某种矿物质，这些矿物质充填到导管内部，在横切面上的管孔上即显现为闪闪发亮的亮点。图 2-13 所示为在不同切面上显现的紫檀管孔。

管孔在肉眼下或低倍显微镜下均可见，是区别针叶材和阔叶材的首要特征。针叶材被称为无孔材，阔叶材是有孔材。管孔的类型、数量、大小、分布及排列方式等对阔叶材具体树种的鉴别具有重要意义。

图 2-13 紫檀管孔

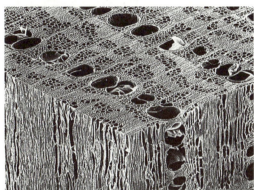
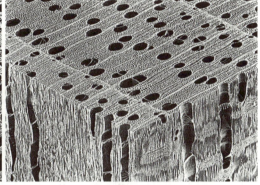

图 2-14 环孔材与散孔材

（1）管孔分布类型

阔叶材的管孔分布类型主要有环孔材、半散孔材（半环孔材）和散孔材。

**环孔材** 是指在 1 个生长轮内，早材和晚材的管孔的大小有显著区别，早材环孔直径明显较大，而且沿生长轮形成 1 个明显的带或轮。如：刺槐、麻栎、榆木、山槐等。

**半散孔材（半环孔材）** 是指在 1 个生长轮内，早材比晚材的管孔稍大，从早材到晚材的管孔逐渐变小，管孔的大小界限不明显。如：香樟、水青冈、核桃楸、柞木、枫杨等。

**散孔材** 是指在 1 个生长轮内，早材和晚材的管孔大小无明显区别，分布也较均匀。如：桦木、椴木、楠木、杨木、冬青、荷木、槭木、蚬木等。

家具生产中，散孔材的表面显得较细腻，也容易进行表面的均匀涂饰加工，效果较理想。环孔材由于孔径较大而且分布不均，容易导致涂饰时的透胶和涂饰表面不均匀的现象，需要予以注意。图 2-14 所示为在放大 30 倍时环孔材与散孔材的横切面对比。

（2）管孔大小

管孔直径是阔叶材树种宏观识别的重要特征之一。绝大多数木材在横切面上的管孔呈椭圆形，椭圆形的直径在径向方向上大于其弦向方向的直径，管孔直径的大小是以弦向直径为准。

为了实际应用方便，在现场观察并测定管孔大小时，是将其列为三个等级，即：小管孔，管孔弦向直径在 0.1mm 以下，肉眼不见至略可见，放大镜下不明显至略明显，木材结构很细，如黄杨、山杨、木荷、樟木、桦木、桉树等；中等管孔，管孔弦向直径在 0.1~0.3mm，肉眼可见至清晰，木材结构细至中等，如楠木、核桃、黄杞等；大管孔，管孔弦向直径大于 0.3mm，肉眼清晰可见至很显著，如大叶桉、泡桐、麻栎、檫树等。

导管在木材的径切面上形成导管槽，因导管的大小变化而形成或深或浅的沟槽，这样就构成了木材的立体花纹，如水曲柳或檫树的特有花纹等。但导管过大也会对木材表面的平整度产生不利因素，将会容易造成胶合板的结构单元单板在干燥时的开裂现象。另外，过大的管孔还会导致木材局部力学强度降低，影响木材结构力学强度的均匀性，需引起注意。

（3）管孔数目

在阔叶材中的散孔材横切面上，其单位面积内管孔的数目可以有助于木材具体树种的识别。例如：

甚少：每 $1mm^2$ 内少于 5 个，如榕树。

少：每 $1mm^2$ 内有 5~10 个，如黄檀。

略少：每 $1mm^2$ 内 10~30 个，如核桃。

略多：每 $1mm^2$ 内 30~60 个，如穗子榆。

多：每 $1mm^2$ 内 60~120 个，如桦木、拟赤杨、毛赤杨。

甚多：每 $1mm^2$ 多于 120 个，如黄杨木。

（4）管孔内含物

管孔内含物是指存在于导管槽中的侵填体、树胶或其他无定形的沉积物（包括矿物质或有机沉积物）。

**侵填体** 指某些阔叶环孔材的心材导管中常含有的一种泡沫状填充物。在光线良好的条件下，该木材的横切面上会出现亮晶晶的彩虹样光泽。侵填体的有无和存在的数量多少对于木材识别具有重要意义。侵填体对木材加工利用的意义主要在于，具有侵填体的木材一般耐久性较高，但因导管堵塞而减少了气体或液体在木材中的流通渠道，透气透水性低，难以进行浸渍处理和防腐药剂蒸煮渗透处理。

**树胶** 树胶与侵填体的区别在于，树胶不具有光泽，为无定形的褐色或红褐色的胶块。树种不同的木材其树胶的质量和颜色会有差异，这也有助于木材识别，如皂荚心材导管中含有丰富的淡红色树胶，香椿、黄波罗导管内的树胶常呈红褐色，金星紫檀的树胶为金黄带微红色，印茄木为黄白色树胶等。

**其他无定形沉积物** 包括矿物质或有机沉积物，是某些阔叶材导管中特有的，如在柚木、桃花心木、大叶合欢和胭脂木的导管中，常见具有白垩质的沉积物。木材加工利用时，这些白色沉积物的存在可以提高木材的天然耐久性能，但机械加工时会加重刀具的磨损。

#### 2.2.1.5 木射线

木射线是木材中的横向输导组织，也是木材中唯一呈辐射状横向排列的组织。在树木生长时，其主要作用是横向输送植物所需要的水分和养料。不同树种木射线的宽度、高度、数量不同，这也是木材识别的重要依据。例如：家具常用的水曲柳和柞木的鉴别，因为两者同为环孔材而且花纹很相似，区别它们的主要途径就是观察其木射线的差异，柞木具有明显宽大的木射线，其径面上还有射线细胞形成的独特虎斑花纹，据此可与水曲柳区别。

木射线也可以用于鉴别木材纵切面中的弦切面和径切面，即垂直于木射线的切面就是弦切面，而顺木射线方向与木射线平行的切面即为径切面。

在木材加工利用上，木射线是构成木材美丽花纹的因素之一，因此深受家具设计人员的青睐，具有宽大木射线的木材成为家具制造的常用材料。木材加工过程中，由于木射线来源于薄壁细胞，是木材中较脆弱、强度较低的组分，木材干燥时常会沿木射线方向开裂，降低木材的利用价值，如图 2-15 所示。但是，木射线的存在有助于提高防腐剂、阻燃剂等液态物质在木材横向的渗透。

#### 2.2.1.6 轴向薄壁组织

轴向薄壁组织是在木材横切面上可以看到的部分，若用水润湿后，会呈现得更加明显。轴向薄壁组织的作用是贮藏树木的养分、积聚废物，起到仓储功能。

针叶材的轴向薄壁组织不发达，而且仅存在于少数树种中，用肉眼或放大镜均不可见，只在显微镜下才可观察到，因此不能作为宏观下的识别特征。阔叶材的轴向薄壁组织数量多，

图2-15 木材沿木射线方向开裂

范围广,而且形式复杂多样,具有一定规律性,肉眼或放大镜下明显可见,对宏观识别木材具有重要意义。

(1)轴向薄壁组织的清晰度

根据肉眼下观察到的轴向薄壁组织的清晰程度,可将其分为不发达、发达、很发达三类。

① 不发达:放大镜下观察为不可见或不明显。如桦木、椴木、木荷、枫香及冬青等。

② 发达:肉眼或放大镜下可见或清晰。如合欢、柿树、枫杨、香樟、黄桐等。

③ 很发达:肉眼明显可见或清晰。如花梨、泡桐、鸡翅木、麻栎、铁刀木及梧桐等。

(2)轴向薄壁组织的类型

根据阔叶材轴向薄壁组织与管孔的连生状态,可将其分为离管型和傍管型两大类。

① 离管型:轴向薄壁组织不与管孔连生,两者之间夹有其他组织。

② 傍管型:轴向薄壁组织依附于管孔周围,即与管孔连生。

有些树种的轴向薄壁组织仅具有一种形态,而有些树种则具有两种或多种形态。木材中的轴向薄壁组织的类型和分布规律也是木材树种识别的重要依据之一。对木材加工而言,轴向薄壁组织的作用还体现在它同时是构成木材花纹的原因之一。红木家具中的鸡翅木花纹美丽而独特,就是由其薄壁组织所构成。但是,轴向薄壁组织的自身强度不高,容易导致木材强度降低和开裂等加工缺陷。

### 2.2.1.7 胞间道

胞间道是由树木中特殊的分泌细胞所围成的充满树脂或树胶的孔道,为细胞间隙。对于针叶材而言,胞间道贮藏树脂,被称为树脂道;对于阔叶材而言,胞间道储存树胶,被称为树胶道。对于木材识别,针叶材的树脂道比阔叶材的树胶道具有更大意义。

树脂道 是某些针叶材的分泌细胞(即上皮细胞)分泌树脂而形成,在肉眼或放大镜下可见。树脂道有轴向树脂道和径向树脂道之分,它们彼此联结和贯通,共同构成树木中产生树脂的网系。

正常树脂道与树木的遗传基因有关,是正常生理现象。具有正常树脂道的针叶材主要有:松属、云杉属、落叶松属、黄杉属、银杉属及油杉属。从数量上比较:松属的树脂道体积较大,数量也较多;落叶松属的树脂道虽然直径较大但分布较稀少;云杉属与黄杉属的树脂道小而少;油杉属无横向树脂道,其纵向树脂道也很稀少。

树脂道的存在对家具制造有利有弊。具有树脂道的木材耐腐性较好,但容易燃烧,而且树脂的存在不利于家具的涂饰和胶接。松脂较丰富的木材制造门窗和家具时,遇热会有"出油"现象,有时甚至导致污染存放物。所以,在家具制造时,对树脂丰富的木材应先进行除脂加工处理，或将该木材仅用于非接触物品的位置或不影响胶接和涂饰的部位。

**树胶道** 是指在某些阔叶树材中，贮藏树胶的细胞间隙。木材中的创伤树胶道的形成机理与创伤树脂道相似。阔叶树材中，通常只有轴向创伤树胶道，在木材横切面上呈长弦线状排列，肉眼下可见，如枫香、山桃仁、木棉等。

### 2.2.2 木材宏观构造的辅助特征

除了木材构造的宏观特征以外，还可以利用人类的感觉器官如眼睛、鼻子和舌头等感知木材的其他宏观特征，即辅助特征，具体包括：颜色和光泽、气味和滋味、纹理、结构与花纹、质量和硬度、加工性和涂饰性等。需要注意的是，虽然这些特征对木材识别具有关键意义，但这些特征存在变异性，只能对木材识别起辅助性参考作用。

#### 2.2.2.1 颜色和光泽

（1）颜色

木材颜色可以反映树种特征，是识别木材的特征依据之一。如：云杉和泡桐是浅白色；黄杨是浅黄色；香椿是朱红色；紫檀是紫黑色；酸枝是红褐色等。

木材颜色的形成原因主要是因各种色素、单宁、树脂、树胶及油脂等物质沉积于木材细胞腔，并渗透到细胞壁中，使木材呈现不同的颜色。不同树种的木材颜色变异很大，即使是同一种木材，也会由于立地环境条件不同或处于树木中的不同位置而呈现较大差异。对同一棵树木，一般是边材的颜色较浅，早材的颜色较浅。心材类树种的心材部分因含色素和单宁等物质而颜色较深。例如：松木为鹅黄略带红褐色、桧木为鲜红略带褐色、刺槐为金黄至略带绿色等。可以将部分木材的颜色归类为不同的色系，见表2-2所示。

**表2-2 木材的颜色**

| 颜 色 | 树 种 |
| --- | --- |
| 白色至黄白色 | 云杉、樟子松（边材）、山杨、白杨、青杨、枫杨 |
| 黄色至黄褐色 | 红松、臭松、杉木、落叶树、圆柏、铁杉、雪松、樟子松（边材）、水曲柳、刺槐、桑树、黄檀、黄波罗、黄连木、冬青 |
| 红色至红褐色 | 香椿、红椿、毛红椿、厚皮香、红柳、西南桦、水青冈、大叶桉、荷木 |
| 褐色 | 黑桦、齿叶枇杷、香樟、合欢 |
| 紫红褐色至紫褐色 | 紫檀、红木 |
| 黑色 | 乌木、铁刀木（心材） |
| 黄绿色至灰绿色 | 漆树（心材）、木兰科（心材）、火力楠 |

木材具有多彩而丰富的颜色，是其在家具和工艺品具有独特装饰自然美感的重要因素，可以增加其利用价值。深色的木材耐久性较好，例如柏木、桑木和槐木等。浅色的木材如杨木和椴木等容易腐朽。典雅悦目的木材颜色可以使这种材料直接用于家具表面的装饰材料，也可用于建筑和室内装饰材料。

另外，某些木材中的色素可以依靠水或有机溶剂进行提取，制成染料，用于纺织品制造或其他化工企业生产。如：毛叶黄栌可以提取黄色染料；青檀可以提取蓝色染料。

木材的颜色会因各种因素受到影响而改变。长期曝露在阳光和空气中时，紫外线照射、木材表面氧化、真菌侵蚀、含水率变化以及木材自身的变质等因素都将使木材颜色发生较大改变。多数木材由于风化和氧化等作用，表面颜色会变深或变浅，例如：桃花心和酸枝等会变深；核桃木和杉木等会变浅等。栎木、苦楮等木材在水中浸泡时颜色变深；受真菌影响时，马尾松边材常会青变、大青阳会蓝变、水青冈有淡黄色变、桦木有淡红色变等。

由于木材的颜色受外界的影响较大,因此,根据材色为依据鉴别木材时,最好是以新锯解的木材切面为准。木材的颜色还可以确定木材品质的优劣,凡木材失去固有的颜色则为开始腐朽的征兆。

(2)光泽

木材光泽是指木材表面对光线反射时所呈现的光亮度。对光线反射性较强的木材表面会呈现显著的光泽。木材光泽主要是在纵切面上显现,在横切面上不易看出,其原因主要是木材的多数纤维细胞多为纵向排列。一般,结构细腻、含有蜡质的木材光泽较强,如红影、麻栎等。木材的光泽可增加家具表面的装饰效果。

不同树种的木材之间,表面平整程度、构造特征、侵填体和内含物含量、光线入射(反射)角度、木材切面方向等因素都将影响木材的光泽,木材受真菌侵害和感染的部位也会有光泽减退现象。木材表面的光泽还会随阳光和空气的影响而减弱甚至消失,但这种变化仅限于表面,机械刨光后仍能显示其特有的光泽,因此,观察木材的光泽,应该在新刨切的木材纵切面上进行。可以借助木材的光泽,鉴定一些外观特征相似的木材树种,例如:针叶材中的冷杉和云杉很相似,但冷杉木材表面光泽很淡至无光泽,云杉木材表面则呈现绢丝样光泽。

#### 2.2.2.2 气味和滋味

(1)气味

木材的气味来源于细胞所含的各种化学挥发性物质和各种沉淀物质,如树脂、树胶、单宁等。一般,木材的气味在新切面体现最显著,长期放置的木材会随时间的延长而气味逐渐变淡至消失。木材气味可作为识别木材的辅助特征,并增加其利用价值。木材若失去固有的气味,即为腐朽的征兆。

不同木材因细胞中所含挥发物种类和数量不同具有各自的气味,该特征有助于木材识别。如:杉木有其特有的香气;圆柏和侧柏有柏木香气;松木含松脂,有松香气味;红椿有清香气味;八角有八角味儿等。

香樟和黄樟含精油,有浓郁的樟脑气味,可用于制造衣箱和书柜,具天然防虫效果。樟木箱在旧时经常是女子出嫁的陪嫁物,图2-16所示为雕花樟木箱。檀香木材含白檀精,其特有的气味深受众人喜爱,常被制成工艺折扇、佛像和工艺雕刻品;檀香木材的蒸馏制品还被广泛用于香皂制造和化妆品制造等。椴木、枫香、白杨和桦木没有气味,可用于茶叶箱与食物的包装箱,不会影响食品的原有香味。值得注意的是,某些木材含有的气味是对人体有害的,如:漆树中含有可使人皮肤过敏的物质,使用该木材制造家具的过程中,需要加以防护。

(2)滋味

木材的滋味主要源于木材中所含的水溶性抽提物,这些抽提物为化学物质,使木材具有

图2-16 雕花樟木箱

特有的滋味。例如：栎木、板栗有单宁涩味；黄连木、银杏有苦味；糖槭有甜味；雪松有辛辣味；肉桂具有辛辣及甘甜味儿等。

#### 2.2.2.3 纹理、结构与花纹

（1）纹理

木材纹理简称木纹，是指构成木材的主要细胞（包括纤维、导管、管胞等）排列的状态。木材纹理对木材材种识别具有一定帮助。木材通常分为直纹理和斜纹理两大类。

直纹理　是指木材轴向纤维细胞的排列方向基本与立木的树干长轴平行。多数的针叶材和阔叶材以及树干端直、无扭力纹的原木均具有直纹理，如杉木、榆木、红松、黄桐等。具有直纹理的木材强度较高，容易加工，切面较光滑。但纹理简单、装饰效果单调。

斜纹理　是指木材轴向细胞的排列方向与树干长轴成一定角度的偏斜状态，具体又包括：螺旋纹理（木纤维螺旋状排列如侧柏、枫香等）、交错纹理（木纤维交错排列如桃花心木、大叶桉等）、波浪纹理（木纤维按规律波动但不相交而呈波浪状如樱桃）、团状纹理（木纤维按规律前后卷曲形成圆形如桦木、槭树等）。

具有斜纹理的木材强度相对降低，不易加工，机械刨切时木材表面容易起毛刺，不平整光洁，但装饰效果变化丰富，具有独特而妙不可言的美感。图 2-17 所示为北京紫檀宫博物馆内的海南黄花梨木柜上由不规则纹理构成的"鬼脸"。

（2）结构

指木材组织的粗细程度，实际上是构成木材细胞的大小以及差异的程度。

针叶树材以管胞弦向平均直径、早晚材变化缓急、晚材带大小、空隙率大小等表示；阔叶树材则以导管的弦向平均直径和数目、射线的大小等来表示。

根据构成细胞的大小，可将木材结构分为粗结构和细结构。由较多的直径较大的细胞构成的木材，材质显得粗糙，称为粗结构，如水曲柳、泡桐等。如果木材是由较多的小细胞构成，则材质细致，称为细结构，如黄杨木、柏木等。

根据木材细胞大小的均匀性，还可将木材分为均匀结构和不均匀结构。如果木材细胞的直径大小变化小，则为均匀结构，如椴木、槭木、冷杉等；反之，如果木材细胞的直径变化较大，则被称为不均匀结构，如栎木、榆木、马尾松等。

一般，针叶材中早晚材急变的树种、阔叶材中的环孔材为不均匀结构，针叶材中早晚材缓变的树种、阔叶材中的散孔材为均匀结构。

在家具制造时，结构粗而不均匀的木材花纹美丽，装饰美感强，但在加工过程中容易起毛，而且难油漆；结构细致而均匀的木材容易进行表面加工，加工后的木材表面光滑，但纹理较简单，这种木材比较适宜作为细木工、工艺木线和家具及木作雕刻等用材。

图 2-17　斜纹理形成的"鬼脸"

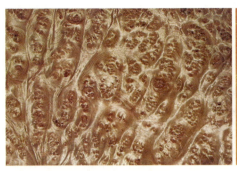

图 2-18　山香果的树瘤花纹及茶盘

图 2-19　水曲柳的镶拼花纹

（3）花纹

指木材表面因生长轮、木射线、轴向薄壁组织、颜色、节疤、纹理、锯切方向等形成的天然图案。不同树种的木材具有形态各异的花纹，这一特点有助于识别木材材种。一般而言，针叶材的花纹较简单，而阔叶材的花纹则丰富多变。

常见的木材花纹有：①银光花纹：具有宽木射线或聚合木射线的木材，其径切板上由于有显著的宽大木射线斑纹，在光线照射下可显示有闪闪反光的花纹图案。如栎木、水青冈、山龙眼等。②带状花纹：指木材中的色素物质不均匀分布而导致的在径切板上形成平行、宽窄不等的条带。如：香樟。③V 形花纹（锥形花纹、山水花纹）：在原木的弦切面上或由旋切机得到的弦切单板上，因为生长轮明显或材色不同而形成的花纹。如：酸枣、山槐等。④鸟眼花纹：因原木局部的凹陷形成的图案似鸟眼的花纹，如：槭木等。⑤树瘤花纹：树瘤是树木受伤或因病菌寄生在树干上而形成的球形凸出物，该部分的木质曲折交织，经过锯切或刨切后，显现出特有的具有山水风景或瘤状的美丽花纹。常见于核桃、榆木、花梨木和桦木等。图 2-18 所示为缅甸黄金樟（山香果）树瘤板的花纹及其在茶盘上的应用，木材表面的花纹似满架葡萄一样美妙诱人。⑥枝丫花纹（树叉花纹）：沿树木枝丫锯切后所显现的花纹，此时，木材细胞排列成相互具有一定的角度，形似鱼骨，故又称鱼骨花纹。⑦根基花纹：是树木根基部分经过刨切后产生的特殊花纹，树根处的木材细胞排列极不规范，因此形成具有独特个性的花纹图案。

木材花纹不仅与木材构造直接相关，而且还可以从不同的加工手段中获得。利用不同的下锯方法也可以得到多变的木材花纹，例如：利用不同的切面可以得到花纹不同的弦面板和径面板；利用人工镶拼的方法可以得到具有各种设计图案的镶拼花纹；利用木材人工染色的方法得到各种组合花纹等。图 2-19 所示为水曲柳人工镶拼菱形花纹（钻石纹）。

#### 2.2.2.4　材表

木材材表（即材身）是指将原木剥掉树皮后，紧邻树皮最里层的木质部表面。木材材表不是单一的特征，而是由各种组织在木材表面上构成的各种痕迹形成的综合特征。

各种不同树种的木材常具有独自的材表特征，并有一定的规律，这些宏观特征有助于在木材流通、工厂现场对木材树种的识别。针叶材树种间的材表特征差异不大，但对阔叶材而言，树种间的材表特征变化较丰富。

材表的特征形式主要包括：

平滑——材表饱满光滑，大部分的针叶树材如杉木、红松等以及茶科、木兰科的部分树种属于平滑。

槽棱——由宽大木射线在木质部折断而在材表上形成，呈槽沟状，如：石栎属、青冈属、鹅耳枥属等。

棱条——是因树皮厚薄不均、树干增大时受树皮不均衡压力而呈现的起伏不定的条纹（如

## 拓展阅读：硬软木家具论

自：公众号"清华美院家具设计"

摘要：对于显示家庭富贵的人来讲，古典家具材质是第一位的；对于古典家具爱好者，家具的造型、年代、工艺和内涵的文化信息是第一位的；对于古典家具本身而言，没有高低贵贱之分。决定一件古家具价值高下的主要不是材质，而是其历史性、艺术性、工艺性、稀有性和实用性等。木质的珍贵程度，只是诸多因素之一。

在收藏界，古家具用材历来就有软、硬木之分。硬木家具当指以紫檀、黄花梨为代表的红木家具，而软木家具则是指除硬木家具之外的所有木质家具。其实，软硬木家具只是一个相对概念。在所谓的软木家具中，有些家具的材质也是非常优秀的。比如柚木、核桃木、榆木、榉木、柞木、黄杨木、楸木、楠木、柏木、香樟木等。老北京人中有将软木叫做"柴木"的，言红木之外的木材不好，只配用做劈柴烧火，颇含嫌贫夸富之义。考其出处，大约是出自推崇红木家具的满清贵族之口。

王世襄先生的著作中没有柴木一说，而是将与硬木对应的木材称之为非硬性木材。在他看来，榉木、楠木、桦木、黄杨、南柏、樟木、柞木、松、杉、楸、椴等11种木材均为非硬性木材。李宗山先生提出过自己的理论，认为中国传统家具所用木材中有硬木、软木与柴木之分。软木的特征就是成长快，少疤结，宜做大材，木质一般含水量较高。由于生长期短，故木质较为松软，在烘干前用指甲多可以掐动，但烘干后往往变得十分坚挺，且具有较强的韧性，是家具衬板、面板和帮边的理想材料，在民用家具中应用较广。软木料上漆简便，破料、开榫均较容易，不须花费太多的雕磨工夫，既轻便又实用，其种类主要有椴木、杨木、柳木、杉木、椿木和桐木等。

柴木家具作为研究中国古典家具的活化石或标本，其重要性是其他木材家具无法代替的。如今的人们要找寻中国家具最原始、最朴素的符号，也许只有从这些最不为人所关注的柴木家具入手，才渴望获得满意结论。因此，没有理由来贬低柴木家具的重要意义。由此可知，老家具不管怎样都与同时期的硬木家具一样，积蓄并传递着丰富的历史文化信息，在中国古典家具中默默地充当着尽职尽责的角色，将古人的一切可以表达的和不可表达的思维方式和美学趣味融入其中，同样具有较高的收藏研究价值。

图2-20　榉木灯挂椅

如今，家具材质的经济价值已被人们讨论得比较多，而材质制成品的审美价值却很少有人重视。甚至有人错误地认定家具的价值就取决于材质。其实，材质只是原材料，对一件古家具而言，其自身价值主要是通过家具的式样、年份、所承载的历史文化信息，甚至在可考的情况下，有关其使用者、收藏者的社会地位、名望等外在的因素来体现的。就木材本身而言，其实并没有什么高低贵贱之分，只不过是由于存世的多寡及人类的好恶才有了不同的身价。不同的木材有其不同的欣赏价值。如果查阅清宫造办处的档案就会发现，奉旨制作的各种材料的家具均有不少。这说明即便是历朝历代的皇帝，对材质欣赏的品位也并不单一的，御用品选用的材种也是丰富多彩的。图2-20所示为清早期的榉木灯挂椅。

槭树、石灰花楸、广东钓樟、黄杞、拟赤杨等）、网纹（如山龙眼、水青冈、密花树、南桦木等）、波痕（如柿木、梧桐、黄檀等）。

条纹——材身上有明显凸起的纵向细线条，常见于阔叶材中的环孔材和半环孔材，如甜槠、山槐、南岭栲等。

尖刺——由不发育的短枝或休眠芽在材身上形成的刺，如皂荚、柞木等。

#### 2.2.2.5 质量和硬度

木材的质量和硬度也是木材材种识别的重要参考依据。在家具设计和制造选材时，木材的质量和硬度也是重要的指标。通常，木材的质量与硬度直接相关，木材的质量越重，其硬度也就越高。木材识别时，常将木材质量大致分为轻、中、重三大类，对应于硬度的软、中、硬三大类，例如：

① 轻——软类木材：密度小于 $0.5g/cm^3$，端面硬度在 5000N 以下的木材，如：泡桐、鸡毛松、杉木、白松、银杏（白果木）、冷杉、云杉、红松、华山松、新疆红松、柳杉（孔雀杉）、红豆杉（卷柏、扁柏）、黄波罗、黑樱桃、红樱桃等。

② 中——中等硬度木材：密度在 $0.5\sim0.85g/cm^3$，端面硬度在 $5001\sim10000N$ 的木材，如：枫桦、黄杞、落叶松（黄花松）、水曲柳、核桃楸（楸木、胡桃楸）、山毛榉、水青冈、红锥（栲树）、白锥（罗浮栲）、香樟（樟木）、梓木、榆木、榉木（鸡油树）、香椿、桦木、荷木、橡胶木、柚木、桃花心木等。

③ 重——硬木材：密度大于 $0.8g/cm^3$，端面硬度在 10000N 以上的木材，如：荔枝、蚬木、青冈、麻栎、乌木、大果紫檀（花梨木）、交趾紫檀（红酸枝）、阔叶黄檀（黑酸枝）以及大部分的红木树种等。

木材的质量和硬度识别时，可在专业试验机上进行。我国国家标准 GB/T 1941—2009《木材硬度试验方法》中，对木材硬度的测定有详细的测定方法及具体规定，可参照执行。

在工业企业生产现场对木材识别时的要求较简单，一般是用指甲在木材上测试，根据划痕的深度大致判别其软硬程度。需要注意的是，比较木材的质量和硬度时，要考虑木材含水率的影响，应该在同一含水率条件下进行比较，否则极易造成结果误差。

#### 2.2.2.6 加工性和涂饰性

木材是加工性能优异的材料，家具制造过程中，木材的加工可以采用简单的手工工具进行锯、刨、雕刻，更可采用现代化的专业加工设备进行铣削和刨光、砂光，还可利用性能优异的数控机床完成各种形式的家具部件的机械加工制造，也可采用胶黏剂黏合、钉接和加固以及榫接、指接等多种方法，实现家具产品部件之间的接合。

木材是多孔性材料，木材中的管胞、纤维、导管等细胞空腔的存在，使木材的润湿角较小，很容易吸收胶黏剂、涂料和其他液体物质，容易进行贴面、涂饰和着色加工。图 2-21 所示为在 2014 年米兰家具展上的作品，大半根原木经表面涂饰直接"制成"的长桌。

### 2.2.3 木材宏观识别

#### 2.2.3.1 概念及意义

木材宏观识别是用肉眼或借助于放大镜，根据木材的宏观构造特征以及辅助特征的差异，对不同种类的木材进行区分和鉴定。其基本的程序是，先将试样横切面用清水润湿，再通过肉眼或放大镜观察宏观解剖特征及表观特征。心边材、生长轮、导管、射线与轴向薄壁细胞的大小及排列方式是常用的识别特征。同时，结合材色、纹理、结构、花纹、气味、滋味、质量和硬度等进行综合判断。

在家具制造工业中，对木材材种识别的意义主要有四个方面：一是可以在木材流通和利

图 2-21 表面涂饰的原木长桌

用上做到合理选料和配料；二是可以合理加工和利用珍贵的木材树种资源，最大限度地充分发挥各个不同树种的木材的材性作用，做到材尽其用；三是可以适应家具产品质量不断提高而伴随产生的对家具原料质量要求的不断提升；四是可以实现因某些树种木材原料资源紧缺而需要采取的木材代用。

#### 2.2.3.2 常用方法

木材识别方法的基本要求应该包括三个要点，即：方法简便、过程简短、结果明确。木材宏观识别基本上可满足生产的需要，因此受到家具企业的欢迎和重视。木材的宏观识别具体操作比较简单，仅需要一把锋利的小刀和一个 10 倍的放大镜这样简单的工具就可进行。当然，必要时还需要制作木材切片，利用显微镜才能精确鉴定。

木材树种宏观识别的具体测定方法如下：

首先进行资料准备工作，需要搜集有关木材树种识别鉴定的各种相关资料，包括各种木材的宏观性质描述、木材志、木材检索表、木材穿孔检索表等文字和图片信息。

其次是准备试样，将待鉴定的木材试样应该是气干状态的木材，不可使用带有天然缺陷、腐朽或变色的木材。如果是心材树种，样品应该包括心材和边材两个部分。待测样品的大小一般以手拿及观测方便为宜，通常的尺寸大小是：长 12~15cm，宽 6~8cm，厚 1.5~2.0cm。需要注意的是，在实验室里对木材树种的识别与在生产现场是有区别的，前者强调将木材锯解成标准的三切面，后者如果这样要求就不现实。

再次是进行实际观察，从木材的三个切面上可以观察到不同的木材宏观构造特征，其中：在横切面上可以看到的木材特征信息最多（主要切面），如生长轮的变化、晚材率、有无管孔及管孔分布状况等；在弦切面上（次要切面）可以见到导管、木射线的粗细及排列情况、木材纹理等；在径切面上（辅助切面）则可以观察到射线斑纹等。值得强调的是，不同树种的木材其主要和次要的宏观特征有较大差异，因此需要进行全面观察，切忌片面下结论导致鉴定结果失真。

最后是将观察到的木材特征信息与模式样本、相关文字资料进行对照分析，初步确定树种。对疑难树种的鉴定，还需要进一步分析，直至制造切片进行显微构造分析才能得到精确的结论。

木材宏观识别时，应特别注意观察和分析木材的主要特征。例如：区别针叶材和阔叶材时，主要是判断横切面上有无管孔的存在，无孔材即为针叶材；继续在针叶材中再观察有无树脂道,如有,则进一步看其大小以及分布情况,若树脂道大而且分布多,则可初步判断为松属;再继续观察分析,根据早晚材的变化、材质软硬等状况判别是软松类如红色还是硬松类如马尾松等。阔叶材的树种鉴别则可以首先根据管孔的排列及分布情况,先区分出待测定的木材是环孔材、半环孔材还是散孔材,而后再看其木射线的宽窄、轴向薄壁组织的类型等构造特征以及木材的颜色、光泽、气味、硬度、质量等,逐步分析最后确定出待测木材树种名称。

木材树种鉴定时,需要准确记载其各种构造特征,特别注意针叶材和阔叶材的区别:

针叶材的主要识别特征包括:

① 生长轮:明显度,宽窄是否均匀,早材、晚材带的形状及大小变化情况。
② 心边材:明显度,宽度,颜色。
③ 树脂道:是否具有轴向及径向树脂道,明显程度、大小及数量等。
④ 木材的气味。
⑤ 木材的滋味。
⑥ 木材的油性感觉。

阔叶材的主要识别特征包括:

① 导管(管孔):分布及排列,大小及数量。
② 生长轮和心边材:生长轮的形状及是否分明,心边材颜色差异情况。
③ 木射线:宽度、高度、数量及在木材上的明晰程度,弦面有无波痕。
④ 轴向薄壁组织:明晰度及分布类型等。
⑤ 木材的气味和滋味。
⑥ 木材的纹理、结构、花纹和光泽等。

#### 2.2.3.3 木材检索表

木材检索表是以不同树种木材的宏观构造特征为主要内容而编制而成的,表中简明扼要、重点突出地记载了各种木材的主要宏观构造特征,将相同的特征归纳在一起,而将不同的特征区别分开,根据已经记载的待测木材试样的宏观构造特征,采用检索表查对,可以方便迅速地确定待测木材的树种。

木材检索的方法有3种形式,即:对分检索表、穿孔卡检索表和计算机识别检索系统。其中,对分检索表是最常用的木材检索方法。

(1)对分检索表

是根据木材的构造特征,用对分法原理编制而成。即在木材的许多构造特征中,先根据某个性质的有无或反正并列对比,反复按照主次顺序划分成相对称的2类性质,系统分开,而后循序渐进,最后将每个树种划分区别出来。

对分检索方法的优点是制法简单、应用方便,容易携带。确定是检索表所用的特征必须按照一定的顺序依次检索,若某一特征缺乏记载则无法继续检索。检索表编制外的树种也无法识别,因为除非是重新编制,否则编制后的检索表中是不能增减任何树种的木材的。另外,该检索方法较费时间,检索表修订时也较麻烦,受编制方法的限制,对分检索表中的树种不宜过多。

表 2-3 是几种常用木材的宏观对分检索表。家具生产选择木材原料时,可以根据具体实际情况,参考树种资料更全面的木材检索表进行木材鉴定。

**表 2-3　几种常用木材的宏观对分检索表**

| | |
|---|---|
| 1　木材断面无管孔,木材组织结构较单一,木射线在肉眼下不明晰(无孔材,针叶材,软材)……………… | 2 |
| 1　木材断面有管孔,结构较复杂,木射线细至极宽,在肉眼下明晰或不明晰(有孔材,阔叶材,硬材)……… | 4 |
| **针叶材** | |
| 2　具正常树脂道,多分布在晚材带附近,形似斑点或小孔 …………………………………………………… | 3 |

2 不具正常树脂道,心边材明显,年轮明显,纹理直,新切断面具杉木气味,心材灰褐色 ············ 杉木
3 材质轻软,生长轮均匀且较窄,早晚材渐变 ························································· 红松
3 材质硬重,结构粗糙,生长轮不均匀且宽窄不等,早晚材急变 ·································· 马尾松

**阔叶材**

4 一个生长轮内,早晚材管孔直径差异大,早材管孔沿生长轮成环状排列,早晚材急变而且界限极明显(环孔材)···5
4 一个生长轮内,早晚材管孔直径区别不显著,早材管缓变而且界限极不明显 ······················ 7
5 晚材管孔通常单独星散分布,材质硬重,边材窄为黄白色,心材呈灰黄褐色 ··················· 水曲柳
5 晚材管孔呈短径列、集团状、波浪状 ······················································· 6
6 晚材管孔径列,轴向薄壁组织切线状排列,木射线宽 ······································· 麻栎
6 晚材管孔呈不连续的波浪状,木射线略宽 ·················································· 白榆
7 早晚材管孔逐渐变小,早材初期管孔与晚材末期管孔相比大小有较明显差异,早材管孔沿生长轮呈现稀疏状排列(半散孔材),木材樟脑气味浓厚,斜纹理或交错纹理 ····················· 香樟
7 早晚材管孔大小无明显区别,管孔均匀或比较均匀分布(散孔材) ······································· 8
8 木射线肉眼可见,弦切面波浪略可见,轴向薄壁组织不明显,木材黄白色至浅红褐色 ······· 椴木
8 木射线肉眼下不可见,木材浅黄白色至浅黄褐色,轴向薄壁组织轮界状,形成浅色细线 ······ 毛白杨

(2) 穿孔卡检索表

其是在硬纸卡片上将木材的全部特征分列在每张穿孔卡片四周的孔洞内,外缘打上小孔,内缘标出特征名称。每 1 个树种制作 1 张卡片。检索时根据与该树种的特征对应情况进行反复淘汰并将树种确定。图 2-22 是阔叶树材肉眼识别穿孔卡片检索表。

穿孔卡检索方法的优点:一是随时可以增减树种或修正特征;二是可按照标本的任何显著特征进行,无需按照一定顺序检索;三是方法简捷方便、操作容易,只需根据最显著的特征,在卡片上用钢针挑选,在需要的特征上将一叠卡片穿透一次即可。缺点是:逐次穿挑卡片比较繁琐,可能出现漏检现象,而且当树种数目较多时,该方法无能为力,因此不宜处理大批量材料。

(3) 计算机识别检索系统

木材树种识别的计算机检索系统是综合了对分检索表和穿孔检索表之长,利用计算机数据管理识别系统,采用数据文件或数据库管理木材树种名称及构造特征等软件进行木材的识别。中国林科院木材所研制了木材网络识别查询系统,该系统识别木材的特点是处理信息能力强、速度快,结果准确,而且对新树种识别的兼容性强,图 2-23 所示为该系统界

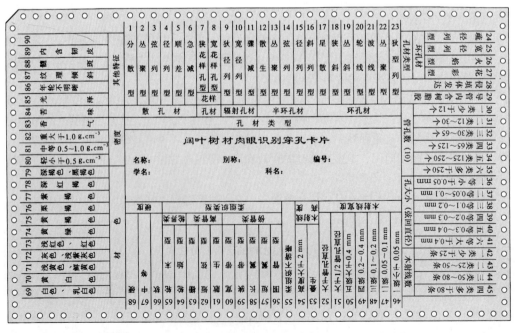

图 2-22 阔叶树材识别穿孔卡片检索表

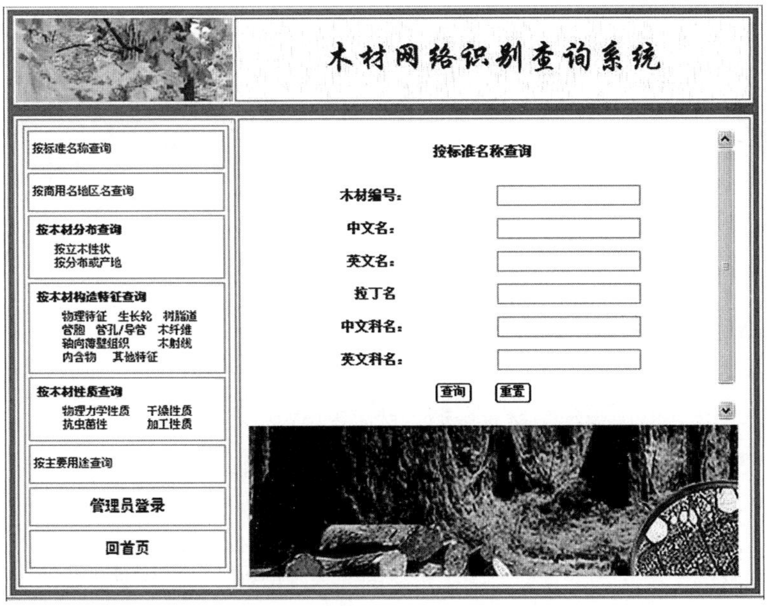

图 2-23 计算机识别木材树种软件界面

面。另外，该系统在鉴别树种的同时，还可同时查阅或打印出该树种的全部信息，例如：该木材的宏观构造特征、显微构造特征、基本性质、主要用途、分布情况等。但因为目前木材树种识别的计算机检索系统还不完善，并受到经济条件的限制等原因，所以并未在国内广为普及。

值得指出的是，尽管常规的木材宏观识别技术简单易行，可以用于生产企业的现场、海关和质检现场，但对热带进口木材，这种方法只能识别到属。宏观和微观特征结合的方法涉及的木材识别特征较多，极大地提高了识别的准确性，但试验过程较复杂。为保证识别的准确性，对难辨认或有争议的木材，必须将宏观和微观识别相结合，并与已经确定名称的木材标本的切片进行比对，这种木材识别技术很成熟，但仍有一定的局限性，一般情况下无法识别到种和产地。目前，木材识别技术正在不断发展，以 DNA 标记、稳定同位素和近红外光谱技术为代表的木材识别新技术也已开始面世，这大大拓宽了木材的识别范围，并提高了精度，是非常值得研究和利用的新技术。

## 2.3 木材物理性质

木材物理性质是指在不破坏木材完整性、不改变其化学成分的前提下测定出的木材性质，包括：密度、水分、木材干缩与湿涨，以及木材的热学、电学和声学性质等。研究木材物理性质对家具工业中的木材合理利用和科学加工具有重要作用。家具制造生产过程中，许多工艺参数的具体确定都与木材物理性质密切相关，了解和掌握木材物理性质十分必要。

### 2.3.1 木材密度

木材密度是指单位体积木材的重量，单位为 $g/cm^3$ 或 $kg/m^3$。因为木材是多孔性材料，体积中含有空气，因此木材试样的体积是外形体积，即表观体积，木材的密度也被称为容重。木材密度与其物理性质有十分密切的关系，一般，密度越大，强度越高，尺寸稳定性越好。

### 2.3.1.1 木材密度的种类

木材密度与其含水率直接相关,根据木材含水率的状况不同,通常将木材密度分为 4 种,即:基本密度、生材密度、气干密度、绝干密度。其定义分别为:

$$\text{基本密度} = \frac{\text{绝干材质量}}{\text{生材体积}} \quad \text{生材密度} = \frac{\text{生材质量}}{\text{生材体积}}$$

$$\text{气干密度} = \frac{\text{气干材质量}}{\text{气干材体积}} \quad \text{绝干密度} = \frac{\text{绝干材质量}}{\text{绝干材体积}}$$

基本密度主要用于实验室中,因为绝干材质量和生材体积相对较稳定,测定结果准确,也由于基本密度最能反映树种的材性特征,所以在比较不同树种的材性时,常采用基本密度;生材密度主要用于运输和建筑上,木材水运时或计算运输工具能力时,均要考虑生材密度;气干密度更多地用于实际的木材干燥和家具生产中,因为气干木材的质量和密度与所在地区的气候条件有关,木材的平衡含水率直接影响了木材的气干密度数值,同一种木材因为地处不同的地区而使其气干密度存在差异。绝干密度主要用于木材科学试验研究。

木材由木材物质、空气和水共同组成,木材密度与材料的多孔性(即孔隙率)直接相关。如密度为 0.356g/cm³ 的糖槭木材中包含 75% 的孔隙,而密度为 0.712g/cm³ 的白栎中的孔隙体积仅为 50%。还有一个基本概念是木材实质密度,它是指排除木材中的水分和空气后,木材物质(即木材细胞壁物质)的密度。因几乎所有树种的实质密度大致相同,所以木材的实质密度近似为一个常数,在 1.46～1.56g/cm³ 的范围内,通常取 1.50g/cm³ 作为木材的实质密度。该数值的具体含义为:若木材中不含有孔隙,则木材的绝干密度为 1.50g/cm³。实际上,所有木材中都含有或多或少的孔隙,木材密度取决于木材中的孔隙率大小,密度大的木材孔隙率就小,反之,密度小的木材则必然孔隙率较大。当已知木材的孔隙率时,可按如下公式推算出木材的绝干密度:

$$P = \left(1 - \frac{\rho_0}{\rho_{0w}}\right) \times 100\%$$

式中:$P$——木材孔隙率,%;

$\rho_0$——木材的绝干密度,g/cm³;

$\rho_{0w}$——木材的实质密度,g/cm³。

如果木材中含有 50% 的孔隙,则根据木材的孔隙率计算公式可以得出,木材的绝干密度为 0.75g/cm³。

木材的密度是木材物理性质中最重要的物理量,应用非常广泛,家具生产中,密度越大的木材(如硬木、红木等)强度越高、尺寸稳定性越好,但因材质较硬,加工时相对较难。密度较小的木材(如各种人工林速生材)强度较低,有些甚至不能用于普通家具的制造。

红木指紫檀属、黄檀属、柿属、崖豆属及决明属树种的心材,红木家具的用料气干密度均较大。在我国相关标准 GB/T 18107—2017《红木》中,明确规定了 8 类红木树种的心材气干密度(12% 含水率)分别为:紫檀木类(*Pterocarpus* spp.)>1.00g/cm³,花梨木类(*Pterocarpus* spp.)>0.76g/cm³,香枝木类(*Dalbergia* spp.)>0.80g/cm³,黑酸枝木类(*Dalbergia* spp.)>0.85g/cm³,红酸枝木类(*Dalbergia* spp.)>0.85g/cm³,乌木类(*Diospyros* spp.)>0.90g/cm³,条纹乌木类(*Dalbergia* spp.)>0.90g/cm³,鸡翅木类(*Millettia* spp. 或 *Senna* spp.)>0.80g/cm³。

图 2-24 所示为我国著名的明式家具紫檀圈椅。以珍贵的紫檀为材料,弧形椅圈自搭脑伸向两侧,通过后边柱又顺势而下,形成扶手。背板稍向后弯曲,形成背倾角,颇具舒适感。座面长方形藤屉。座面下装壶门式券口牙条,雕祥云纹。四腿间管脚枨自前向后逐渐升高,称"步步高赶枨",寓意步步高升。

图 2-24 紫檀圈椅

## 2.3.1.2 木材密度的影响因素

木材密度的大小受很多因素影响，其中主要包括：

**树种** 树种不同的木材，密度值相差较大，其原因主要是因树木的构造不同，包括细胞壁组织的含量、晚材率、生长轮的宽度和木材组织比等，这些指标的变化都会导致木材密度值的变异。

**抽提物** 木材中常含有多种抽提物，包括：树脂、树胶、油类、单宁、色素等。这些物质在树木生长过程中沉积在细胞壁中，虽然在木材质量中所占的比例不大，但在不同树种或在同一树种的不同部位会有明显区别。抽提物多的树种木材密度较大；心材中的抽提物含量较大，因此心材的密度大于边材的密度。

**立地条件** 树木所处的地理位置、气候和土壤条件、当地的营林措施以及树木自身的遗传基因等均影响木材的密度大小。这些因素交互在一起，共同导致了木材密度的变异。

**树龄和树干位置** 树木生长过程中，从幼龄材到成熟材，木材的密度随树龄的增长有增大的趋势，进入成熟期的木材密度值趋于稳定。在树干的根基部分木材的密度最大，自根基部分向上，木材的密度逐渐减小，在树干的头冠部分又略有提高，该现象在针叶材中最为明显。

## 2.3.1.3 木材密度测定

测定木材密度简单而常用的方法是体积量测法。测定时，木材质量可用分析天平或精度相当的其他天平直接称量，木材体积可根据测定对象的外观是否规则分别采用直线量取法和排水法测得。

**直线量取法** 适用于测定形状规则的木材密度。我国相关国家标准中规定，木材密度测定时，需先将试样的相邻边加工成互为直角，而后制成边长尺寸为 20mm 的正方体。再用千分尺分别精确测出径向、纵向和弦向的尺寸，准确至 0.001mm，计算出气干体积。随即称重，准确到 0.001g，得到木材试样的气干质量。最后计算出气干质量与气干体积的比值，即为木材的气干密度。

由于木材的气干密度与含水率的关系较大，为方便比较不同树种间的气干密度大小，上述方法测得的气干密度数值还需要换算成含水率为 12% 时的密度。换算关系式如下：

$$\rho_{12} = \rho_M [1 - 0.01(1-K)(M-12)]$$

式中：$\rho_{12}$——含水率为 12% 时的气干密度，g/cm³；

$\rho_M$——试样含水率为 $M$% 时的气干密度，g/cm³；

$M$——试样的含水率，%；

$K$——试样的体积干缩系数，%。

**排水法** 对于形状不规则的饱水材试样，可采用排水法测定木材密度。该方法是将试样先置于水中，使试样达到饱水状态，此时，排水的体积与质量相等。

对于气干材等比较干燥的木材，必须考虑其吸水性对密度测量精度的影响。为此。需在浸水前的试样表面涂一层薄石蜡，防止水分渗透进入试材中，导致测定体积偏低。

我国现行国家推荐标准 GB/T 1933—2009《木材密度测定方法》中规定：气干密度的测定采用直接量取称重法；全干密度（绝干密度）的测定采用全干称重法；基本密度的测定采用排水法，该方法测定时的试样可以是任意形状。

### 2.3.2 木材水分

树液是树木生长过程中不可或缺的，其中包括了水分和其他各种有机物质和矿物质，但后者所含质量较少，因此，在制材、木材干燥和家具制造等加工过程中，往往将木材树液称为木材水分。木材水分随树种、部位、立地条件和季节等因素的不同而异。不同的树种、同一树种的心材与边材、树干树枝与树梢等不同位置的木材含水量均存在差异。另外，在周围气候环境条件变化时，木材的水分含量也会随之变化。在木材水运、水储和水热加工处理时，木材会因水分的浸泡而导致含水量提高，干燥的木材也会在潮湿环境中吸收空气中的水分。木材中水分的变化直接影响木材的储存、运输、加工和利用。

#### 2.3.2.1 木材水分的存在状态

根据木材中水分的存在状态，可将其分为自由水（游离水）和吸附水（结合水）。

**自由水** 存在于木材的细胞腔和细胞间隙内，其性质与液态水的性质接近。自由水只影响木材的质量、燃烧性、渗透性等，对木材的其他物理性质无显著影响。

**吸附水** 存在于木材细胞壁内，与木材细胞壁物质结合，其量的大小、增多或减少的程度将直接影响木材的强度、干缩和湿涨性等物理性质，对木材加工和利用有至关重要的作用，吸附水与细胞壁物质之间的化学键结合力（包括氢键力和范德华力）较强，使吸附水木材干燥过程中不易脱除，需要消耗更多的热量。家具制造以及使用过程中，木材中吸附水的变化会导致材性上的显著变化。

#### 2.3.2.2 木材含水率的计算与测定

木材含水率用木材中所含水的质量与木材质量之比的百分率表示。

因为木材的质量随其中的水分变化而变化，称量木材时需要区别其中是否有水分质量的影响，所以将木材含水率的数值分为绝对含水率和相对含水率两种。

绝对含水率：以木材中水分的质量占木材绝干质量的百分比表示，又称干基含水率。家具加工生产中，通常采用绝对含水率作为木材中水分含量的标准，因为绝干材的质量稳定，便于比较。绝对含水率按照下式计算：

$$绝对含水率=\frac{湿材质量-绝干材质量}{绝干材质量}\times100\%$$

相对含水率：以木材中水分质量占湿木材质量的百分比表示，又叫湿基含水率。相对含水率按照下式计算：

$$相对含水率=\frac{湿材质量-绝干材质量}{湿材质量}\times100\%$$

绝对含水率与相对含水率可以互相换算，以方便比较：

$$绝对含水率=\frac{100\times 相对含水率}{100-相对含水率}$$

$$相对含水率 = \frac{100 \times 绝对含水率}{100 + 绝对含水率}$$

常用的木材含水率测定方法主要有：

**绝干称重法** 是直接将木材取样后称重的含水率测定方法，也是最常用、最准确和最简便易行的方法。我国现行国家推荐标准 GB/T 1931—2009《木材含水率测定方法》中，采用绝干称重法作为具有仲裁价值的木材含水率测定方法。这种方法的缺点是测定时间长，不能即时反映木材的含水率，而且木材中的挥发物成分在干燥时也被计入木材水分中，导致测定结果不精准，一般比实际的水分含量偏高。

**木材电阻式水分测定仪** 木材中的水分与电阻有定量关系，据此可先测定木材中的电阻，而后将其转换成木材的含水率值。图 2-25 所示为木材水分快速测定仪的应用，采用感应式测定仪即时测定木材单板的含水率。电阻式水分测定方法简便迅速，不破坏木材，可以实现无损检测，因此在家具制造行业被广泛使用。但这种方法测得的数据精度不如绝干称重法，而且测量范围有限，一般为 6%～35%。特别需要注意的是：木材的电阻与温度有关，也与木材构造有关，为获得相对准确的数值，应进行温度修正系数和树种修正系数的校正；另外，木材的电阻率还与测定时的纤维方向有关。

### 2.3.2.3 木材的纤维饱和点

木材纤维饱和点是木材含水率达到一定程度时的含水状态。即木材中的吸附水已达饱和状态，而自由水还未存在时的木材含水率。木材纤维饱和点与树种、环境温度和测定方法有关，通常在 23%～33%，一般将 30% 作为木材纤维饱和点。图 2-26 是木材含水状态示意图。

木材纤维饱和点是木材各种材性发生转折的重要含水状态，因此，该数值在实际家具生产中具有重要意义。

**图 2-25** 木材含水率的快速测定

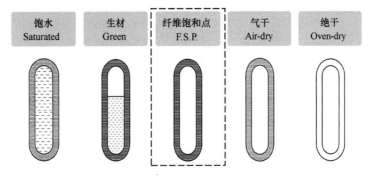

**图 2-26** 木材含水状态示意图

木材含水率在其纤维饱和点以下发生变化时，木材的强度、尺寸稳定性、电学性质和热学性质均会发生显著而有规律的变化，例如：当木材含水率在纤维饱和点以下时，木材的强度与含水率成反比；木材的体积与含水率成正比；木材的电阻与含水率成反比。但在木材的纤维饱和点以上，木材的含水率增减并不影响这些性质的强弱。

#### 2.3.2.4 木材的吸湿性和平衡含水率

（1）木材的吸湿性

木材的多孔性使其具有从空气中吸收气态水蒸气的能力，被称为木材的吸湿性。木材的吸湿性实际上包括了两个方面，一是木材可以从潮湿的空气环境中吸湿，二是可以在干燥的环境中向空气放出水蒸气即解吸，两者是可逆的。

木材具有吸湿性的根本原因及机理在于：组成木材细胞壁的物质主要是纤维素、半纤维素等组分化学组分，这些组分的结构中含有许多自由羟基（—OH），这些羟基具有较强的吸湿能力；此外，木材是一种具有众多微毛细孔存在的多孔体，拥有很高的孔隙率和较大的内部比表面积，这使木材在潮湿的环境中对水有很强的吸附性。

（2）木材的平衡含水率

木材的平衡含水率是指木材的吸湿速度和解吸速度达到平衡状态时的木材含水率。木材的平衡含水率主要与所处周围空气环境的温度和湿度有关，而与木材树种的关系不大。我国地域辽阔，气候多样，不同地区、不同季节的木材其平衡含水率不尽相同。北方地区气候较干燥，木材的年平均平衡含水率相对较低，为12%～13%；南方气候湿润，木材的年平均含水率相对较高，为17%～18%，就全国而言，木材的平衡含水率约为15%。国际上以12%为标准平衡含水率。表2-4列出了我国部分地区木材的年平衡含水率。

表2-4　我国部分地区木材的年平衡含水率

| 地名 | 平衡含水率（%） | | | 地名 | 平衡含水率（%） | | |
| --- | --- | --- | --- | --- | --- | --- | --- |
| | 最大 | 最小 | 平均 | | 最大 | 最小 | 平均 |
| 黑龙江 | 14.9 | 12.5 | 13.6 | 浙江 | 17.0 | 14.4 | 16.0 |
| 吉林 | 14.5 | 11.3 | 13.1 | 江西 | 17.0 | 14.2 | 15.6 |
| 辽宁 | 14.5 | 10.1 | 12.2 | 福建 | 17.4 | 13.7 | 15.7 |
| 新疆 | 13.0 | 7.5 | 10.0 | 河南 | 15.2 | 11.3 | 13.2 |
| 青海 | 13.5 | 7.2 | 10.2 | 湖北 | 16.8 | 12.9 | 15.0 |
| 甘肃 | 13.9 | 8.2 | 11.1 | 湖南 | 17.0 | 15.0 | 16.0 |
| 宁夏 | 12.2 | 9.7 | 10.6 | 广东 | 17.8 | 14.6 | 15.9 |
| 陕西 | 15.9 | 10.6 | 12.8 | 广西 | 16.8 | 14.0 | 15.5 |
| 内蒙古 | 14.7 | 7.7 | 11.1 | 四川 | 17.3 | 9.2 | 14.3 |
| 山西 | 13.5 | 9.9 | 11.4 | 贵州 | 18.4 | 14.4 | 16.3 |
| 河北 | 13.0 | 10.1 | 11.5 | 云南 | 18.3 | 9.4 | 14.3 |
| 山东 | 14.8 | 10.1 | 12.9 | 西藏 | 13.4 | 8.6 | 10.6 |

在家具工业生产中，木材的平衡含水率与木材干燥、家具制品的加工和保管有密切关系。木材原料利用前，必须将其干燥到与所在地区的环境温度和湿度相适应的木材平衡含水率状态。只有这样才能保证木家具不会因为环境的变化而出现的变形、翘曲、开裂等现象，从而保证家具产品的尺寸稳定。

木材干燥如果是在大气环境中进行，则时间越长，木材的含水率越接近于平衡含水率。这也是优质的红木类木材在进行家具制造时，必须先放置一段较长的时间，使其完全达到与所在环境的温度和湿度相适应的木材平衡含水率的原因。

经过干燥的木材，一般在气候环境条件下还会随温度和湿度的改变而发生变化，因此，木材家具制品在使用时产生微小的变形是难以完全避免的，特别是实木家具尤为如此。可以采用贴面或涂饰的方法装饰木材家具，既具有美好作用也有保持尺寸稳定的功能，但这也不能绝对避免木材的吸湿和解吸。比较理想的方法是，将木材制品干燥到与周围环境相适应的木材平衡含水率状态。当木家具产品异地使用时，即家具的生产地与使用地不在同一地区，而且这两个地区的气候条件相差较大时，特别需要引起高度注意。

进行人工干燥时，应特别注意使其干燥后的终含水率数值低于产品的使用地区的平衡含水率，这样就可以最大限度地减少木材吸湿引起的家具涨缩、翘曲变形和开裂现象，保证木制品的质量。

### 2.3.3 木材的干缩湿涨

#### 2.3.3.1 木材的干缩湿涨现象

木材的干缩湿涨是指当木材含水率在纤维饱和点以下时，木材的体积尺寸随含水率的变化而变化的现象。木材在失去水分即解吸过程中，体积尺寸将随水分丧失而减小，称为干缩，干缩的最大程度是含水率几乎为零；木材在吸收水分（包括气态水蒸气和液态水）即吸湿过程中，随木材含水率提高，体积尺寸将逐渐增大，称为湿涨，湿涨的最大极限是木材的含水率达到纤维饱和点时的尺寸和体积。

木材的干缩和湿涨在日常生活中就可见到，该性质对木材利用影响较大。实木家具生产过程中，因天然木材结构的各向异性，以及干缩湿涨性的自然属性，导致家具型材和部件极易发生变形和开裂现象。木材干缩会造成木家具结构的拼缝不严、接口松弛和翘曲开裂；木材湿涨则会使木材制品产生凸起和变形，因此，需尽可能采用一定措施控制。

某些实木家具面板上会留有伸缩缝（也称膨胀缝、工艺缝），目的就是为了当木材受到外界环境影响而干缩或湿涨时，给木材的尺寸变化留下缓冲空间，不致出现家具的边框或角榫等部件的松动或撑开，无法正常使用。伸缩缝的存在为遏制木材的湿涨干缩程度、提高实木家具的使用功能和寿命起到了不可或缺的保障作用。伸缩缝的宽窄非常重要，过大影响美观，过小起不到应有的作用，一般是根据木材的密度大小以及家具使用地的气候特征来决定，宽度一般在 0.3～0.5cm 范围内。图 2-27 所示为实木桌子台面上清晰可见的伸缩缝。

另外，对已经出现开裂的木材，采用嵌入木榫或金属榫的方法，也可以起到一定的遏制开裂程度加大的结果。如图 2-28 所示。

图 2-27　实木桌子

图 2-28　榫在木材开裂防护上的应用

#### 2.3.3.2 木材的干缩湿涨率

实际应用中,常采用木材的干缩率和湿涨率反映木材的涨缩程度。由于木材构造上的不均匀导致了木材在不同方向上的干缩湿涨程度不同,所以,木材的干缩湿涨率应按不同的纹理方向分别来测定计算。木材的干缩湿涨率可以按下式计算:

$$干缩率 = \frac{原尺寸(体积) - 干缩后尺寸(体积)}{原尺寸(体积)} \times 100\%$$

$$湿涨率 = \frac{湿涨后尺寸(体积) - 原尺寸(体积)}{原尺寸(体积)} \times 100\%$$

理论上,木材的干缩率应与其湿涨率相同的,只是正负相反。但实际测定中,总是干缩率稍大于湿涨率。其原因可以大致解释为,木材干燥过程中,其内部失去水分,一些亲水基团的位置发生了改变,导致再吸湿时,木材不能完全恢复原有形状。各种不同树种的木材干缩湿涨程度一般为:弦向干缩率或湿涨率为6%～12%,径向干缩率或湿涨率为3%～6%,纵向干缩率或湿涨率为0.1%～0.3%。通常,硬阔叶材的干缩湿涨程度大于针叶树材;密度大的树种大于密度小的树种。实际生产中,还可以用干缩湿涨系数表示木材的干缩湿涨性质。该指标是指在木材纤维饱和点以下时,木材中的含水率每变化1%所引起的木材干缩率或湿涨率。

$$干缩或湿涨系数 = \frac{木材的干缩率或湿涨率}{干缩或湿涨过程前后的含水率差} \times 100\%$$

木材干缩系数大致为:弦向干缩系数为0.24%～0.4%,径向干缩系数为0.12%～0.27%;体积干缩系数为0.36%～0.59%。

#### 2.3.3.3 木材的干缩湿涨影响因素及控制手段

了解并掌握木材的干缩湿涨规律,控制木材干缩湿涨程度,可以在家具生产和使用中更好地利用木材。

(1)木材干缩湿涨的影响因素

木材具有干缩湿涨现象是其天然属性,不同树种的木材、同一木材的不同纹理方向具有不同大小的干缩湿涨性。影响木材干缩湿涨程度的主要因素包括:

**密度** 含水率相同时,木材密度较大则横向干缩程度就大。因此可以根据密度的大小大致判别木材的横向干缩程度。密度越大的树种干缩值也越大。

**晚材率** 木材中的早材与晚材的密度差异较大,一般晚材的密度可高出早材密度的1～3倍,故晚材的横纹干缩远大于早材。晚材率越大的木材,横向干缩程度也越大。

**树种** 不同树种的木材其组织构造和化学组成等也有区别,一般,针叶树材的横向干缩和体积干缩较阔叶材小,硬阔叶材的横向干缩大于软阔叶材的横向干缩。

(2)减少木材干缩湿涨的方法

家具生产过程中,木材的各向异性以及其特有的干缩和湿涨性是家具型材及部件发生变形和开裂的主要原因。干缩将造成木家具结构的拼缝不严、接口松弛和翘曲开裂;湿涨则会使木材制品产生凸起和变形,因此,需要尽可能采用一定措施控制,常用的方法包括:

**干燥** 一定温度下的干燥处理能使木材组分中的亲水羟基减少,从而降低吸湿性,达到尺寸稳定的目的。

**化学处理或涂饰处理** 化学药剂处理或进行树脂表面涂饰处理,可以使木材表面被封闭,阻止水分与木材中的吸水物质接触,达到稳定木材制品尺寸的目的。

**利用木材本身的各向异性** 将木材板材更多地制成尺寸稳定的径切板,因为径切板的宽度方向的干缩大约只有弦向方向干缩的50%。

在木材原料的结构上改变其各向异性 将木材制成基本上各向同性的人造板材，如胶合板、细木工板等，使木材的纹理相互交错垂直，让木材的干缩湿涨受到制约和牵制，达到使木材制品尺寸稳定的目的。图2-29是经过贴面处理的细木工板，尺寸稳定，并具有良好的装饰效果。

### 2.3.4 木材的热学、电学及声学性质

图2-29 贴面细木工板

（1）木材的热学性质

木材的热学性质即为木材的热物理性质，其表征指标包括：比热、导热系数和导温系数等。在木材加工利用的热处理过程中，如：冰冻原木的解冻、木材干燥、胶合板制造时，单板旋切前的原木木段蒸煮、各种人造板产品的热压、木材防腐和改性等工艺中，均要涉及木材的热学性质，因此，了解木材的热学性质特点具有实际意义。

木材是热的不良导体，因此常被用于建筑和冷藏设备的隔热保温材料，也用于日常炊具的把柄材料。木材的低导热性还是木材用于家具制造的原因之一，因为具有这种特殊的自然属性，所以人们在长期的生活实践中，已经在潜意识中将木材质感与保温隔热联系在一起，当看到木材的色泽时，就首先在视觉上获得了温暖宜人的心理感受。

研究结果表明，木材的比热与树种、木材密度和在树干中的位置无关，其数值大小只受温度和含水率的影响。由于水的比热远大于木材的比热，所以木材的比热随其中的含水率的增加而加大，也即木材含水率越低，导热性就越小。木材的导热性可以用导热系数表示，单位为$W/(m \cdot K)$，其物理意义是，在单位时间内，使单位厚度、单位面积的物体相对两面的温差为1℃时所需要的热量。表2-5是部分材料的导热系数。

**表2-5 部分材料的导热系数**

| 材　料 | 导热系数[$W/(m \cdot K)$] | 材　料 | 导热系数[$W/(m \cdot K)$] |
| --- | --- | --- | --- |
| 铝 | 203 | 花岗岩 | 3.1～4.1 |
| 铜 | 348～394 | 混凝土 | 0.8～1.4 |
| 铁 | 46～58 | 玻璃 | 0.6～0.9 |
| 椴木（横纹方向） | 0.21 | 松木（横纹方向） | 0.16 |
| 椴木（顺纹方向） | 0.41 | 松木（顺纹方向） | 0.35 |

（2）木材的电学性质

木材的电学性质主要是指其导电性、电绝缘强度、介电常数和介电损耗等。了解木材的电学性质对全面掌握木材的性质具有理论指导意义，更重要的是，对家具工业生产还有一些实际应用价值，例如：运用高频电热技术进行木材的干燥以及设计制造各种家具无损检测仪器和设备等。

木材的导电性很小，在一般普通电压下，绝干态或含水率极低时的木材基本上是绝缘的，因此可以被作为电绝缘材料。但是，若木材中含有水分，特别是在纤维饱和点以下时，则木材中的含水率越高，则导电强度越高。刚采伐下来的生材就是电的导体。

影响木材导电性的因素主要包括：①含水率：木材中的含水率增大，则电阻率减少，该现象在纤维饱和点以下明显。②温度：木材的温度提高，则电阻率降低。③纹理方向：木材顺纹理方向的电阻小于横纹理方向的电阻；径向比弦向小。④密度：木材密度与电阻成反比，即密度越大，电阻越小。

以上四个影响因素仅限于在低频范围，当高频电作用于木材时，木材的电阻值将变得很小。在近代木材干燥工艺中，出现了高频干燥工艺，其原理即在于此。

## 2.4 木材力学性质

木材力学性质是指木材抵抗外力作用的性能。研究木材力学性质的目的，是分析木材产品在使用过程中，材料的许用强度与安全性之间的关系，找出规律，为木材加工生产提供理论依据，解决实际应用问题。

木材力学性质测定和计算是以材料力学为基础进行研究的，但由于木材是非均质、各向异性的天然高分子材料，其力学性质也因此有别于其他均质材料。研究结果表明，木材是介于弹性体和非弹性体之间的具有粘弹性的材料，其力学性质受到时间和环境条件的影响。

木材的力学性质包括：应力与应变、弹性与塑性、强度（抗拉强度、抗压强度、抗弯强度、抗剪强度、扭曲强度等）、硬度、抗劈力以及耐磨强度等。总之，木材的力学性质涉及面广，影响因素较多。

### 2.4.1 木材力学性质的基本概念

（1）应力与应变

应力：木材受外力作用时，其内部将会产生大小相同、方向相反的反作用力，这种反作用力被称为应力。木材单位面积上所受的应力可以用简单的应力计算公式表示为：

$$\sigma = \frac{P}{A}$$

式中：$\sigma$——应力，MPa；

$P$——外力载荷，N；

$A$——受力面积，$mm^2$。

应变：受到外力作用的木材会发生变形，变形的程度被称为应变。用单位长度（或面积，或体积）内的绝对变形量表示，其计算公式为：

$$\varepsilon = \frac{\Delta l}{l}$$

式中：$\varepsilon$——应变；

$\Delta l$——绝对伸长量或缩短量，mm；

$l$——原长度，mm。

应力与应变的关系为：木材的应力和应变随外力作用同时产生，应力变化时，应变也随之变化，一般表现为外力增大，应变也就增大。

（2）木材的弹性和塑性

木材的弹性是指其在所受到的外力不超过比例极限时所体现出的性质，此时，伴随外力的撤销，木材的形变也会随之消失。反之，当外力作用大于木材的比例极限，则木材将呈现出永久的残留变形，即塑性变形，这种性质称塑性。木材的弹性和塑性可以在一定的条件下相互转化。

作用于木材的外力在比例极限范围内时，应力和应变成一定的直线比例关系，应力与应变的比值（比例常数）被称为木材的弹性模量或杨氏模量。弹性模量可以用简单的虎克定律表示为：

$$E = \frac{\sigma}{\varepsilon}$$

式中：$E$——弹性模量，MPa（与应力的量纲相同）；

$\sigma$——应力，MPa；

$\varepsilon$——应变，是量纲为1的比例系数。

木材的弹性模量反映了材料产生单位应变时所能承受的外力，换言之，弹性模量表示了木材抵抗外力变形能力的大小。各种木材的弹性模量值可在相关木材手册资料中查获。

木材是各向异性的天然材料，同一种木材的各个方向上的弹性模量也不同，一般的规律为：纵向≥径向≥弦向。

木材的塑性变形是由于木材内部的化学组分之间化学键断裂、木材的基本构造遭到破坏引起的。木材一旦出现塑性变形，则表明构成木材纤维的三大主要化学组分即纤维素、半纤维素和木质素已经被不同程度的破坏。

（3）木材的流变性（黏弹性）

木材为天然生物材料，该材料同时具有弹性和塑性两种不同机理的变形现象。在长期受到外力作用时，木材的变形将逐渐增加。木材在长期载荷情况下，变形随时间的变化而改变的性质称为木材的流变性。木材的蠕变和松弛是黏弹性的主要内容。

蠕变 在恒定的外力作用下，木材的应变随时间的延长而逐渐增大的现象称为木材的蠕变。木材蠕变在实际生活中体现的一个实例是，书架中的木隔板如果一直放有较重的书籍时，该木隔板将会随时间的延长而逐渐被压弯变形。

实际上，木材受外力载荷作用时，其特有的黏弹性将使木材产生三种形式的变形，即：瞬时弹性变形、黏弹性变形和塑性变形。当外力加载过程停止时，木材立即产生随时间递减的弹性变形，称为黏弹性变形。

木材的蠕变曲线表示外力作用下木材的黏弹性特征。不同的木材可以通过蠕变形成和蠕变回复的曲线予以区分。

松弛 木材应力松弛是指在恒定的应变条件下，应力随时间的延长而逐渐减少的现象。日常生活中，家具开始使用时，连接木材部件的钉子或榫十分牢固，但经过一段时间后，家具部件之间的连接会发生松弛，这就是木材具有黏弹性的一个体现。

木材的应力松弛程度可用以下公式计算：

$$\sigma_t = \sigma_1 (1 - m \ln t)$$

式中，$\sigma_t$——时间 $t$ 时的应力；

$\sigma_1$——单位时间内的应力；

$m$——松弛系数，随树种、应力种类、密度、含水率不同而异；

$t$——时间，min。

蠕变与松弛的关系 可以产生蠕变的材料必定会产生松弛。蠕变与松弛的关系在于：在蠕变时，应力是常数，应变是随时间变化的可变量；但在松弛过程中，应变是常数，应力是随时间变化的可变量。木材具有蠕变和松弛的性质，根本原因是因为木材同时具有弹性和塑性即为具有流变性（黏弹性）的天然材料。

### 2.4.2 木材的各种力学强度

家具生产过程中，需要对木材进行各种形式的机械加工处理，木材也因此受到各种形式的不同外力，例如：拉力、压力、剪切力、劈裂力和握钉力等等。对应于这些不同的外力作用，木材也相应地产生不同的抵抗能力，即各种力学强度。

根据木材所受到的各种外力作用的种类，可以将木材的主要力学强度划分为：压缩强度（包括顺纹抗压强度、横纹抗压强度）、拉伸强度（包括顺纹抗拉强度、横纹抗拉强度）、抗弯强度、抗剪强度、扭曲强度、冲击韧性、硬度、抗劈力和握钉力等。

#### 2.4.2.1 木材的抗压强度

木家具使用中最常受到的外力作用就是压力。木材的抗压强度是指其受到压力作用时，抵抗压缩变形的能力。木材的抗压强度是木材力学性质中最基本、最重要的性质，也是评定木材材质的基本数据。按不同的受力方向，木材抗压强度分为顺纹抗压强度和横纹

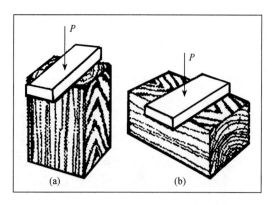

图 2-30 木材的顺纹抗压(a)与横纹抗压(b)受力示意图

抗压强度。

图 2-30 为木材的顺纹抗压与横纹抗压受力示意图。

（1）顺纹抗压强度

木材的顺纹抗压强度是指外部压力的方向与木材纤维方向平行的抗压强度，即木材抵抗顺纹压力载荷的最大能力。家具结构中的支柱、斜撑和桁架等均受到顺纹方向的压力。因为木材的顺纹抗压强度数值较高，而且各种其他因素对该值的影响较小，也易于实际测定，所以在研究与木材强度的相关影响因素时，常采用此测定数据。

木材的顺纹抗压强度测定可以按照我国现行的国家相关标准 GB/T 1935—2009《木材顺纹抗压强度试验方法》进行，试件断面的径向、弦向尺寸为 30mm×20mm×20mm，长度为顺纹方向。木材的顺纹抗压强度按照下式计算：

$$\sigma_m = \frac{P_{max}}{bt}$$

式中：$\sigma_m$——试样含水率为 m 时的顺纹抗压强度，MPa；

$P_{max}$——破坏载荷，N；

$b$——试样的宽度，mm；

$t$——试样厚度，mm。

上述木材的顺纹抗压强度是针对短柱材，即柱体露出空间的长度小于断面最小边的 11 倍（长细比为 1.5）。当柱体露出空间的长度大于断面最小边的 11 倍时（长细比大于 11 倍），应视为长柱，长柱属于木材刚性的研究范围（压杆稳定问题），已经不是顺纹抗压的范畴。

我国木材顺纹抗压强度的平均值为 45MPa，顺纹比例极限与强度的比值约为 0.70，针叶材的该比值约为 0.78，软阔叶材约为 0.70，硬阔叶材约为 0.66。产生此现象的原因是针叶材构造简单而有规律，阔叶材构造不均匀。

（2）横纹抗压强度

木材的横纹抗压强度是指垂直于纤维方向，对试件全部加压面进行加载时的强度，即木材抵抗横纹压力载荷的最大能力。在家具制品中，束腰线、底线和面材等都会受到横纹压力的作用。因为木材是由众多的管状细胞组成，因此受横纹压力时，纤维将被压扁、压缩，直至木材密度逐渐增加到一定程度。

木材的横纹抗压强度具体又细分为 2 种：其一是试件的全部表面受压，称为横纹全部抗压强度；其二是试件部分长度上的局部受压，称横纹局部抗压强度。木材横纹抗压强度的测定方法按照我国的相关标准 GB/T 1939—2009《木材横纹抗压试验方法》中的规定进行，试件尺寸为：全部受压 30mm×20mm×20mm；局部受压 60mm×20mm×20mm。鉴于木材性质各向异性的特点，测定时需要依据载荷的方向分为径向和弦向分别进行。图 2-31 所示为国标中规定的木材横纹抗压强度的测定装置。

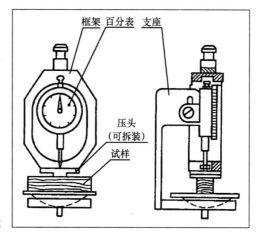

图 2-31 木材横纹抗压强度测定装置

木材的横纹全部抗压强度按照下式计算：

$$\sigma_{yw} = \frac{P}{bl}$$

式中：$\sigma_{yw}$——试样含水率为 W 时，径向或弦向的横纹全部抗压比例极限应力，MPa；
$P$——比例极限载荷，N；
$b$——试样的宽度，mm；
$l$——试样的长度，mm。

木材的横纹局部抗压强度按照下式计算：

$$\sigma_{yw} = \frac{P}{ab}$$

式中：$\sigma_{yw}$——试样含水率为 W 时，径向或弦向的横纹局部抗压比例极限应力，MPa；
$P$——比例极限载荷，N；
$a$——加压钢块宽度，mm；
$b$——试样宽度，mm。

木材的横纹全部抗压强度可以表示出木材在单纯受压时的真实抵抗力，但木材的横纹局部抗压在实际应用中更普遍，例如钢轨放置在枕木上等。根据作用外力的方向与生长轮的方向位置不同，木材的横纹抗压强度又分为径向受压和弦向受压。一般，木材的横纹局部抗压强度大于横纹全部抗压强度，径向抗压强度大于弦向抗压强度。

通常，木材的横纹抗压极限强度低于顺纹抗压极限强度，根据横纹与顺纹抗压强度的比值，可以大致评估木材的材质。该比值越接近于 1，则说明木材的材质越致密、均匀。例如：栎木的横纹抗压强度与顺纹抗压强度的比值为 0.294，愈创木的该比值为 0.895，则说明后者的材质比前者的更理想。

#### 2.4.2.2　木材的抗拉强度

木材的抗拉强度是木材抵抗拉伸变形的能力，又分为顺纹抗拉强度和横纹抗拉强度，横纹抗拉强度又分为弦向和径向。木材顺纹抗拉强度是木材的最大强度。

木材的横纹抗拉强度较低，通常仅为顺纹抗拉强度的 6%～10%，家具和木制品很少在横纹抗拉状态下使用，但木材的横纹抗拉强度可以作为预测木材是否容易开裂的重要指标。

木材的横纹抗拉强度按照我国的现行国家标准 GB/T 14017—2009《木材横纹抗拉强度试验方法》中的规定执行。木材的顺纹抗拉强度测定可按照我国的相应国家标准 GB/T 1938—2009《木材顺纹抗拉强度试验方法》中的规定进行。

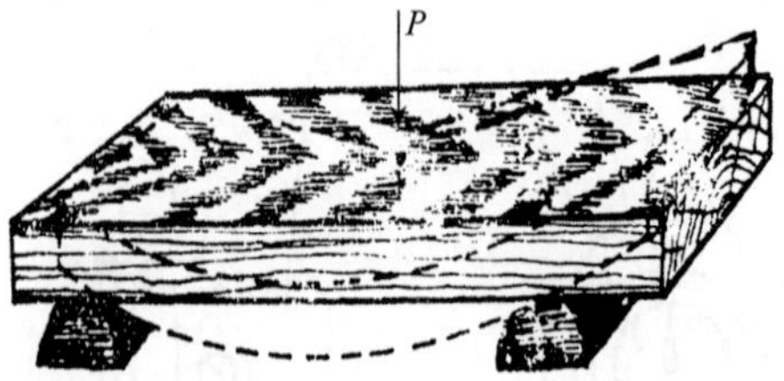

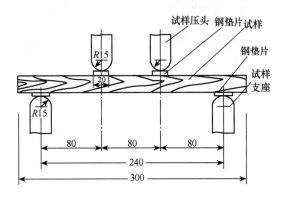

图 2-32 木材受弯曲力示意图

图 2-33 抗弯强度测定装置

### 2.4.2.3 木材的抗弯强度

家具使用过程中，经常受到弯曲的外力作用，木材的抗弯强度和弯曲弹性模量是木材力学性质中的指标之一，该指标是家具面板、建筑物房屋、地板以及木质桥梁和桁条强度设计的最重要依据。图 2-32 是木材受到弯曲作用力时的受力示意图。

木材抵抗弯曲破坏的能力称为木材的抗弯强度。若外力施加的速度是缓慢而均匀的，则木材受到的是静力载荷的作用，静力作用下木材的弯曲极限强度称为木材的静力弯曲极限强度。木制家具部件受到弯曲作用力时不仅可以出现断裂失效，还可能出现变形失效，即木材本身虽然没有断裂，但其变形量已经超过了允许的范围，导致部件无法使用。

木材的抗弯强度应用范围较广，其测定也相对容易，因此在木材的材质判断中使用较多。常用的木材的抗弯强度测定方法是采用 4 点载荷，具体步骤可以按照我国的国家标准 GB/T 1936.1—2009《木材抗弯强度试验方法》中的规定进行，测定装置如图 2-33 所示。

试件尺寸 300mm×20mm×20mm，长度为顺纹方向。计算公式如下：

$$\sigma_M = \frac{3P_{max}L}{2bh^2}$$

式中：$\sigma_M$——试件抗弯强度，MPa；

$P_{max}$——试件破坏载荷，N；

$L$——两支座间的跨距，mm；

$b$、$h$——分别为试件宽度、高度，mm。

一般，木材的抗弯强度大小介于顺纹抗拉强度和顺纹抗压强度之间，各种不同树种的木材抗弯强度平均值约为 90MPa。径向和弦向的抗弯强度差异主要表现在针叶材上，弦向抗弯强度比径向大 10%～12%；阔叶材的径向和弦向抗弯强度差别不大。

### 2.4.2.4 木材的抗剪强度

木材受到剪切应力作用时，相邻 2 个表面产生相对滑移引起的破坏称为剪切破坏，木材抵抗剪切应力的能力称为剪切强度。按照剪切作用力的方向不同，木材的抗剪强度分为顺纹抗剪强度和横纹抗剪强度，横纹抗剪强度的数值远大于顺纹抗剪强度，但实际应用中，木材的顺纹抗剪比较常见，例如：家具接榫处的平行于纤维的剪应力；胶合板和层积材胶接层的剪应力；木梁承受中央载荷时产生的水平剪应力等。

实际测定木材抗剪强度时，可按照现行国家相关推荐标准 GB/T 1937—2009《木材顺纹抗剪强度试验方法》中的规定方法进行。

木材的顺纹抗剪强度较小，其平均值只有顺纹抗压强度的 10%～30%。阔叶材的顺纹抗剪强度约比针叶材高 50%。针叶材的弦面和径面的抗剪强度基本相同，阔叶材弦面的顺纹抗剪强度比径面大约 10%～30%。木材的纹理交错、斜行、涡纹时，则抗剪强度将会明显增加。

### 2.4.2.5 木材的抗劈力和握钉力

（1）抗劈力

木材抗劈力是抵抗尖楔作用下顺纹劈开的能力。木材的抗劈力与其沿纹理方向砍劈的难易程度、握钉力的牢固程度等均有密切的关系，特别是在家具制造和使用过程中，该指标具有重要的实际意义。

木材的抗劈力测定可按照国家标准 GB/T 1942—2009《木材抗劈力试验方法》中的规定进行。根据劈裂面不同，木材的抗劈力分为径面和弦面。试样的外形及尺寸如图 2-34 所示。

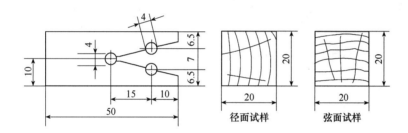

**图 2-34 抗劈力测定的试样及尺寸**

木材的抗劈力与其他各种强度的不同之处在于该值是线强度，计算公式如下：

$$C=\frac{P_{max}}{b}$$

式中：$C$——抗劈力，N/mm；

$P_{max}$——最大荷载，N；

$b$——劈裂面宽度，mm。

木材的抗劈力与其密度和结构相关，密度大的木材则抗劈力就大，密度相同的木材则阔叶材的抗劈力大于针叶材的抗劈力。木射线组织发达的木材则抗劈力值显著减少。

（2）握钉力

木材的握钉力是木材抵抗钉子被拔出时的能力。握钉力以平行于钉身方向的拉伸力计算。

影响木材握钉力的主要因素有：木材的树种、密度、硬度、可劈裂性、含水率、钉子的种类（直径大小、形状、钉入深度等）、钉入时与木材的纹理方向等。家具制造时，常采用螺钉和倒刺钉等可增加木材与钉接触面积的钉子紧固木材部件，可以起到提高握钉力的作用。

木材握钉力的测定可按照我国现行国家标准 GB/T 14018—2009《木材握钉力试验方法》中的规定执行。

### 2.4.2.6 木材的硬度

木材的硬度是抵抗刚性物体压入木材的能力。木材硬度的测定根据国家标准 GB/T 1941—2009《木材硬度试验方法》中的规定进行。试件尺寸为 50mm×50mm×70mm，采用半径为 5.64mm 的钢球，在静载荷下压入试样的深度为 5.64mm，此时其横断面为 100mm²。对于易裂的树种试样，钢球深度允许减为 2.82mm，此时其横断面尺寸为 75mm²。

硬度按照下式计算：

$$H_w = K \cdot P$$

式中：$H_w$——试样含水率为 W% 时的木材硬度，N；

  $P$——钢半球压入试件的载荷，N；

  $K$——压入试样深度为 5.64mm 或 2.82mm 时的系数，分别为 1 或 4/3。

木材的硬度分为弦面硬度、径面硬度和端面硬度三种。端面硬度大于径面硬度和弦面硬度，多数木材的径面硬度和弦面硬度较相似，但木射线发达的树种如麻栎、青冈栎等的弦面硬度可高出径面硬度的 5%~10%。通常，木材的硬度与木材密度的关系非常密切，木材的密度越大，则其硬度也就越大。

## 2.4.3 影响木材力学性质的主要因素

木材是天然生长的自然材料，结构复杂，其力学性质不仅因树种不同、立地条件不同和构造不同而存在差异，还受其他多种因素的影响，包括木材的密度、含水率状况、环境温度、作用力持续的时间和木材纹理方向等。了解木材的力学强度影响因素及其影响程度，对合理巧妙地利用木材资源具有重要意义。

### 2.4.3.1 密度的影响

木材的密度是影响木材力学强度的主要因素之一。因为木材密度实际上是单位体积内细胞壁物质的数量，是决定木材强度和刚性的物质基础。一般，在含水率相同的条件下，密度越大的木材则其力学强度和刚性也就越大，该关系在同一树种中十分明显。

研究表明，木材密度与各种力学强度之间的关系可以用下式表示：

$$\sigma = \alpha \cdot \gamma^n$$

式中：$\sigma$——各种力学强度值，可以为顺纹抗压、弯曲强度、剪切强度等；

  $\alpha$——比例常数；

  $\gamma$——木材密度；

  $n$——关系曲线的形状指数。

值得注意的是，木材的密度对顺纹拉伸强度影响很小，这主要源于木材的顺纹拉伸强度主要取决于木材中含有的纤维素化学物质的链状分子的强度，而与细胞壁物质的含量多少关系不大。针叶材树种的密度较小，不同针叶材的密度差异也较小，阔叶材的密度和密度差异较大，因此一般而言，阔叶材整体的强度和刚性普遍大于针叶材。

### 2.4.3.2 含水率的影响

木材的含水率对强度的影响主要是在纤维饱和点以下。随着木材含水率的降低，木材发生干缩现象，密度增加，导致木材的强度明显上升。在木材的纤维饱和点以上，木材含水率的变化对木材力学强度基本上无影响。

测定木材强度时，为了保证数据结果的准确并考虑含水率的影响，我国的相关国家标准规定，各种木材强度的测定值均应调整到含水率为 12% 时的强度值，即需要对测定结果进行含水率校正，可以利用下式进行换算：

$$\sigma_\omega = \frac{\sigma_{12}}{1+\alpha(\omega-12)}$$

式中：$\sigma_\omega$——含水率为 $\omega$ 时的强度值；

$\sigma_{12}$——含水率为 12% 时的强度值；

$\alpha$——调整系数，即含水率每改变 1% 时，强度值改变的百分率。

### 2.4.3.3 温度的影响

木材的温度变化将直接导致木材的含水率变化以及含水率分布的变化，由此产生木材的内应力，出现热膨胀、变形和干裂等。研究结果表明：当木材温度在 20~160℃ 范围内时，木材的强度随温度的升高而均匀地下降；当温度大于 160℃ 时，由于木材被软化，其塑性大大增加，力学强度下降的速度明显增加。湿材随温度提高而强度下降的程度明显高于干材。当温度低于 0℃ 时，木材水分是以冰的形式存在，其冲击韧性有所下降，但其他强度要比 0℃ 以上的温度时的强度增高。

木材强度和温度的关系可用下式表示：

$$\sigma_2 = \sigma_1[1-\beta(\theta_2-\theta_1)]$$

式中：$\sigma_2$、$\sigma_1$——分别为温度是 $\theta_2$、$\theta_1$ 时的强度；

$\beta$——温度每变化 1℃ 时的强度变化率，即温度系数。

在木材加工过程中，有时木材将受到温度和水分的共同作用，这将导致木材的强度下降得更快，例如在制造胶合板过程中，需要对原木木段进行蒸煮处理，目的就是为了软化木材、提高木材的塑性，使木材的强度下降，以减少原木弦切时的动力消耗以及对刀具的磨耗量、提高单板弦切质量和单板出材率。

### 2.4.3.4 纹理方向和构造的影响

木材受外力作用时的受力方向与纹理方向的关系是影响木材强度的重要因素之一。木材的拉伸强度和压缩强度都是沿顺纹方向为最大，横纹方向为最小。

对于直纹理的木材，当载荷方向与纹理方向之间的夹角为 0° 时，木材的强度最高，当该夹角由小到大变化时，木材的强度和弹性模量将有规律地降低。

对于斜纹理的木材，冲击强度受纹理方向的影响最明显，倾斜 5° 时强度降低 10%，倾斜 10° 时，强度降低 50%。斜纹理对木材的抗拉和抗弯强度影响也较大，当斜度为 15% 时，木材的顺纹抗拉强度将下降 50%。

不同纹理的木材强度可以按照下式计算：

$$\sigma_\gamma = \frac{\sigma_{11}+\sigma_\perp}{\sigma_{11}\times\sin^n\gamma+\sigma_\perp\cos^n\gamma}$$

式中：$\sigma_\gamma$——外力与纤维纹理方向为 $\gamma$ 时的强度；

$\sigma_{11}$——木材的顺纹强度；

$\sigma_\perp$——木材的横纹强度；

$\gamma$——外力与纤维方向的夹角；

$n$——表示强度性质的常数。

木材的构造对其强度也有影响。一般，晚材率大的木材因所含的木材细胞壁物质较多，具有更大的强度，因此可以根据晚材率的大小判断木材的力学强度。晚材率与生长轮的关系密切，所以后者的宽度之间影响木材的力学强度。通常，针叶材以生长轮的宽度适中为佳，阔叶材的环孔材则以生长轮宽、晚材率大更理想。

### 2.4.3.5 长期载荷的影响

通常的木材强度是在瞬间测定的结果，但是木材的黏弹性理论已经表明，外力载荷时间的延长将对木材强度有显著影响,木材的多种强度在长期载荷作用下将会逐渐降低。表 2-6 是松木强度与载荷时间的关系。

表 2-6 松木强度与载荷时间的关系

| 受力性质 | 瞬时强度(%) | 延长载荷时间(天)木材的强度变化(%) | | | | |
|---|---|---|---|---|---|---|
| | | 1 | 10 | 100 | 1000 | 10000 |
| 顺纹受压 | 100 | 78.5 | 72.5 | 66.7 | 60.2 | 54.2 |
| 静力弯曲 | 100 | 78.6 | 72.6 | 66.8 | 60.9 | 55.0 |
| 顺纹剪切 | 100 | 73.2 | 66.0 | 58.5 | 51.2 | 43.8 |

即使木材的应力小于一定的极限值,木材也会因长期受力而发生破坏,该应力极限称为木材的长期强度,即木材的持久强度。不同树种的木材其持久强度与瞬时强度的比值会有差异,一般为:顺纹受压 0.5~0.59;顺纹受拉 0.5~0.54;静力弯曲 0.5~0.64;顺纹受剪 0.5~0.55。显然,木材的持久强度远小于木材的瞬时强度。但在实际应用中,木材的持久强度指标更为实用,因为包括家具在内的几乎所有的木材制品均处于长期受到载荷作用的情况。为了合理利用木材资源、确定适宜的木材家具部件的尺寸,就需要知晓木材的持久强度。

### 2.4.4 木材的容许应力

木材各种强度数值均采用无瑕疵试件在特定条件下按规定的试验标准测定得到,这与实际应用中的木材使用情况有较大的差别。实际应用中的木材需要考虑的因素较多,包括木材部件的尺寸、形状、变异性、缺陷等,所以,已有的木材各种强度数值不能直接引用,需要进行适当的折扣,折扣后所得的强度值称为容许应力,折扣率称为折扣系数或安全系数。

木材的容许应力按照下式计算:

$$[\sigma] = \sigma_{\min} \cdot k_1 \cdot k_2 \cdot k_3 \cdot k_4 \frac{1}{k_5 \cdot k_6}$$

式中:$[\sigma]$——木材的容许应力;
$\sigma_{\min}$——无缺陷木材试样的强度最小值;
$k_1$——长期载荷作用下木材强度的折减系数;
$k_2$——木材缺陷降低木材强度的折减系数;
$k_3$——木材干燥降低木材强度的折减系数;
$k_4$——木材构件缺口处应力集中的折减系数;
$k_5$——实际载荷可能超过标准载荷系数;
$k_6$——设计和施工允许的偏差可能使应力增加的系数。
各项因素对不同类型木材构件强度的折减系数见表 2-7。

表 2-7 各项因素对不同类型木材构件强度的折减系数

| 构件类型 | $k_1$ | $k_2$ | $k_3$ | $k_4$ | $k_5$ | $k_6$ |
|---|---|---|---|---|---|---|
| 抗弯 | 0.67 | 0.52 | 0.80 | — | 1.20 | 1.10 |
| 顺纹抗压 | 0.67 | 0.67 | 1.00 | — | 1.20 | 1.10 |
| 顺纹抗拉 | 0.67 | 0.38 | 0.85 | 0.90 | 1.20 | 1.10 |
| 顺纹抗剪 | 0.67 | 0.80 | 0.75 | — | 1.20 | 1.10 |

## 2.5 木材的化学性质

木材天然生长的材料，由无数各种木材细胞组成，细胞壁、细胞腔和胞间质构成了木材整体。木材的化学成分是构成木材细胞壁和胞间层的物质，主要是由纤维素、半纤维素和木质素三种主要高分子有机化学物组成，这些成分的总量约占木材的90%以上。木材的化学组分构成决定了木材的各种化学性质，这些性质对木材改性、防腐与保护以及木材制品的表面装饰如涂饰、贴面、着色等具有重要意义。

### 2.5.1 木材的化学组成

木材物质有细胞壁物质和非细胞壁物质之分，其化学成分也可以相应分为主要化学成分和少量化学成分。主要成分为纤维素、半纤维素和木质素，主要存在于细胞壁中，次要成分为各种抽提物和灰分，主要存在于细胞腔中。图2-35是木材的化学成分组成。

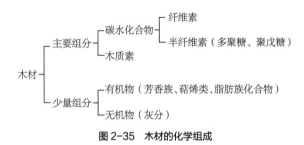

**图 2-35 木材的化学组成**

一般，主要化学成分中，纤维素具有较高的结晶度，使纤维具有强度，因而称为骨架物质或基体物质；半纤维素是无非结晶物质，分布在微纤丝中，称为填充物质；木素是纤维之间形成胞间层的主要物质，称为结壳物质或黏性物质。

### 2.5.2 纤维素

木材纤维素是构成木材细胞壁的主要化学成分之一，其平均含量在针叶材中约占42%，在阔叶材中约占45%。在化学组成上，木材纤维素是不溶于水的单一聚糖，由D-葡萄糖基为结构单元通过苷键构成长直链状分子，聚合度为7000~10000。图2-36所示为纤维的超微构造。

纤维素以微纤丝的状态构成细胞壁的各个层次，其中的纤维素分子之间是依靠氢键相互聚集成束状的微纤丝，沿微纤丝长度方向有结晶区和非结晶区两相体系。结晶区的纤维素分子链沿纵向排列规整、有序程度高，分子间结合力较大，纤维素具有特征X射线衍射图；非结晶区（又称无定形区）的纤维素分子链排列松散、无序，分子链之间间隙相对较大，彼此之间的结合力也较弱。木材的结晶区和非结晶区之间并无严格的界限，而是逐渐过渡。

纤维素的物理性质主要包括吸湿性和干缩性。

纤维素具有吸湿性主要源于其分子上具有大量的羟基。羟基是亲水基团，可吸收空气中的水蒸气分子，并与纤维素分子之间形成氢键。纤维素的吸湿性将直接影响到木材的尺寸稳定性及木材的强度。图2-37为纤维素大分子之间的氢键结合示意图。

纤维素的干缩性是指纤维素解吸后发生的尺寸收缩现象。纤维素吸湿和解吸主要发生在非结晶区的线性分子链之间以及结晶区的表面，水分子的增加和减少将引起纤维素分子链之间的距离的增加或减少，从而导致纤维素分子的横向膨胀或收缩，而在纤维的纵向尺寸变化不明

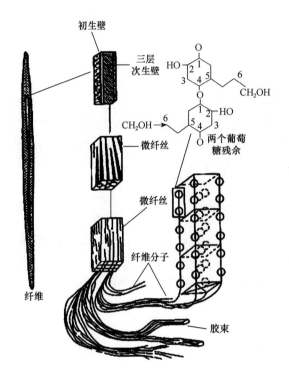

图 2-36 纤维的超微构造　　　　　　　　图 2-37 纤维素大分子之间的氢键结合示意图

显，宏观上木材的湿涨干缩主要发生在横纹理方向。

在不同的条件下，纤维素可以发生降解反应（包括酸性水解、碱性降解、热解、光降解和氧化降解等）、酯化和醚化反应、接枝共聚反应等。

### 2.5.3 半纤维素

半纤维素是木材中相对分子量较低的非纤维素糖类，平均聚合度约 200。半纤维素也是构成木材细胞壁的主要组分，与纤维素的不同之处之一在于，半纤维素是非均一聚糖，它实际上是一类复合聚糖共聚物的总称，包括了葡萄糖、甘露糖、半乳糖、阿拉伯糖、木糖和糖醛酸等。针叶材和阔叶材的半纤维素组成和成分存在差异：在针叶材中的半纤维素以已聚糖为主；在阔叶材的半纤维素中以木聚糖、戊聚糖为主。

与纤维素的线性高分子长链结构不同，半纤维素常常带有支链，可以用分支度表示半纤维素结构中支链的多少，不同木材中的半纤维素具有不同的分支度。分支度的大小对半纤维素的溶解度影响很大，在其他条件相同时，分支度高的半纤维素具有更大的溶解度。与纤维素相比，半纤维素更易被酸水解，水解后产生各种形式的单糖如木糖、半乳糖等。此外，半纤维素与纤维素的另一不同之处还在于，前者为无定形物质，而且其分子结构上（主链和支链上）含有较多的羟基和羧基等亲水基体，而后者为存在一定结晶区的物质，因此，半纤维素比纤维素具有更高的吸湿和润涨性，也更容易水解。

半纤维素存在于纤维素的微纤丝之间，并与木质素一起共同起黏性物质的作用，当温度湿度较高时，半纤维素使得木材的抗拉强度和抗冲击强度等内部强度均受到影响，因为半纤维素在高温下极易发生分解，导致数量上的减少，使木材的韧性降低。另外，半纤维素是木材三大组分中最不耐热的，人造板产生过程中，当热压温度过高，板面极易产生热解产物焦糖留下的黑斑块。

实际生产中，也可以采用热处理的工艺方式处理木材，以降低木材的吸湿性，提高尺寸温度性，其实质在于：半纤维素可以在热解时产生糖醛类化合物，加热又可聚合生成不溶于水的聚合物，从而相对减少了处理后木材中的半纤维素含量，削弱了木材的吸湿能力，提高了原料的尺寸稳定性。

### 2.5.4 木质素

木材中的木质素是指木材除去纤维素、半纤维素和抽提物后剩余的细胞壁物质，木质素主要存在于木质化的细胞壁和胞间质中，胞间质中的木质素分布密度最大，但由于胞间层较薄，体积相对较小，因此胞间质中的木质素仅占木材木质素总量的18%，大量的木质素主要分布在细胞壁中。

木质素的化学结构中含有苯基丙烷类结构单元组成的复杂多酚类高分子化合物，含有多种活性官能团，其三种基本的结构单元（官能团）为对羟苯基丙烷、愈疮木基丙烷和紫丁香基丙烷，这些基本单元之间靠碳碳键、醚键等方式相互联结。

木质素的含量对木材硬度、强度和耐磨性以及木材的变色均有重要影响。因为木质素能够强化植物组织，木材中的纤维细胞是依靠胞间质层联结，胞间质中含有比例较高的木质素，如果用化学方法除去这些木质素，则纤维细胞之间将失去结合力，很容易在轻微的机械力作用下相互分离，木材的强度也因此丧失。纤维板制造时，就是依靠蒸煮软化工艺使木片中的纤维软化，达到提高分离纤维质量、降低动力消耗的目的。化学法制浆造纸也是通过化学蒸煮，去除一部分木质素，以便得到可用于制造高质量纸张的化学浆。

值得指出的是，木材具有天然色泽，而且这种色泽会随时间的延长或其他化学试剂的加入而发生变化，木质素是主要的成因之一。木质素具有的特殊显色反应，这对研究木材变色规律、开发新型木材染色制品、细胞壁的木质化程度、确定木质素在细胞壁中的分布状况等具有积极作用。另外，木质素的显色反应还可以为区分针叶材和阔叶材提供参考依据，在摩尔显色反应中，针叶材显黄色或黄褐色，阔叶材则显红色或红紫色。

木材表面的光降解可以引起木材表面品质的劣化，其根本原因在于木质素吸收了光能，并与空气中的氧反应，生成发色基团，导致木材变色。长久放置在室外的木材随时间的延长而出现的颜色变深，就是木质素的光解作用。即使是在室内，长时间处在窗口位置被阳光照射的木家具制品也容易出现颜色上的改变。

### 2.5.5 木材抽提物

（1）木材抽提物的种类及含量

木材抽提物是指木材中除了纤维素、半纤维素和木素以外，采用溶剂如乙醇、苯、乙醚、丙酮、二氯甲烷、水、水蒸气等，或用稀碱、稀酸溶液抽提出来的物质的总称。这些抽提物包括：树脂、树胶、单宁、挥发油、色素、淀粉、生物碱和草酸钙等，这些抽提物主要可分为三类，即：脂肪族化合物、萜和萜类化合物和酚类化合物。

木材抽提物种类繁多，不同木材抽提物的种类和含量因树种、部位、产地、采伐季节、存放时间和抽提方法不同而各异。木材抽提物的大部分主要存在于细胞腔和细胞间隙中。不同木材抽提物的含量相差很大，在1%~30%。

（2）抽提物对木材材性、加工工艺以及木材利用的影响

对木材颜色的影响　木材抽提物是除木素以外的另一个对木材颜色有决定性影响的因素。木材的颜色主要受沉积于细胞腔和细胞壁内抽提物的种类和数量的影响，抽提物中的一部分色素为自身带色物质，另一部分虽自身无色，但氧化后会产生各种有色物质的化学组分。不同树种的木材具有丰富多彩、变化万千的颜色，就是因为抽提物的种类和含量不同的作用。例如：云杉洁白如雪，乌木漆黑如墨等。同一棵树木中，位置不同时材色也有不同，原因之一是因为分布在心材中的抽提物含量远远高于边材，导致心材颜色常比边材深很多。

**对木材气味的影响** 不同树种木材所含的抽提物种类和含量不同，从木材中逸出的挥发物质也不同。木材的气味主要可分为两类，一类是抽提物中的挥发性物质散发出的特殊气味，具有香味的木材有：降香木、檀香木、印度黄檀、白香木、香椿、侧柏、龙脑香等；另一类则是木材中的碳水化合物或淀粉在潮湿环境下因微生物细菌的代谢和分解作用而间或产生的臭气，如爪哇木棉、圭巴卫矛等。

**对木材强度的影响** 抽提物对木材强度的影响程度因作用力方向不同而有差异。木材的顺纹抗压强度受抽提物含量的影响最大，冲击韧性受到的影响最小，抗弯强度所受的影响介于以上二者之间。另外，含抽提物树脂和树胶较多的热带木材其耐磨性较高。

**对木材渗透性的影响** 木材中由于有抽提物的存在使木材的渗透性减小。一般，心材的渗透性小于边材的渗透性，系因为前者中存在较多的抽提物，因此其渗透性比后者小。木材抽提物常填充在细胞腔和细胞壁纹孔膜中，堵塞木材渗透液进入时的通道，减少有效孔径，如果将抽提物从木材中抽提出来，则木材的气体、液体渗透性均有所增大，这主要是因为抽提作用从纹孔膜移走了抽提物，从而有效地增大了纹孔的孔径。提高木材的渗透性有利于对木材进行染色、防腐和阻燃处理工艺的顺利进行。

**对木材涂饰性的影响** 涂饰含水率较高的木材制品表面时，因为木材内部的抽提物会向表面迁移并析出，结果使木材表面的漆膜变色。当采用含有铅及锌的油漆涂饰含树脂较多的硬松类木材时，木材中的树脂酸会与氧化锌作用，导致漆膜早期破坏。木材表面的油分或单宁含量高时，将妨碍亚麻油的油漆固化。

**对木材胶合性的影响** 各种类型的抽提物使木材表面污染，可降低木材表面的浸润性，使胶液无法在胶合面上充分流展，从而减少了胶与木材的界面胶合强度，成为阻碍木材胶合、造成木制品胶合质量下降的主要因素和重要根源。抽提物还可改变木材的酸碱性，使胶黏剂的特性改变，导致胶层固化不良。在实际生产中，为了提高不同胶黏剂制造木材制品时的胶合质量，可采用不同的工艺方法预先处理木材，例如：采用脲醛树脂胶合时先用热水抽提木材；采用三聚氰胺脲醛树脂或酚醛树脂胶合木材时，用 1% 氢氧化钠溶液或热水抽提木材等。

**对木材加工工具的影响** 木材中的多酚类抽提物较高时，将会对木材机械加工过程中的刀具造成磨损。如切削柚木时，刀具易变钝，并有夹锯现象，锯剖面起毛，但刨后的板面光滑并有油腻感；锯剖或旋切越南龙脑香木材时，因为该木材含树脂较多，容易发生黏刀现象，可向刀具上喷洒热水和动物油以解决此问题。

## 2.6 木材缺陷

木材缺陷是指其组织结构发生的变态或不规则性，或指因受到机械损伤、病虫害而导致的强度、加工性能、外观等受到不良影响而降低了使用价值。在我国现行国家推荐标准 GB/T 155—2006《原木缺陷》中，对木材缺陷的定义为：凡呈现在木材上能降低其质量、影响其使用的各种缺点，均为木材缺陷。

任何木材都可能存在缺陷，木材缺陷也存在于健全的树木中，但与健全木材的材质有差异。木材缺陷的种类和数量因树木的遗传因子、立地条件、生长环境、储存和加工利用条件的不同而异。一般，根据木材缺陷的产生原因，将其分为天然缺陷、生物危害缺陷和加工缺陷三大类。木材材质的等级评定，主要是依据用途不同的木材所容许的缺陷限度而定，这种限度并非是绝对的，而是需要根据实际的木材资源以及加工利用技术水平而确定。

一般而言，木材缺陷会影响木材的强度、加工性能以及表面质量，但另一方面却赋予木材自然独特的装饰效果，图 2-38 所示为以木材为室内装饰界面材料及家具材料的空间，天然木材特有的缺陷如节子、虫沟等历历在目，真实、自然、美观，甚至成为了一种天然的装饰符号和元素。图 2-39 所示为利用独板木材制作的展示柜，节子的存在乃至裂缝的存在同样给

图 2-38 天然木材装饰的房屋

图 2-39 独板木展示柜

人温暖亲切、环保健康的视觉冲击力。

了解木材缺陷，采用适当的加工工艺合理处理木材缺陷，并将木材缺陷对材料性能的影响程度降低到最小的范围，对木材资源的合理而充分利用具有重要意义。

## 2.6.1 木材缺陷分类

木材缺陷有各种各样，根据木材缺陷的成因，通常将木材缺陷分为天然缺陷、生物危害缺陷和加工缺陷三大类。

木材的天然缺陷又称生长缺陷，是指树木在生长过程中形成的缺陷，是存在于活立木中的缺陷。该缺陷是由树木的遗传因子、立地条件和外界生长环境等综合因素造成的，主要包括：节子、裂纹、应力木、树干形状缺陷、木材构造缺陷和伤疤等。

木材的生物危害缺陷是指由于真菌、细菌、昆虫等造成的木材缺陷，包括变色、腐朽和虫害等。

木材的加工缺陷是指在木材干燥和机械加工过程中形成的缺陷，包括干裂、翘曲变形和缺棱、锯口缺陷等。

在我国现行国家标准 GB/T 18000—1999《木材缺陷图谱》中，给出了木材（原木、锯材）缺陷的图谱，将原木和锯材中的木材缺陷分为十大类，每一大类中又分成若干分类和细类，该标准适用于我国所有针叶材和阔叶材树种原木和锯材。木材的十大类缺陷包括：节子、变色、腐朽、蛀孔、裂纹、树干形状缺陷、木材构造缺陷、损伤（伤疤）、加工缺陷和变形。

## 2.6.2 常见木材缺陷

### 2.6.2.1 节子

节子是树木生长过程中，被包在木质部中的树枝部分。节子有活节、死节和漏节之分。

活节是由树木活枝条的基部构成，与周围的木材全部紧密相连，主要分布在树木的上部，活节质地坚硬，构造正常。死节是由树木中已经枯死的枝条形成，与周围木材组织部分或完全脱离，主要分布在树木的中下部。有些死节质地坚硬，在木材干燥或板材加工过程中脱落，会造成板面上的局部空洞，还有些死节自身已经腐朽，木质构造已经改变并软化，称为松软

图 2-40　带有节子和虫沟的实木圆桌

节，颜色不一，间或夹有黑色或白色的斑点。漏节是指节子的自身木质已经基本破坏，可形成筛孔状、粉末状或空洞，并且已经深入到树干木材的内部，与树干内部的腐朽相连。

节子是最普遍的木材天然缺陷，也是对材质影响最大的缺陷。它破坏了木材的纹理通直性和木材材质和材色的完整统一性，也影响了木材的物理性质和力学强度。木材干燥时，节子的收缩常使活节在横截面上发生开裂、使死节与周围木材脱落。另外，由于质地坚硬的节子存在，在进行木材的切削加工时，容易造成带锯的跑偏和刀具的损伤。因此节子是评定木材等级的重要指标，据统计，木材等级在 70%～90% 的情况下取决于节子的数量和种类。

但是，节子的装饰效果也是不可忽视的，节子是天然存在的东西，适当的节子使木材具有装饰效果，给人以自然、纯朴的视觉感受。对木材中的节子，东西方各地的文化不同，会具有不同的心理感觉，东方人一般认为节子是缺陷、廉价的代名词，因而在木材加工中想尽办法极力去除板面上的节子，但西方人常对节子情有独钟，认为它是自然、亲切、真实的象征，因此总是有意将有节子的板面作为家具的装饰面，具有健康活节的木材价值并不低。目前，包括中国人在内的东方人对于节子的价值观评价已经开始逐步改变，具有节子的实木家具越来越受到青睐。图 2-40 所示为洋溢残缺美的原生态实木家具圆桌。

#### 2.6.2.2　变色

木材变色是指由于化学或真菌侵蚀引起的原木和锯材的颜色不正常变化。

木材的化学变色指树木伐倒后，因树木中化学物质的化学和生物反应过程引起的颜色变化，一般是浅棕红色、褐色或橙黄色等颜色的不正常变化。化学变色通常较均匀，而且仅分布在材表 1～5mm，经过木材干燥后颜色会变浅。化学变色对木材的物理性质和力学强度没有明显影响，但对木材的外观装饰效果有一定不良作用。

木材的真菌变色指因真菌侵入而导致的颜色变化，所有破坏木材的真菌在其活动的初期都会造成木材的变色，木材的真菌变色具体分为三类，即：腐朽菌变色、真菌变色和变色菌变色。

腐朽菌变色是指在木材腐朽初期发生的颜色变化，固又称初期腐朽变色，最常见的是红斑，有些是浅红褐色、棕褐色或紫红色，也有些是浅黄白色或粉红褐色等各种不同的颜色。腐朽菌变色的木材仍保持原有的构造，物理力学性质变化不大，但木材的抗冲击强度有所降低，耐久性能比一般木材差，渗透性和吸湿吸水性提高，并影响木材的外观，如果不及时采用干燥等措施进行合理妥善的保管，木腐菌将继续蔓延作用并发展成为腐朽。

真菌变色指在潮湿的木材边材表面由真菌的霉丝体和孢子体侵染引起的颜色变化。真菌变

图 2-41 原生态家具

色一般呈分散的斑点状或密集的薄层，只限于木材表面，干燥或刨切后容易去除。因为真菌变色主要是真菌吸收木材表面细胞腔内的糖类、淀粉类物质中的营养成分，并不破坏木材的细胞壁结构，因此对木材的强度没有影响。图 2-41 是我国浙江裕华木业采用数控机床加工生产的原生态家具，虽有局部表面出现变色现象，但不影响正常使用。

变色菌变色指木材受变色菌侵蚀而引起的颜色变化，导致的木材变色常发生在边材位置，因此又称边材变色。变色菌变色主要因干燥不及时或保管措施不当造成。变色菌变色后的木材颜色因树种和变色菌的种类不同而各异，常见的有青变、蓝变、褐变、黄变、红变或绿变等，其中以青变的危害最大。木材青变将导致木材的抗冲击强度降低、吸湿吸水性提高并影响木材的外观装饰性。但木材的变色菌主要以细胞腔中贮藏的营养物质为养分，并不破坏或只是轻微损害细胞壁物质，所以对木材的物理力学性质几乎没有影响。

### 2.6.2.3 腐朽

木材腐朽指由于木腐菌的侵入，逐渐改变其颜色和结构，使细胞壁受到破坏，物理力学性质随之发生变化，最后变得松软易碎，呈筛孔状或粉末状的外观状态。

通常，按照木材腐朽的性质可将木材腐朽分为白腐和褐腐两种类型。

白腐由破坏木材的白腐菌引起。受害木材多呈现白色、淡黄色、浅红色或暗褐色等不同颜色。腐朽后的木材在干燥时表面不开裂，断面上有大量浅色或白色斑点，并显露出纤维状结构，其外观状似蜂窝或筛孔，因此该腐朽也称筛孔状腐朽或腐蚀性腐朽。木材受到白腐菌侵蚀的后期，材质松软，容易剥落。

褐腐由破坏木材细胞壁中碳水化合物（主要为纤维素）的褐腐菌造成。褐腐木材外观呈红褐色或棕褐色，质脆，中间有纵横交错的块状裂隙。木材褐腐的后期，变成深浅不一的褐色粉块，易碾碎成粉末，这种腐朽又称粉末状腐朽或破坏性腐朽。

木材腐朽破坏了木材的完整性和均匀性，是对木材质量影响严重的缺陷，对材性的影响主要表现在以下几个方面。

对木材物理性质的影响　木材腐朽的初期密度一般并不降低，但随腐朽的加剧，木材密度将逐渐减少，在腐朽后期的木材密度约仅为正常材的 2/5~2/3。腐朽材的吸水性和渗透性也在腐朽后期显著增加，此时易于无机盐类防腐剂的注入。腐朽材在干燥时的收缩率要大于正常材，该趋势对处于相同腐朽阶段的褐腐材比白腐材更明显。

对木材化学成分的影响　木材腐朽的实质是木腐菌分泌的各种酶分解了木材的主要化学成分和抽提物。在木材腐朽的后期，白腐菌的作用将主要使木素的含量显著降低，而褐腐菌主要对纤维素和半纤维素具有分解作用，导致木材中的这两种物质含量大幅度下降。

对木材力学强度的影响　木材腐朽初期，除冲击韧性稍有下降外，其他力学性质几乎无变化。但随腐朽的逐渐发展，木材的强度将显著降低，该现象与木材密度的降低有直接关系，而且腐朽材的强度降低幅度比材料密度的减小快得多。在腐朽后期，褐腐木材在质量降低10%时，冲击韧性可降低95%。此时的腐朽木材虽质量降低并不是很大，但因木材组织已经受到严重破坏，所以强度显著降低，已经丧失了实际利用价值。

对木材材色的影响　木材腐朽通常伴随颜色的改变。白腐在初期阶段就会造成木材颜色的明显变化，褐腐菌在初期阶段一般不会使木材颜色有明显变化。但伴随腐朽的逐渐发展，木材的颜色变化将越发明显，白腐使木材颜色变浅，褐腐使木材颜色变暗。

#### 2.6.2.4　虫害

木材的虫害是指因各种昆虫危害造成的木材缺陷。根据木材受虫害影响后的蛀蚀程度，将木材的虫害缺陷分为三类。

① 表面虫眼和虫沟：指昆虫蛀蚀木材的深度不足10mm的虫眼和虫沟。主要由小囊虫、象鼻虫和少数天牛的蛀蚀而形成。

② 小虫眼：指虫孔直径小于3mm的虫眼。多由小囊虫、吉丁虫等蛀蚀木材而形成。主要发生在新伐材的原木和生材锯材内。木材干燥后，该类昆虫的危害便停止。

③ 大虫眼：指虫孔直径大于3mm的虫眼，大虫眼的虫道深度可达6mm以上。多数由大甲虫或树蜂、白蚁等蛀蚀木材而形成。

虫害对木材材质的影响因昆虫的种类和虫害的程度不一而各异，主要取决于虫眼大小、深度和密集程度等。表面虫眼和小虫眼一般较浅，只危害树皮和边材表层，在木材锯解或旋切后可随边皮一起去掉，对木材强度和实际利用影响不大。大虫眼因孔径大、虫沟深，会影响木材的强度和耐久性，需要根据实际用途加以限制。另外，虫害除之间造成危害外，还有可能因表面虫孔的存在而间接促进了真菌孢子侵入木材内部引起木材变色和腐朽。图2-42为原木表面的虫孔和虫沟。

值得指出的是，尽管木材具有不可忽视的天然缺陷如节子以及生物危害如虫沟，会对木材的物理力学性能带来影响，但这些缺陷在某些家具设计师眼中却也有出奇之处，一些个性张扬的原生态实木家具作品正是利用了木材独有的"天性"，设计制作出了可以彰显大自然魅力、体现健康理念的家具艺术作品。图2-43所示为采用胡桃木制作的全实木家具，边部已出现的开裂用同质木材的"蝴蝶榫"嵌入，以避免开裂加剧。在此，古树木材身上的节子、开裂乃至虫沟，都作为装饰元素符号，"默默诉说"着材料历经的岁月沧桑，具有原始古朴的迷人魅力。图2-44是用海底打捞的有几百年历史的古沉船船舱木制作的家具，船木上或天然存在或人工打造的孔洞清晰可见，有些做了修补也有些干脆敞开裸露着，每一条船都是独特的，因此用该材料制作的家具也具有唯一性。

#### 2.6.2.5　木材加工缺陷

木材加工缺陷是指木材在加工过程中形成的缺陷，主要包括锯解缺陷和干燥缺陷。

**图2-42　原木表面的虫孔和虫沟**

图 2-43 胡桃木全实木家具  图 2-44 古船木家具

（1）锯解缺陷

木材锯解缺陷是在锯解过程中形成的缺陷，包括缺棱、锯口缺陷和人为斜纹。

**缺棱**　指在整边锯材上残留的原木表面部分，具体又分为钝棱和锐棱。钝棱指锯材在宽度、厚度方向的材边未着锯的部分（即材边全厚的局部缺棱）。锐棱指锯材材边局部长度未着锯的部分（即材边全厚的缺棱）。缺棱对木材加工的影响在于减少了木材的实际尺寸，使木材难以按要求使用，改锯则会增加废材量，降低出材率。但在允许的范围内，合理利用缺棱木材可以提高木材的利用率，节约木材资源。

**锯口缺陷**　指木材因锯解造成的材面不平整或偏斜的现象，包括以下四种类型：瓦棱状锯痕，指锯解工具在锯材表面留下的凹凸痕迹，形似瓦棱。波纹状锯痕（水波纹、波浪纹），指锯口不成直线，材面（边）呈波浪状不平整。毛刺糙面，指木材锯解时因纤维受强烈撕裂或扯离而形成的木材表面的毛刺状及十分粗糙的现象。锯口偏斜，指木材相对材面的不平行或相邻材面的相互不垂直而产生的偏斜缺陷。端面的锯口偏斜主要指端面与轴心线的不垂直现象。锯口缺陷产生的主要原因是机械和锯条问题，也有木材锯解时的装料和进料速度的影响。锯口缺陷对木材加工的影响是使锯材厚薄不均、宽窄不均，或材面粗糙，影响使用，降低产品质量，也降低木材利用率。

**人为斜纹**　指因下锯不合理，造成锯解方向与木线纤维方向成一定角度，将原本纹理通直的原木人为锯成带有斜纹的锯材。

（2）干燥缺陷

木材的干燥缺陷是指在干燥过程和保管过程中产生的变形和开裂。

**变形**　木材在干燥过程中产生的形状改变，包括翘曲和扭曲两类。

翘曲是指原本平整的锯材在干燥、贮存时产生的材面不在一个平面上的现象。翘曲的形成原因包括：板材取材不当导致的木材弦向和径向的干缩差异、木材干燥不当造成的板材内部含水率分布不均以及干燥和贮存中的堆垛方法不当等。按照木材不同的翘曲方向，可将木材翘曲具体分为横弯、顺弯和翘弯三种。图 2-45 是木材干燥变形的常见形式。翘弯（瓦楞弯、瓦形弯）是锯材沿板材的宽度方向成瓦形弯曲，常因木材的弦向和径向收缩率不同导致。其特点是仅板面弯曲，材边不弯曲。如图 2-45 中（a）所示。横弯（侧弯、左右弯）是在与材面平行的平面上，沿板材长度方向的左右横向弯曲，常因两侧边纹理倾斜不一致形成，其特点是仅材边弯曲，材面不弯曲。如图 2-45 中（b）所示。顺弯（弓弯、上下弯）是材面沿材长方向呈弓形弯曲，材面两端凸起，其连接线不与宽材面在同一平面上，其特点是材面和材边同时弯曲。如图 2-45 中（c）所示。

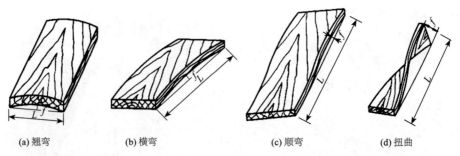

图 2-45　木材的干燥变形

扭曲是指沿板材长度方向呈螺旋状弯曲，即板材表面的四个角不在同一个平面上。如图 2-45 中（d）所示。

各种变形均可降低锯材的质量，影响加工工艺和木制品的质量，使木材应用受到限制。实际生产中可采用合理的干燥基准和干燥方法，减少或防止木材的干燥变形缺陷产生。

开裂（干裂）　指木材在干燥过程中因不均匀收缩产生内应力导致的木材纤维之间裂开。开裂过程是从木材表面由表及里，产生的裂纹自材表向内逐渐减少。裂纹的大小和数量因干燥条件、树种和锯材的断面尺寸而异。开裂按产生的部位分为端裂、表裂和内裂三种。

端裂指锯材端部的开裂，常见于原木或成材的端部外侧，是沿木射线方向产生径向裂纹。产生的原因是木材顺纹方向的导水性远大于横纹方向的导水性，端面水分蒸发速度较侧面快，水分分布不均产生干燥应力，当该应力大于木材横纹抗拉强度时即有端裂。

表裂（表面纵裂）指原木材身或锯材表面顺纹理方向的裂纹，产生原因主要是木材内外层干燥不均以及径向和弦向的干缩率差异造成，通常多见于弦切面。表裂主要是沿木射线产生并沿径向发展。在木材干燥的后期，随干燥应力的缓慢消除，表裂常会缩小甚至闭合，但因裂纹依然存在，仍旧会影响木材的强度。

内裂指木材内部的干燥裂纹，密集的内裂常称为蜂窝裂。内裂通常不会延伸到木材表面，因此不易在外部发现，但严重的内裂可产生木材表面的凹陷。内裂产生的原因是干燥后期木材内部的拉应力，干燥前期的速度越快，则干燥后期的拉应力越大，内裂就越严重。

开裂对木材使用的影响在于，裂纹的出现破坏了木材的材质完整性，降低了木材强度，同时也为变色菌和腐朽菌的侵入提供了重要通道。

但是，国外家具设计师也有将木材自然干裂时独一无二的纹路视为装饰元素符号的，因为每一条裂纹都是富有个性、难以复制的。设计师认为应该尊重、理解和欣赏大自然赋予木材的这个"秉性"。图 2-46 所示为美国女家具设计师 Terry Dwan 为意大利著名家具品牌 RIVA1920（该公司一直致力于高端手工原木家具的制造）设计的"掌心"靠背椅，细致的手工打磨、恰到好处的靠背弧度和芳香杉木形成完美的结合，呈现出全新的自然舒适感。从侧面看，椅子呈轻轻合拢的掌心形状。该产品可用于室内或户外。

### 2.6.3　木材缺陷检测方法及木材等级评定简介

木材缺陷的种类较多，在我国的现行国家标准中，木材的等级评定主要是以木材缺陷的允许限度为依据，木材原料的各等级均以限定木材不同缺陷的数量或面积来确定。家具用材主要涉及加工用原木和普通锯材，故在此仅介绍这两种用材的缺陷检测方法和等级评定。

#### 2.6.3.1　原木缺陷检测方法

在国家标准 GB/T 143—2006《锯切用原木》中，规定了锯切用原木的常用树种及其主要用途、尺寸及公差、分等指标、检验方法等技术要求。在国家标准 GB/T 155—2006《原木缺陷》中，提供了针叶树和阔叶树锯材用原木可见缺陷的分类、定义检验和计算方法。这

图 2-46 "掌心"靠背椅

些缺陷包括能影响木材质量和使用价值或降低强度、耐久性的各种类型缺陷，该标准适用于针叶树和阔叶树的原木、原条和所有圆形木段。原木缺陷的国家标准中部分缺陷的检测方法主要包括：

① 节子的检量、计算与个数查定：节子的尺寸检量是与沿树干纵向方向成垂直量得的最大节子尺寸与检尺径相比，用百分率表示。节子的个数查定是在材身检尺长范围内，以任意选择 1m 内节子个数最多的为查定根据。

② 腐朽的检量：边材腐朽（外部腐朽）的检量是通过断面上腐朽部位径向量得的最大厚度与检尺径相比，用百分率表示。心材腐朽（内部腐朽）的检量是以腐朽面积与检尺径断面直径（按检尺径计算面积）相比，用百分率表示。

③ 虫眼的检量：在材身检尺长范围内，以任意 1m 内虫眼最多的查定个数。

④ 裂纹的检量：原木检测时一般只计算纵向裂纹，是以其裂纹的长度与检尺长相比，用百分率表示。

⑤ 弯曲的检量：是从原木的大头至小头拉一直线，该直线贴材身 2 个落线点间的距离为内曲水平长，沿与该水平直线成垂直方向量取弯曲拱高，再与该内曲水平线相比，用百分率表示。

⑥ 外伤的检量：原木的外伤包括割脂伤、摔伤、烧伤、风折、刀斧伤、材身磨伤和其他机械损伤。外伤中除了风折为查定个数、锯口伤限制深度外，其他各种外伤均依据其损伤深度与检尺径相比的百分率表示。

#### 2.6.3.2 锯材缺陷检测方法

锯材缺陷的名称、定义及检测方法是根据我国现行的国家标准 GB/T 153—2009《针叶树锯材》、GB/T 4817—2009《阔叶树锯材》、GB 11955—1989《毛边锯材》和 GB/T 4822—2015《锯材检验》中的规定执行。这些标准中对木材部分缺陷的检测方法主要包括：

① 节子的检量、计算与个数查定：根据锯材标准，基于节子的等级评定，不但要限制最大节子的大小，还要限制任意 1m 范围内节子最多的个数，即这两个因子都要检量评等，并以降等最低的因子为准。实际检量时，节子的尺寸检量是与锯材纵向长度方向成垂直量得的最

大节子尺寸或节子本身纵长方向垂直检量的最宽处与所在材面的标准宽度相比,用百分率表示。节子的个数是在标准程度范围内,任意选择长度 1m 内节子个数最多的进行查定。节子尺寸不足 15mm 的阔叶树的活节不计算尺寸和个数。

② 腐朽的检量:锯材中的腐朽是按照其面积与所在材面的面积相比,用百分率表示。

③ 虫眼的检量:对虫眼的深度无规定,对最小直径大于 3mm 的虫眼计算其个数,但在钝棱上深度不足 10mm 的不计。

④ 裂纹和夹皮的检量:裂纹的基本计量方法是,沿材长方向检量裂纹的长度(包括未贯通部分在内的裂纹全长),将该裂纹长度与材长相比,用百分率表示。夹皮的检量是针对材面上存在的夹皮而言,按裂纹计算。

⑤ 钝棱的检量:以宽材面上最严重的缺角尺寸与检尺宽度相比,用百分率表示。计算时,用检尺宽减去着锯宽度,再与检尺宽相比,用百分率表示。在同一材面上的横断面上有两个缺角时,缺角尺寸要相加计算。

⑥ 弯曲的检量:锯材弯曲有横弯、顺弯和翘弯三种,标准中规定只计算横弯和顺弯,对翘弯不计。弯曲的检量方法是在检尺长范围内,量得的最大弯曲高度与内曲水平长度向比,用百分率表示。对正方材是量其最严重的弯曲面,按顺弯评等。

⑦ 斜纹的检量:是在任意材长范围内,检量其倾斜高度与该水平长度相比,用百分率表示。斜纹按宽材面计算,窄材面不计。

#### 2.6.3.3 木材缺陷自动检测

根据我国国家标准和行业标准,木材缺陷检量的检测手段和具体方法都是采用人工检量甚至是目测评定完成的。随着科学技术的高速发展,目前已经出现的传感技术、无损检测技术和计算机自动化技术也开始在木材自动检测中发挥越来越重要的作用。在木材缺陷自动检测的研究和实践中,应用较多的包括:采用 X 射线技术,将原木中的内部缺陷如腐朽和空心等进行自动检测,将缺陷的位置和大小等信息输入到计算机中,由此控制加工过程中的木材缺陷剔除,以获得高出材率的制材下锯方案;对锯材中的节子也可采用数字化高速摄像机或扫描设备等,将采集到的图像进行分析处理,由与计算机相连并控制操作的高速截断锯完成自动识别节子位置及剔除等工作。在工业发达国家,这些先进的木材工业自动化设备已经应用于大型制材厂和相应的木材加工综合企业,我国一些大型木材加工企业也有采用该技术进行木材缺陷的在线计算机检测及切除的,这些高新技术的应用在解放劳动生产力的同时,也提高了制材的生产效率和质量,并使制材生产线的工业自动化操作水平以及车间的数据化管理水平大大提高。

#### 2.6.3.4 木材等级评定的缺陷限度

木材的生产、调运和使用部门对木材的等级评定是根据各种不同的木材缺陷限度来进行的。在我国现行的国家相关标准 GB/T 153—2009《针叶树锯材》和 GB/T 4817—2009《阔叶树锯材》中,详细规定了锯切用不同等级的木材材质指标。

针叶材和阔叶材锯切用原木的缺陷允许限度见表 2-8。

**表 2-8 针叶材和阔叶材锯切用原木的缺陷允许限度**

| 缺陷名称 | 检量方法 | 允许限度 | | | | | |
| --- | --- | --- | --- | --- | --- | --- | --- |
| | | 针叶材 | | | 阔叶材 | | |
| | | 一等 | 二等 | 三等 | 一等 | 二等 | 三等 |
| 活节(仅计针叶材,阔叶材不计)、死节 | 最大尺寸不得超过检尺径的 | 15% | 40% | 不限 | 20% | 40% | 不限 |
| | 任意材长 1m 范围内的个数不得超过 | 5 个 | 10 个 | 不限 | 2 个 | 4 个 | 不限 |

（续）

| 缺陷名称 | 检量方法 | 允许限度 | | | | | |
|---|---|---|---|---|---|---|---|
| | | 针叶材 | | | 阔叶材 | | |
| | | 一等 | 二等 | 三等 | 一等 | 二等 | 三等 |
| 漏节 | 在全材长范围内的个数不得超过 | 不许有 | 1个 | 2个 | 不许有 | 1个 | 2个 |
| 边材腐朽 | 厚度不得超过检尺径的 | 不许有 | 10% | 20% | 不许有 | 10% | 20% |
| 心材腐朽 | 面积不得超过检尺径断面面积的 | 大头允许15%，小头不许有 | 40% | 60% | 大头允许15%，小头不许有 | 40% | 60% |
| 虫眼 | 虫眼最多的1m范围内个数不得超过 | 不允许 | 25个 | 不限 | 不允许 | 5个 | 不限 |
| 纵裂、外夹皮 | 长度不得超过检尺长的：杉木<br>其他针叶材 | 20%<br>10% | 40% | 不限 | 20% | 40% | 不限 |
| 环裂、弧裂 | 环裂最大半径（或弧裂拱高）不得超过检尺径的 | 20% | 40% | 不限 | 20% | 40% | 不限 |
| 弯曲 | 最大拱高不得超过内曲水平长的 | 1.5% | 3% | 6% | 1.5% | 3% | 6% |
| 扭转纹 | 小头1m长范围内纹理倾斜高（宽度）不得超过检尺径的 | 20% | 50% | 不限 | 20% | 50% | 不限 |
| 外伤 | 径向深度不得超过检尺径的 | 20% | 40% | 60% | 20% | 40% | 60% |
| 偏枯 | 径向深度不得超过检尺径的 | 20% | 40% | 不限 | 20% | 40% | 不限 |
| 风折木 | 检尺长范围内的个数不得超过 | 不允许 | 2个 | 不限 | | | |

注：本表未列缺陷不予计算。

针叶树锯材和阔叶树锯材缺陷允许限度分别见表2-9和表2-10。

### 表2-9 针叶树锯材缺陷允许限度

| 缺陷名称 | 检量与计算方法 | 允许限度 | | | |
|---|---|---|---|---|---|
| | | 特等锯材 | 普通锯材 | | |
| | | | 一等 | 二等 | 三等 |
| 活节及死节 | 最大尺寸不得超过材宽的 | 15% | 30% | 40% | 不限 |
| | 任意材长1m范围内的个数不得超过 | 4 | 8 | 12 | |
| 腐朽 | 面积不得超过所在材面面积的 | 不允许 | 2% | 10% | 30% |
| 虫眼 | 任意长1m范围内的个数不得超过 | 1 | 4 | 15 | 不限 |
| 裂纹、夹皮 | 长度不得超过材长的 | 5% | 10% | 30% | 不限 |
| 钝棱 | 最严重缺角尺寸不得超过材宽的 | 5% | 10% | 30% | 40% |
| 弯曲 | 横弯最大拱高不得超过水平长的 | 0.3% | 0.5% | 2% | 3% |
| | 顺弯最大拱高不得超过水平长的 | 1% | 2% | 3% | 不限 |
| 斜纹 | 斜纹倾斜程度不得超过 | 5% | 10% | 20% | 不限 |

注：长度不足2m的锯材不分等级，其缺陷允许限度不低于三等材。

表 2-10　阔叶树锯材缺陷允许限度

| 缺陷名称 | 检量与计算方法 | 允许限度 | | | |
|---|---|---|---|---|---|
| | | 特等锯材 | 普通锯材 | | |
| | | | 一等 | 二等 | 三等 |
| 死节 | 最大尺寸不得超过材宽的 | 15% | 30% | 40% | 不限 |
| | 任意材长 1m 范围内的个数不得超过 | 3 | 6 | 8 | |
| 腐朽 | 面积不得超过所在材面面积的 | 不允许 | 2% | 10% | 30% |
| 虫眼 | 任意长 1m 范围内的个数不得超过 | 1 | 2 | 8 | 不限 |
| 裂纹、夹皮 | 长度不得超过材长的 | 10% | 15% | 40% | 不限 |
| 钝棱 | 最严重缺角尺寸不得超过材宽的 | 5% | 10% | 30% | 40% |
| 弯曲 | 横弯最大拱高不得超过水平长的 | 0.5% | 1% | 2% | 4% |
| | 顺弯最大拱高不得超过水平长的 | 1% | 2% | 3% | 不限 |
| 斜纹 | 斜纹倾斜程度不得超过 | 5% | 10% | 20% | 不限 |

注：① 长度不足 1m 的锯材不分等级，其缺陷允许限度不低于三等材。
　　② 南方裂纹在上表允许基础上，各等均放宽 5 个百分点。

针叶树锯材和阔叶树锯材的等级可以标志在锯材断面或靠近端头的材身上，可用颜色笔、毛刷或钢印标明。

## 2.7　木材尺寸检量、锯材名称及规格

### 2.7.1　原木尺寸检量

我国现行国家标准 GB/T 144—2003《原木检验》中，详细给出了原木产品检验的尺寸检量、材质评定、检量工具及原木标志的内容。其中，原木尺寸检量的具体内容主要包括：
① 原木的检尺长、检尺径进级及公差均按照原木产品标准的规定执行。
② 检量木材的材长量至厘米止，不足 1cm 舍去。
③ 检量原木直径、长径、短径、径向深度时，一律扣除树皮、树腿和肥大部分。
④ 原木的材长是在大小头两端断面之间的相距最短处取直检量。如果检量的材长不小于原木标准规定的检尺长，但不超过负公差，仍按标准规定的检尺长计算；如果超过负公差，则按下一级检尺长计算。
⑤ 检尺径的检量（包括各种不正形的断面）是通过小头断面中心先量短径，再通过短径中心垂直检量长径，其长短径之差自 2cm 以上，以其长短径的平均数经进舍后为检尺径；长短径之差小于 2cm 的以短径进舍后为检尺径。

其他不正常材的尺寸检量方法详见相关国标中的规定。

### 2.7.2　锯材名称、尺寸检量及规格

#### 2.7.2.1　锯材名称

在木制家具生产制造中，应用最广泛的原材料就是锯材。图 2-47 所示锯材为主材、玻璃为辅材设计制作的个性化茶几，名曰"翻过来的城市"。

在我国现行国家标准 GB/T 4822—2015《锯材检验》中，规定了锯材的术语和定义、尺寸检量、材质评定、检量工具和等级标志。该标准适用于生产及流通领域中锯材产品的检验。

"鸟巢"椅

图 2-47 翻过来的城市

涉及家具生产用的锯材主要有整边锯材和毛边锯材，整边锯材中包括平行整边锯材和梯形整边锯材，这些锯材的分别定义为：

整边锯材：相对宽材面相互平行，相邻材面互为垂直，材棱上钝棱不超过允许限度者。平行整边锯材是两组相对材面相互平行的整边锯材；梯形整边锯材是相对窄材面相互不平行的整边锯材。

毛边锯材：宽材面相互平行，窄材面未着锯，或虽着锯但钝棱超过允许限度者。

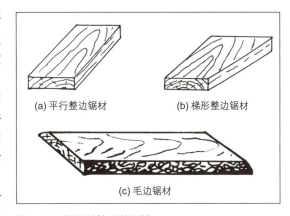

图 2-48 整边锯材与毛边锯材

图 2-48 是整边锯材与毛边锯材的示意图。图 2-49 所示为采用独板毛边锯材制作的原生态茶几，原始古朴、自然亲切的味道十足。

### 2.7.2.2 锯材尺寸检量

锯材国家标准中规定的锯材尺寸检量方法主要为：

① 锯材的尺寸检量是指平行整边锯材的检量。
② 锯材的尺寸以锯割当时检量的尺寸为准。
③ 锯材长度：沿材长方向检量两端面间的最短距离。
④ 锯材宽度：在材长范围内除去两端各 15cm 的任意无钝棱部位检量。
⑤ 实际材长小于标准长度，但不超过负偏差，仍按标准长度计算；如超过负偏差，则按下一级长度计算，其多余部分不计。
⑥ 锯材宽度和厚度的正、负偏差允许同时存在，如果厚度分级因偏差发生混淆时，按较小一极的厚度计算。
⑦ 锯材实际宽度小于标准宽度，但不超过负偏差时，仍按标准宽度计算；如超过负偏差，则按下一级宽度计算。

图 2-49 独板毛边锯材茶几

锯材尺寸检量时的计量单位中，长度以米为单位，量至厘米，不足 1cm 舍去。宽度和厚度以毫米为单位，量至毫米，不足 1mm 舍去。

#### 2.7.2.3 锯材规格

锯材国家标准中将锯材按照宽度与厚度的比例分为板材和方材。

板材：宽度尺寸为厚度尺寸的 2 倍或 2 倍以上者。

方材：宽度尺寸小于厚度尺寸的 2 倍者。

我国现行的国家标准 GB/T 153—2009《针叶树锯材》和 GB/T 4817—2009《阔叶树锯材》中，对针叶树锯材和阔叶树锯材的板材尺寸和方材尺寸规格规定为：

针叶树锯材长度为 1～8m，阔叶树锯材长度为 1～6m。针叶树锯材和阔叶树锯材的长度进级均为自 2m 以上按 0.2m 进级，不足 2m 的按 0.1m 进级。

对针叶树锯材和阔叶树锯材的板材和方材的宽度和厚度规定见表 2-11。

一般，方材按照宽、厚乘积的大小分为：小方，宽、厚乘积小于 55cm$^2$；中方，宽、厚乘积为 55～100 cm$^2$；大方，宽、厚乘积为 101～225 cm$^2$；特大方，宽、厚乘积在 225cm$^2$ 以上。

表 2-11 针叶树锯材和阔叶树锯材板材的宽度和厚度　　　　　　　　mm

| 分 类 | 厚 度 | 宽 度 | |
| --- | --- | --- | --- |
| | | 尺寸范围 | 进 级 |
| 薄板 | 12, 15, 18, 21 | 30～300 | 10 |
| 中板 | 25, 30, 35 | | |
| 厚板 | 40, 45, 50, 60 | | |
| 方材 | 25×20, 25×25, 30×30, 40×30, 60×40, 60×50, 100×55, 100×60 | | |

## 2.8　木家具用材要求以及有害物质限量

### 2.8.1　木家具用材要求

木家具制造用材的好坏直接关系到产品质量的优劣。我国行业标准 QB/T 1951.1—1994《木家具质量检验及质量评定》中，对木家具的用料要求进行了明确的规定，主要包括以下具体要求：

① 单件或成套产品采用树种的质地应相似。同一胶品件树种应无明显差异，针叶材和阔

叶材不得混同使用；

② 虫蛀材必须经杀虫处理，不得使用昆虫尚在继续侵蚀的木材；

③ 可视部位不得使用腐朽材内部或封闭部位用材轻微腐朽面积不超过零件面积的 15%，深度不得超过材厚的 25%；

④ 外表及存放物品部位的用材不得有树脂囊；

⑤ 产品受力部位的斜纹程度超过 20% 的不得使用；

⑥ 节子宽度不超过材宽的 1/3、直径不超过 12mm 时，经修补加工后不影响产品结构强度和外观的可以使用；

⑦ 其他轻微材质缺陷，如裂缝（贯通裂缝除外）、钝棱等，应进行修补加工，不影响产品结构强度和外观的可以使用；

⑧ 木材含水率不高于当地的地区年平均木材平衡含水率加 1%；

⑨ 影响产品结构强度或外观的贯通裂缝的木制零部件不得使用。

由于木材含水率对家具质量特别是尺寸稳定性和强度有直接影响，所以必须予以重视。在国家推荐标准 GB/T 3324—2008《木家具通用技术条件》中，对家具用木材的含水率有明确规定：家具应经干燥处理，木材含水率应为 8% 至产品所在地区年平均木材平衡含水率加上 1%。

### 2.8.2 木家具有害物质限量

木家具制造时，常需用胶黏剂进行部分零部件之间的黏接，木材的表面也需进行表面装饰材料的贴合以及各种涂料的涂饰加工，而这些材料中常含有对人体有害的物质，导致木家具也会存在一定的污染物质。因此，我国在 2001 年颁布了国家强制标准 GB 18584—2001《室内装饰装修材料木家具中有害物质限量》，其中，对家具中的甲醛释放量和家具表面色漆涂层中的可溶性金属物含量进行了严格限定，具体要求见表 2-12 所示。

表 2-12 木家具有害物质限量要求

| 项　目 | | 限量值 |
| --- | --- | --- |
| 甲醛释放量（mg/L） | | ≤1.5 |
| 重金属含量（限色漆）（mg/kg） | 可溶性铅 | ≤90 |
| | 可溶性镉 | ≤75 |
| | 可溶性铬 | ≤60 |
| | 可溶性汞 | ≤60 |

## 2.9 木材保护和改性

木材是天然生长的生态材料，在大气环境下容易出现虫蛀、腐朽、变色和干缩湿胀等现象，另外，由于木材还具有材质上各向异性的弱点。木材保护和改性的目的就是在保持木材固有优点的前提下，采用物理或化学的方法对木材进行特殊处理，使其改善原有的缺陷，同时赋予木材某些特殊功能。木材保护和改性研究范围很广，本书仅介绍与家具制造和生产联系较紧密的部分相关内容。

### 2.9.1 木材防腐

木材腐朽和虫害均可使木材等级降低，减少了使用年限和利用价值。据估计，每年全世界因菌害和虫害造成的木材损失相当于木材年采伐量的 10% 以上。木材经过防腐处理可以提

图 2-50　防腐木家具和防腐木地板在户外的应用

高其耐腐朽性能和抗虫害性能，延长使用寿命 5 倍以上，因此在木建筑、桥梁、园林庭院、户外家具以及室外运动场所设施中应用广泛。图 2-50 所示为防腐木家具和防腐木地板在户外的应用。

　　木材菌害造成的缺陷主要是腐朽、变色和霉变，而木腐菌生存和繁殖的理想条件是适宜的温度、水分、营养、氧气和一定的弱酸性条件。木材虫害主要是某些害虫种类中的天牛、白蚁等，适宜的温度和湿度是虫害发生的必要条件。根据这些特点，木材的防腐通常采用木材自身的天然耐腐性、物理处理方法和化学处理方法进行。

　　木材的天然耐腐性是指某些木材具有与生俱来的对虫菌和固有抗耐性。例如许多木材的心材中均含有对虫菌生长不利的物质，因此一般心材比边材耐腐抗蛀性强。某些树种如：柏木、柳杉、落叶树、银杏、香樟及红杉等具有很强的耐腐性。这些树种的木材非常适宜室外家具的制造，可以直接使用或经过简单的包括涂饰处理后使用。

　　表 2-13 列出了部分木材的心材耐久性等级。

表 2-13　部分木材的心材耐久性等级

| 耐久性等级 | 树种名称 |
|---|---|
| 非常耐久超过 25 年 | 非洲柚木，红柳桉，缅茄木，驼峰棟，绿心木，桑木，紫心苏木，木夹豆，黄胆木等 |
| 耐久 15～25 年 | 红檀香木，欧洲栗木，非洲代橡木，非洲棟，美国卡雅棟，欧洲橡木，欧洲西部红雪松，红豆杉，加州红木等 |
| 一般耐久 10～15 年 | 非洲相思木，非洲杜花棟，马来西亚龙脑香，土耳其橡木，欧洲相思木，花旗松，欧洲及日本落叶松，加勒比松，英国黄檀木红杉，英国西部红雪松等 |
| 不耐久 5～10 年 | 荷兰榆木，英国榆木，美洲红橡木，白梧桐，白山毛榉，白柳杉，英国花旗松，英国冷杉，英国银杉，加州铁杉，加拿大云杉，英国云杉，英国苏格兰松等 |
| 易腐朽小于 5 年 | 赤杨木，欧洲白蜡木，欧洲山毛榉，欧洲榉木，黄桦木，欧洲七叶树，欧洲椴木，欧洲悬铃木，欧洲枫，白柳木等 |

　　木材防腐的物理方法主要是采用干燥和涂饰改变木材的含水率状态，使其不适宜菌虫的寄生和繁殖。普通的干燥方法（如气干法、窑干法等）就能将木材含水率控制在 20% 以下，使菌虫对木材的危害大大减少。

　　炭化木防腐是近年研究的热点，该技术已用于包括家具在内的木材加工行业。实际上，先人们在数百年前就懂得将木材放在火中，灼烧其表面以提高木材的防腐性能，从而延长木材在户外的使用年限，并强化原木天然色泽肌理。目前的炭化木通常是指用 160～230℃ 的过热蒸汽对木材进行长时间热解处理得到的木材。炭化木在外观上显现出表面颜色加深的特征，

图 2-51 炭化木的表面纹理及家具部件

而且炭化温度越高木材的颜色越深。经刨光后的炭化木表面光滑饱满、色泽温润、纹理突出，极其自然美观。图 2-51 所示为炭化木的表面纹理及家具部件。

应该指出的是，炭化处理为纯物理技术，过程中只涉及温度和水蒸气，无化学药剂，所以炭化木是环境友好型材料。另外，炭化处理使速生木材具有深重的颜色，具有历史久远的沧桑感，装饰效果独特，在视觉上可替代部分珍贵木材，因此，具有环保材料的特征。

实际生产中，还可通过改善木材的贮运和使用条件，比如在木材及木制品表面涂饰憎水类物质如油漆等，防止水分进入木材，避免再次吸湿，使木制家具制品一直保持干燥状态。

木材防腐的化学方法主要是采用各种类型的防腐剂处理木材。防腐剂主要有油质防腐剂、有机溶剂防腐剂和水溶性防腐剂。其中，水溶性防腐剂使用最普遍，特点是价格低廉，无刺激气味，对木材的油漆和胶合等后期加工无影响，也不增加木材的可燃性，但会引起木材的体积膨胀，干燥后收缩，因此不适宜精确尺寸部件的处理，另外该水溶性防腐剂的抗流失性较差，对自然环境有污染，不适宜用在与地面接触的木材处理。

木材化学防腐处理的具体方法主要有：表面刷涂法、表面喷涂法、冷热槽浸渍法、常压浸渍法和真空加压浸渍法等。

### 2.9.2 木材滞火

木材是易燃材料，我国现行相关国家强制标准 GB 50222—2015《常用建筑内部装饰材料的燃烧性能等级划分》中，天然木材被定级为 B2 级（可燃性材料），经过阻燃处理后的木材则可归于 B1 级（难燃性材料）。B2 级是指该材料在空气中受到火烧或高温作用时，立即起火或微燃，且离开火源后仍继续燃烧或微燃的材料。B1 级是指该材料在空气中受到火烧或高温作用时，难起火、难微燃、难碳化，当离开火源后，燃烧或微燃立即停止的材料。

木材滞火处理也称木材阻燃处理，是指采用具有滞火作用的化学药剂处理木材，使其耐火性能提高。在很多发达国家，公共场所使用的木家具以及部分防火等级要求高的民居使用的木家具均采用经过滞火处理的木材制造。

木材滞火处理常使用滞火剂，主要有滞火涂料和木材浸渍用滞火剂两大类。常用的滞火方法是表面涂覆处理法和化学浸入法。

在实际的木材工业生产中，木材滞火处理采用的药剂、方法和等级要求是根据建筑物受火灾的危险程度来确定的。木材滞火处理后的药剂浸渍等级一般分为以下 3 级：一级浸渍，滞火剂吸收量应达到 80 kg/m³，保证木材无燃烧性；二级浸渍，滞火剂吸收量应达到 48 kg/m³，保证木材只能缓燃；三级浸渍，滞火剂吸收量应达到 20 kg/m³，保证木材在露天火源下，能延迟燃烧起火。

### 2.9.3　木材染色

木材是天然生长的材料，不同树种的木材因构造、颜色和纹理的不同而有较大差异。珍贵树种的木材具有独特的美丽花纹和天然色泽，如紫檀、柚木和花梨等，但这些树种的木材毕竟资源有限，价格不菲，而且市场上的需求较大，供不应求。另一方面，随着我国人工林种植面积的不断扩大和速生材的广泛利用，成材速度快、用途广、经济价值高的速生林木材已经在木材加工业越来越多地被采用。但速生材的颜色花纹单一、材质较差，限制了其使用范围，也减少了其市场竞争力。

木材染色的意义在于，可以采用颜色仿真的工艺处理方法，使普通树种的木材具有天然珍贵树种木材特有的颜色，制造出物美价廉的木材染色制品，提高了产品附加值。另外，木材染色还可以消除色差，不仅使木材制品颜色均匀、再现性强，可使木材产品在生产过程中因色差而使拼接麻烦的问题得到彻底解决。同时，木材染色后的纹理更加清晰悦目，改善了木材的表面特性，还可以防止木材在使用过程中易出现的变色。经过染色后的木材具有各种不同的人为设计颜色，可以满足具有不同欣赏习惯的消费者需求。染色后的木材可以具有多样化的不同风格，既可以是色调自然的仿天然珍贵木材的颜色，也可以是色彩明快的鲜艳颜色，可分别适合于制造古朴典雅的仿古家具或天真活泼的儿童家具。

木材染色是染料与木材之间发生化学反应或物理反应（包括渗透、扩散和吸附等），使木材具有人为设定的颜色效果的过程。木材染色的方法按照染色对象的不同分为立木染色、实木染色、单板或薄木染色。立木染色是木材在生长过程中，通过控制生长条件并采用某些染色剂使木材在生长过程中逐渐产生颜色。

图 2-52 所示为采用木材染色后制成的装饰木线，可用于家具、门板以及室内装饰材料。

### 2.9.4　木材强化与软化

木材是天然材料，虽然其自身具有用于家具制造的众多优点，但也存在一些不足，主要缺点是因为其多孔性引起的干缩湿涨、尺寸不稳定和强度不够高，或是因为缺乏塑性，使木材不能像金属或塑料那样进行塑性成型加工，而只能以切削和胶合的组合加工为主要的加工成型为主要方式。对木材进行强化或软化处理，可以使木材的优点得到进一步加强，使缺点得到不同程度的修饰和改善。

#### 2.9.4.1　木材强化

木材强化是指采用物理或化学的方法，使处理剂沉积在木材细胞壁内，或与木材的化学组分发生交联反应，从而使木材密度增大、强度提高。木材强化产品目前主要有压缩木、浸渍木、胶压木和塑合木等。

压缩木的是以速生木材为基材，通过高温高压等特殊的加工工艺得到的一种新型木材。与普通木材相比，压缩木的密度更大、强度更高。压缩木的压缩比可达 30%～80%，力学强度的提高程度与压缩比成正比关系。不采用化学药剂进行预处理的压缩木的密度、韧性是原木材（素材）的 1.5～2 倍。如采用水热处理、药物处理、金属化处理、浸渍树脂处理和微波加热处理等，则可对应产生出普通压缩木、药物压缩木、金属化压缩木、表面压密材和压缩整形木等不同种类的压缩木产品。图 2-53 是木材压缩前后在宏观厚度上、微观孔隙上的变化，以及采用压缩木制作的椅子。

另外，木材经压密处理后材质变得均匀，更易于切削加工、雕刻和微细加工和饰面加工

图 2-52 染色后的装饰木线制品

图 2-53 木材压缩前后的变化以及在椅子上的应用

图 2-54 杉木压缩木椅

图 2-55 落叶松压缩木秋千椅

等。而且压缩木的色泽或产生变化变深,可以部分作为黑檀、紫檀等高级木材的替代材料使用。图 2-54 所示为日本设计师以杉木压缩木为原料制作的座椅"二月",集美观、舒适于一身的座椅在 2011 年问世时就获得了当年度的 Good Design Award,后又于 2016 年获得了日本木质家具大奖。图 2-55 所示为采用俄罗斯落叶松压缩木为原料制作的秋千椅。

压缩木不但密度增加,弯曲弹性模量和弯曲强度等性能也得到提高,可以作为住宅内楼梯扶手、家具框架、工艺品、工具手柄和图章的材料。

特别需要指出的是,我国具有丰富的速生材资源(如杨木、杉木等),深入研究压缩木制备关键技术、积极开拓压缩木在家具上的应用,具有十分重要的社会效益和经济效益。图 2-56 所示为采用改性速生杨木材制作的成套家具。

塑合木又称树脂浸渍木材,是木材和塑料复合材料的简称,也是广义上的木塑复合材料(Wood-polymer Composite,WPC)中的一个品种。塑合木综合了木材和塑料的两者之长,兼具木材和塑料的性能优势,不同木材原料、不同生产方法得到的塑合木性能差别较大,在宏观上主要取决于树种、聚合物种类和树脂浸渍量,在微观上则取决于树脂在木材内部的分布状态以及木材细胞壁物质与树脂中聚合物的相互作用情况。

与未处理材相比,塑合木的吸湿和吸水性大大下降,尺寸稳定性明显提高,力学性质也有较大幅度的提高,提高程度最大的是横纹抗压强度和硬度,其他性能指标如弯曲强度、顺

木材压密

图 2-56　改性速生杨成套家具

纹抗压强度、冲击韧性等也有所提高。

塑合木的应用范围非常广泛，在家具制造和工艺材料制造中，主要用于制作具有较高强度要求和特殊耐水性能要求的家具以及柜橱的面板、顶板等。经过着色处理的 WPC 还可用于工艺雕刻制品、笔杆、打火机和纸刀等。图 2-57 所示为塑合木在浴室柜家具的中应用。图 2-58 所示为塑合木在户外家具中的应用实例。

### 2.9.4.2　木材软化

在某一特定的环境条件下对木材进行软化处理，可以将其固有的塑性得到增强并发挥，以实现木材塑性加工的目的。硬木家具制造时，常需要在木材表面雕刻花纹，为减少崩坏现象，提高木材的雕刻质量并降低废品率，对木材进行适度的软化处理是必要的。

图 2-57　塑合木家具的应用

图 2-58　塑合木在户外家具中的应用

图 2-59　木材软化处理前后的形状对比　　图 2-60　曲木家具椅

根据木材加工的实际需要，可将木材软化目的归纳为：

其一是为了成型加工的需要：软化处理使木材具有短时的塑性，可以及时进行弯曲和压缩等塑性加工，而后再在变形状态下进行干燥固定，以恢复木材原有的刚性和强度。我国自古以来就有采用高温蒸煮木材使其软化的先例，现在也有采用饱水木材进行微波加热成型的，还有采用液氨、气态氨处理木材等方法处理木材的。图 2-59 所示为对原木进行软化处理前后的形状对比。

木材软化是制造弯曲木家具的必要工序。木材软化后的成型加工与常规方法中的切削、胶合和接合有所不同，前者是在不损坏木材纤维连续性的前提下的塑性加工方法，可以大大减少木材简单铣削部件方法造成的原料损耗。图 2-60 所示是弧线优美的曲木家具椅。

其二是为了压密化的需要：采用加压的方法使木材密度提高从而使材料的强度和弹性模量提高是常用的木材强化方法。木材压密前需要将其暂时软化，以便压密过程能顺利进行，特别是在为了提高木材的耐磨性而进行的表面压密实施时。另外，软化后的木材表面还可以利用刻花模具进行木材表面的特殊压花加工。

其三是碎料成型的需要：将木材的碎料或刨花、纤维、纸浆等在一定条件下进行模塑加工成型，也需要对木材进行软化处理。纤维板制造时，为了提高木片在机械分离时的动力消耗并保证纤维的分类质量，对木片进行蒸煮处理目的的就是使木材塑化软化。

木材软化的方法目前常用的有物理法和化学法两大类。物理法的优点是弯曲加工过程无化学污染，而且处理后的木材无变色和表面塌陷，缺点是所需时间相对较长，生产效率较低，并在一定程度上影响木材原有材性，并且该方法受到树种限制。化学法软化木材的最大优点是速度快、效果好、不受木材树种限制，但缺点是有一定化学污染，采用液态氨软化处理木材必须在低温环境下进行，而且需要有较复杂的冷冻设备。

（1）物理法

物理法软化木材是以水为软化剂，同时采用加热的方法使木材软化。因为水向木材内部的渗透和扩散比其他有机溶剂要快，所以该处理过程时间相对较短，但硬化后的木材常易产生因水分变化而引起的反向回弹。木材软化的物理法具体又包括蒸煮法、高频加热法和微波加热法等。

采用热水蒸煮或高温蒸汽进行气蒸，均可有效地提升木材的软化程度即可塑性。生产实际中，具体的处理工艺如时间和温度等，是根据树种、木材厚度、需要软化的程度等因素确定。弯曲胶合家具（曲木家具）制造中，就是利用了在高温高湿条件下，木材的软化程度将大大提高、变形能力会明显改善的性质。

木材弯曲

高频加热法是将木材在高频电场中进行软化处理，高频电压作用下，木材中的极性水分子将被反复极化，水分子之间会发生激烈摩擦，使其从电场中吸收的电能转变为热能，从而实现木材加热软化。高频加热时，电场变化越快、频率越高时，水分子的反复极化越剧烈，木材软化的速度就越快。

微波加热法软化木材是采用一定频率和一定波长的电磁波，利用其特殊的对电解质的穿透力，激发电解质分子使其产生极化、振动、摩擦生热。木材弯曲加工时，最大的应力是作用在木材表层，所以表层含水率高的木材要比内部含水率高的木材更容易变形。微波加热法软化处理使木材弯曲与传统的蒸煮法相比，可以在更短的时间内完成软化工艺过程，并能实现较小弯曲半径的成型加工。

因为微波加热法软化木材具有时间短、效率高、软化效果好等优点，而且对原料树种的适应性较强，所以在美国和日本等发达国家，已经形成了具有工业化生产能力的微波加热软化木材生产线，该生产线还实现了计算机全程操作和监控。当然，从降低能耗的角度考虑，木材的软化处理过程采用蒸汽加热和微波加热并用的加工方法更为适宜。

（2）化学法

化学法软化木材是采用各种不同的化学药剂处理木材。该方法的最大特点是对木材的软化充分，而且不受树种限制，但该方法具有一定的化学污染。目前常用的化学法主要包括氨处理和碱处理，其中氨处理的效果最好。

**氨处理** 氨处理软化木材的优点：一是几乎所有的阔叶材树种均可得到充分的软化；二是使木材成型时所需的外力小，时间短，成品的破坏少；三是成型后的制品形状较稳定，回复原有形状的趋势小。该方法的缺点是有刺激味儿，应在封闭的系统中进行。

氨处理软化木材的方法具体又分为液态氨软化、气态氨软化、氨水处理和尿素处理等，其中液态氨处理是应用最普遍也是效果最好的木材软化方法。

与蒸煮法水热处理软化木材的方法相比，液态氨处理的特点主要为：①木材的弯曲半径可以更小；②变形所需的力也相对较小；③木材的破损率低；④变形后的制品在反复的干缩湿涨时的反向回弹几乎没有；⑤几乎所有的树种均可采用该方法使木材软化。但是，液态氨处理木材时，会使木材细胞壁极度软化，当氨挥发时易产生细胞的溃陷，时被处理材尺寸收缩，有时这种收缩最大可达原尺寸的30%左右。为此，可在液态氨中加入不挥发的膨胀剂如聚乙二醇，可在不影响可塑性的前提下防止收缩。

与液态氨必须在低温环境下处理木材不同，气态氨的软化是在常温下处理木材，也可得到理想的木材软化效果，而且因为气态氨并没有在细胞腔中停留，所以用量较少也可完成木材的软化。向木材中进行气态氨的扩散和渗透时，气干材要比绝干材速度更快。因此，采用含水率为10%～20%的木材进行气态氨的软化处理效果较好。

氨水处理木材使其软化主要用于垂直于木材纤维方向的热压法木材压密。压密后的木材密度提高，材质得到明显改善。进行压密前，先将木材在氨水中预先浸渍，可增加木材的软化程度，达到更理想的压密效果。在恒定的压力载荷条件下，浸渍木材的氨水的浓度越高，则达到预定压缩率所需要的时间越短。具体实例为：将密度为 $0.63g/cm^3$ 的木材放置在浓度为25%的氨水溶液中，根据具体的板厚决定浸渍时间，浸渍、软化后在0.8MPa的压力下压制3min，解压后即可获得密度提升至 $1.2 \sim 1.3g/cm^3$ 的压缩木材。如果压制过程中使用曲面模具，还可实现曲面成型。

**碱处理** 碱处理使木材软化的方法是将木材放置于浓度为10%～15%的氢氧化钠溶液中或浓度为15%～20%氢氧化钾溶液中，浸渍一定时间后使木材具有可塑性。浸渍后的木材用清水洗净后即可进行弯曲成型加工。碱处理方法软化木材的效果好，但因为碱对木材中的化学组分结构有明显的破坏作用，所以容易使木材变色并出现表面塌陷，为此，可采用浓度为3%～5%的过氧化氢漂白浸渍碱处理后的木材，并用甘油浸渍。碱处理后的木材虽然可进行干燥定形，但当将弯曲成品放入水中时，仍然可以恢复可塑性。

> **拓展阅读：**
> **关于实木家具和板式家具**
> 作者：张求慧

**本章小结**

木材是古老而永恒的家具材料，至今为止，由木材以及源于木材的木质复合材料依然是家具产品的主要材料。作为一种材料性能突出、装饰效果优异和机加工性良好等各方面性能优异、环保、可再生的生物质材料，木材在家具生产中具有举足轻重的作用。但木材是各向异性的材料，干缩湿涨也是导致其尺寸稳定性变化因素。木材纤维饱和点和木材平衡含水率都是家具生产时需要特别注意的。对于具有一定强度功能要求实木家具而言，木材的各项力学强度指标也是非常重要的。

**思考题**

1. 木材作为一种生物质材料，与其他材料相比具有什么固有的特性？
2. 木材具有哪些主要的宏观构造特征？
3. 木材的花纹是怎样形成的？
4. 什么是木材纤维饱和点和木材平衡含水率？为什么说木材的纤维饱和点是木材各种材性的转折点？
5. 木材干缩湿涨主要的原因是什么？
6. 木材的主要化学成分纤维素、半纤维素和木质对木材的物理力学性能有何具体影响？
7. 什么是木材的抽提物？木材抽提物与木材材色、气味有何关系？木材抽提物对木材物理、加工性能有什么影响？
8. 木材的主要力学性能指标有哪些？影响木材力学性质的因素主要有哪些？

**主题设计**

以木材为主材，设计一款坐具。

**推荐阅读**

1. 参考书

2. 网站

（1）木材网 http://www.mucai.org.cn/

"木材网"由国际木文化学会（International Wood Culture Society - IWCS）主办（该学会2007年在美国正式成立）。"木材网"曾先后在中国举行了三次重要会议：2005年在北京林业大学举办的"木材实验室网联谊会"、2006年在东北林业大学举办的"第一届国际木文化研讨会"以及2007年在南京林业大学举办的"第二届国际木文化研讨会"，三次会议所凝聚的共识促成国际木文化学会的成立。

（2）https://www.riva1920.it/it/home/

RIVA 1920是意大利一家致力于高端手工原木家具的制造商，一直对原木家具保持专注和执著，致力于原木家具的设计与生产，秉承最简约的设计原则，将不同树种木材（如世界森林认证组织认证的胡桃木、橡木等）独一无二的纹路、温润质感展现在世人面前，极富个性的家具让你看到原木最珍贵的一面。

# 第 3 章

# 人造板

[本章提要] 主要介绍人造板的种类、特点、基本性质、质量评价指标和检测方法。对家具生产中常用的胶合板、细木工板、中密度纤维板、普通刨花板和贴面装饰人造板的基础知识及相关质量评定标准进行了较详细的重点介绍。最后,简要介绍了几种新型人造板,包括集成材、单板层积材和定向刨花板等。

3.1 人造板的基本性质
3.2 胶合板
3.3 刨花板
3.4 纤维板
3.5 贴面装饰人造板

人造板（wood based panel）是以木材或其他植物纤维为主要原料，经过机械加工，先将原料分离成为各种结构单元（单板、刨花或碎料、纤维），再施以胶黏剂和其他添加剂，最后在一定温度和压力下压制而成的板材、型材或模压制品。在我国相关现行标准 GB/T 18259—2009《人造板及其表面装饰术语》中，对人造板的定义为：以木材或非木材植物纤维材料为主要原料，加工成各种材料单元，施加（或不施加）胶黏剂和其他添加剂，组坯胶合而成的板材或成型制品。人造板主要包括胶合板、刨花板、纤维板及其表面装饰板等产品。目前，家具生产制造中常用的人造板品种有胶合板、细木工板、纤维板和刨花板等。

人造板的主要特点是：幅面尺寸和厚度范围大（可调）；质地均匀、材性各向同性，尺寸稳定变形小；表面平整光洁，易于进行各种形式的贴面或涂饰加工，装饰效果丰富多样；板材的物理力学性能好，机械加工性能优良；木材加工利用率高。

20世纪初，人造板伴随欧洲工业革命的兴起，首先作为建筑材料应运而生。自那时起，人们就试图将其应用于家具领域，并为此进行了长期的探索。现在，人造板已被广泛应用到家具制造、室内装饰、家居用品等，板式家具也已形成了一个新兴的现代产业，传统的家具行业增加了一种新的生产模式，并快速步入高速发展阶段。

板式家具自20世纪80年代进入我国以来，获得了长足的发展，并形成了具有一定规模的庞大产业集团。所谓的板式家具是以人造板为主要基材，以板件为基本结构的拆装组合式家具，由金属五金件连接而成。在我国现行的行业标准 QB/T 2913—2007《板式家具成品名词术语》中，对板式家具的定义为：由以木质人造板为基材，经过表面装饰处理的板件构成了基本结构单元和主体的家具。

板式家具的基本特征是可拆卸、造型富于变化、外观时尚、不易变形、质量稳定、价格实惠。采用人造板生产的板式家具结构简单大方、外观新颖时尚，可以满足当代人快节奏、多变化的生活方式对家具产品的时代潮流需求。

另外，人造板在许多物理力学和机加工性能上优于天然木材，这种板材既保持了天然木材的一些基本特点，又克服了木材的一些固有的天然缺陷。胶合板、刨花板、纤维板、细木工板和各种类型的贴面装饰人造板材在家具制造中主要用于室内外民居家具、办公家具、宾馆家具等。根据不同的家具功能要求选择使用不同种类和不同质量的人造板材料，无论从使用的功能效果上还是从生产的经济效益上都远超过使用木材。

图 3-1 所示为意大利品牌 TUMIDEI 的板式家具大衣柜系列产品，具有结构简约、风格现代、存贮功能强、经济实用的特点。

作为家具材料，人造板的使用可以简化家具结构，便于家具产品设计与生产的标准化、系列化和通用化，为家具生产的机械化与自动化提供了有利条件，同时简化加工工艺，提高

图 3-1　板式衣柜

生产效率。

目前，我国人造板在家具中应用比例为总产量的70%左右，成为应用最为广泛的一类木质家具材料。

各种人造板产品中，胶合板需要采用大径级的原木制造，因此，胶合板最大程度地保留了木材的天然外观，具有木材的天然纹理和色泽。有些人工速生材制成的胶合板表面纹理色泽不甚理想，可以采用具有美丽木材纹理的装饰单板（也称薄木或木皮）贴面赋予其更好的装饰美感，同样的，采用装饰单板在细普通木工板上贴面也可以取得同样效果。此部分内容将在3.5.1节中进行详细阐述。

刨花板和纤维板产品通常采用森林采伐剩余物和木材加工剩余物甚至农作物废料制造，所以常因表面灰暗、无木材纹理，致使装饰效果不理想。通常需要在表面覆贴高压装饰层积板（俗称防火板）或三聚氰胺浸渍胶膜纸。另外，人造板材如果封边不好，边部暴露还会引起板材的吸湿。因此，人造板产品作为家具材料使用时，一般都需要进行饰面处理和边部封边处理。

各类不同性能的人造板饰面材料的选择也会直接影响到最终家具产品的整体外观装饰效果和保护功能。图3-2所示为一组浸渍纸饰面的装饰风格独特的餐边柜。由意大利著名家具品牌Driade（德里亚德）生产，设计师通过全新系列描绘精美而不寻常的生活世界的图像，创造出了独特和精致的作品。图3-3所示为具有立面浮雕效果的表面涂饰人造板家具。

特别值得指出的是，在家具生产中采用人造板替代天然木材是非常符合我国国情的。我国的森林资源匮乏，木材供需矛盾长期得不到解决，因此，寻找新的木材代用资源一直是包括家具生产在内的木材工业的重要课题。

有资料显示，使用天然木材制造家具产品，木材的平均利用率只有30%左右。若将木材剩余物进行充分利用制成人造板，则可以大大提高木材的综合利用率，最大限度地节约木材资源，实现废料利用、劣材优用，这是合理利用有限的木材资源的最有效途径。

通常：每2.2~2.5m³的原木可以生产1m³的胶合板，其利用价值相当于4.3~5m³原木锯制的板材；每2.5~3m³的木材废料（包括森林采伐剩余物和木材加工剩余物）可以生产1t纤维板，可代替4m³成材或6m³的原木使用；每1.3~1.8m³的木材废料可以生产1m³刨花板，其使用价值相当于3m³原木所制成的板材。

人造板工业目前已经成为木材加工行业的支柱产业，近几十年来，人造板工业在原材料开发、产品结构、产品质量、制造技术和相关的二次加工技术以及木材专用胶黏剂制造方面都有了飞速变化，随之而来的是人造板产品的品种和用途在不断扩宽，而集成材、单板层积材、定向刨花板及可饰面定向刨花板、薄型纤维板等新型人造板产品在家具上的应用也日益广泛。

图3-2 浸渍纸饰面的餐边柜

图 3-3　表面涂饰人造板家具

图 3-4　秸秆人造板及其应用

近年来，农作物秸秆人造板和环保型人造板的发展为家具材料带来新的发展。中国是农业大国，充分利用农作物废料制造人造板用于家具制造有广阔的发展前景。我国拥有丰富的秸秆资源。我国每年产生数亿吨的麦秸、稻草以及棉秆等农作物秸秆，其中部分被遗弃在田间或焚烧，造成环境污染。科学利用废弃的农作物秸秆，生产市场需求的人造板材，将废弃物变成可用资源，补充木质人造板市场的不足，缓解木材供应的压力，减少森林资源采伐，减少大田焚烧秸秆的数量，有利于保护大气环境和生态环境。

目前，秸秆人造板工业化生产主要板种有：棉秆刨花板、棉秆中密度纤维板；麻秆刨花板、麻秆中密度纤维板；麦秸刨花板、麦秸中密度纤维板、麦秸定向结构板；稻草刨花板、稻草中密度纤维板以及稻草定向结构板等。秸秆人造板工业化生产技术的研究还需进一步深入，期待有更多的秸秆人造板产品能用于家具生产，图 3-4 所示为秸秆人造板及其应用。

## 3.1　人造板的基本性质

人造板的基本性质决定了其使用的应用范围。对于普通的室内用家具材料，人造板应该能够满足必需的功能强度和一定的综合抗耐性能（抗压、抗冲击、抗剪切、耐磨、耐热、耐潮耐水、耐化学污染等）；对于室外用的家具结构材，不但要求人造板具有较高的力学强度，还需要其具有较强的耐气候能力；对于家具及室内装饰使用的人造板材，则需要具有美丽的花色纹理和色泽；对于特殊场合如阻燃等级要求较高的环境场所中使用的家具制品，所用的人造板除了必须具有强度功能要求外，还需要具有一定的阻燃性能。

### 3.1.1　外观性能

人造板的外观性能主要包括：产品外形尺寸及偏差，翘曲度、材质缺陷（如胶合板中的活节、死节、漏节、腐朽和变形等）、加工缺陷（如胶合板中的表板叠层和芯板离芯、鼓泡、分层和压痕等，刨花板和纤维板中的压痕、局部松软、边角缺损、油污和炭化等）、边缘不直、两对角线偏差等。

不同的人造板因板种不同而对外观性能要求的标准也有差异，具体的产品质量指标及要求可以参见相应的产品标准中的规定。

### 3.1.2　内在性能

人造板的内在性能主要包括物理性能、力学性能、耐久性（抗老化性能）、表面特性和功能性（特殊性能）等。

#### 3.1.2.1　物理性能

人造板的物理性能主要包括含水率、密度、吸水率、吸水厚度膨胀率、游离甲醛释放量等。家具制造常用人造板的部分物理性能指标见表 3-1。

表 3-1　人造板的部分物理性能

| 指　标 | 普通胶合板 | 细木工板 | 刨花板* | 中密度纤维板** | 定向刨花板*** |
|---|---|---|---|---|---|
| 密度（g/cm³） | — | — | — | 0.65～0.80 | — |
| 含水率（%） | 5～16 | 6～14 | 3～13 | — | 2～12 |
| 吸水厚度膨胀率（%） | — | — | ≤8（2h） | 8～45**** | 25（24h） |
| 甲醛释放限量 | 按照 GB18580 规定执行 | | | ≤8.0（mg/100g）***** ≤0.124（mg/m³） | ≤8.0（mg/100g）***** ≤0.124（mg/m³） |

注：* 为干燥状态下使用的家具型刨花板（P2 型）的性能指标要求。
　　** 为在干燥状态下使用的家具型中密度纤维板（MDF-FN REG）的性能要求。
　　*** 为用于干燥状态下使用的室内装修材料和家具型板（OSB/1）的性能要求。
　　**** 板厚不同，要求不同。
　　***** 8.0（mg/100g）为穿孔法测定值；0.124（mg/m³）为气候箱法测定值。

值得指出的是，关于游离甲醛的释放限量，我国在 2017 年 9 月颁布了重新修订的人造板及其制品行业唯一的强制性国家标准，即 GB 18580—2017《室内装饰装修材料　人造板及其制品中的甲醛释放限量》，其中取消了原标准的 E2 级释放限量。新标准于 2018 年 5 月 1 日开始执行。修订后的标准提升了甲醛释放限量的要求，统一甲醛释放限量值为 0.124mg/m³（与 GB/T 18883—2002《室内空气质量标准》中的甲醛浓度应≤0.1mg/m³ 的要求相适应），甲醛释放量的测定试验方法统一为"1 立方米气候箱法"。这就意味着，国家对包括板式家具在内的甲醛释放量有了更为严格的质量指标要求。

GB 18580—2017 室内装饰装修材料 人造板及其制品中的甲醛释放限量

#### 3.1.2.2　力学性能

人造板生产中，是将各种木质原料先用机械分离的方法加工成各种结构单元，如胶合板中的单板、刨花板中的刨花和纤维板中的纤维，然后再用胶黏剂将这些木质单元黏合在一起，并在一定的温度和压力下压制而成的板材，因此，人造板的胶合质量是决定板材质量的决定性因素。

表征人造板力学性能的强度指标主要包括：胶合质量、静曲强度、弹性模量、顺纹抗拉强度、横纹抗拉强度、内结合强度、表面结合强度和握钉力等。

家具常用人造板的主要力学性能见表3-2。

**表 3-2　人造板的主要力学性能**

| 指　　标 | | 普通胶合板 | 细木工板 | 刨花板[*] | 中密度纤维板[**] | 定向刨花板[***] |
|---|---|---|---|---|---|---|
| 胶合强度（MPa） | | ≥0.7~1.0 | ≥0.7~1.0 | — | — | — |
| 静曲强度（MPa） | | 12~32[****] | ≥15.0（横向） | 7.0~12.0 | 17~34[*****] | 平行 16~20[*****]<br>垂直 8~10[*****] |
| 弯曲弹性模量（MPa） | | 2000~5500[*****] | — | 1050~1900[*****] | 1700~2700[*****] | 平行 2500[*****]<br>垂直 1200[*****] |
| 内结合强度（MPa） | | — | — | 0.20~0.45 | 0.45~0.65[*****] | 0.26~0.30[*****] |
| 表面胶合强度（MPa） | | — | ≥0.60 | ≥0.80 | ≥1.2 | — |
| 握螺钉力（N） | 板面 | — | — | ≥900 | ≥1450 | |
| | 板边 | — | — | ≥600 | ≥900 | |

注：[*] 为干燥状态下使用的家具型刨花板（P2型）的性能指标要求。
　　[**] 为在干燥状态下使用的家具型中密度纤维板（MDF-FN REG）的性能要求。
　　[***] 为用于干燥状态下使用的室内装修材料和家具型板（OSB/1）的性能要求。
　　[****] 板厚不同或纹理方向不同时，要求不同。
　　[*****] 板厚不同时，要求不同。

#### 3.1.2.3　耐久性

采用人造板原料制造的家具在生产过程或使用过程中，会因气候环境的变化如受潮吸湿、干燥解吸或受热、受冻等原因，导致板材胶合力下降，原本在板材中这些木质单元之间存在的内应力就会使胶层受到破坏，并最终导致产品的物理力学性能降低直至解体。当人造板家具产品受到长期的阳光照射时，也会促进胶黏剂的老化，降低家具产品的使用寿命。

某些人造板产品如胶合板就是根据不同产品所需要具有的不同耐候性能，采用不同强度功能的胶黏剂制造出具有不同使用性能的胶合板，如采用酚醛树脂胶制成的Ⅰ类胶合板为耐气候、耐沸水型胶合板，该胶合板可以在室外使用，用于户外家具的制造。对于这种板材的耐水性能要求是板材先在沸水中煮4h，再在（63±3）℃的干燥条件下烘干20h，之后继续在沸水中水煮4h，取出后在室温状态下测定其胶合强度，应不低于国家标准中要求的相应强度值。采用普通脲醛树脂制造的胶合板为Ⅱ类胶合板，也称耐水型胶合板，其耐水性能试验是将板材的试件放在（63±3）℃的热水中浸渍3h，之后测定其强度。对于室内用家具而言，采用Ⅱ类胶合板已可满足家具产品的耐水性要求。

#### 3.1.2.4　功能性

有些人造板需要在特定的场合使用，因此需要具备某些特殊功能，如阻燃性、防虫蛀、低游离甲醛等，对此类人造板的具体要求可以参照相应的现行国家标准、部颁标准或行业标准中的具体质量指标和性能要求执行。表3-3是部分具有特殊功能的人造板材标准代号以及与之相关的部分标准代号，使用时可根据具体需要参照执行。

表 3-3　功能人造板的部分标准及标准代号

| 功能要求 | 标准代号 |
| --- | --- |
| 阻燃 | GB 8624—2012 建筑材料燃烧性能分级方法 |
|  | GB/T 18101—2013 难燃胶合板 |
|  | GB/T 18958—2013 难燃中密度纤维板 |
| 低游离甲醛 | GB 18580—2017 室内装饰材料　人造板及其制品甲醛释放限量 |
| 地板基材 | LY/T 1611—2011 地板基材用纤维板 |
| 木结构 | GB/T 22349—2008 木结构覆板用胶合板 |
|  | GB/T 26899—2011 结构用集成材 |
| 混凝土浇筑 | GB/T 17656—2008 混凝土模板用胶合板 |
| 纺织设备 | LY/T 1416—2013 纺织用木质层压板 |
| 变压器绝缘 | LY/T 1278—2011 电工层压木板 |

## 3.2 胶合板

胶合板是人造板中最早出现的板种，锯制薄木（单板）起源于公元前 3000 年的古埃及，那时的工匠们到森林中采伐珍贵树种的木材，采用手工锯制的方法将木材锯解成薄片（即现在的单板），而后，采用适宜的磨料（如浮石）进行磨光，再在上面镶嵌具有艺术价值的象牙和金属薄片，主要用于装饰材料，制作供国王和王族成员使用的高级家具，包括床具、梳妆台、写字台乃至棺木。

随着岁月的流逝，单板制造技术也在不断发展，第一台可用于机械化生产单板的旋切机诞生于 1818 年。19 世纪中叶，第一个单板制造工厂在德国建成，这使胶合板的工业化生产成为可能。20 世纪初，胶合板工业开始逐步形成。

我国的胶合板工业起步于 20 世纪初，至今已有近百年的历史。1920 年，德国专家在天津建成了我国第一条胶合板生产线，自此，我国的胶合板工业开始逐渐发展起来。目前，我国已有胶合板企业 6000 余家，浙江嘉善、江苏邳州、山东临沂、河北文安等地已成为我国胶合板生产的主要基地，主要产品为三层或五层胶合板（特殊需要的可生产七层及以上），采用进口材作面板，国产材作芯材。

所谓的胶合板是采用一定长度的木段，经旋切成为一定厚度和幅面尺寸的单板（片状薄板），在其表面涂布一定量的胶黏剂，再按照相邻层单板纤维纹理相互垂直的方式组坯，最后在一定的温度和压力下压制而成的三层或三层以上的板材（均为奇数层）。

我国现行国家推荐标准 GB/T 9846—2015《普通胶合板》中，对胶合板的定义为：由单板构成的多层材料，通常按相邻层单板的纹理方向大致垂直组坯胶合而成的板材。

单板为薄片状的木材，通常采用旋切或刨切的方法生产。

单板是胶合板的基本结构单元，图 3-5 所示为采用旋切法得到的连续单板。

单板也可以直接用于制作工业产品或工艺品，图 3-6 所示为单板的另类应用。

胶合板的结构形式应满足对称原则、层间纹理相互交错的排列原则和奇数层原则。即以胶合板的对称中心向两侧分布的对应层，其单板的树种、厚度、纤维方向、层数、制造方法和含水率等都必须相同，以避免产生应力和翘曲变形。

图 3-5 旋切法得到的连续单板　　图 3-6 单板的另类应用

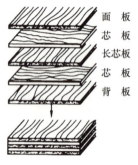

图 3-7 五层胶合板结构

图 3-7 为家具材料中常用的五层胶合板结构。

胶合板的最外层单板称为表板，正面的表板称为面板，反面的表板称为背板。内层的单板称为芯板或中板，与表板长度相同的芯板称为中板，比表板长度短的称为短芯板。

胶合板具有典型的层状结构，这也体现了板材特有的装饰美感。图 3-8 所示为我国国家大剧院音乐厅的座椅；图 3-9 所示为荷兰设计师作品"加号"桌（"+"Table），整张桌子没有一颗钉子，胶合板材质，全部采用"+"形扣接而成，拆装十分方便，3min 即可安装好；图 3-10 是国外设计师采用胶合板雕刻成型技术制造的电脑桌，网格疏密有致，颇具中式屏风上的栅格美，但随机性更强。这三款家具都清晰地体现了胶合板独有的材料语言。

厚芯胶合板目前是受关注和重视的胶合板产品，因为厚芯胶合板相对于普通胶合板而言，层数更少，其主要优势在于：一是用胶量更少，成本可在一定程度上降低，而且相应产生的甲醛污染程度也小；二是因用胶量少，所以对后期机械加工时的刀具损伤也更小；三是厚芯胶合板在材性上更接近木材，具有更好的木材特性；四是厚芯胶合板的芯层可采用速生林树种木材，具有更好的经济效益和社会效益。图 3-11 为采用实木条、普通胶合板条和厚芯胶合板条混合使用制作的木质餐桌。

胶合板生产属于劳动密集型产业，在中国发展具有优势。目前，我国已成为世界胶合板生产大国和出口大国。但总体上看，我国胶合板生产装备相对比较落后，产品整体质量不高。尽管胶合板生产在我国人造板行业中曾处于主导地位，但近年胶合板产量在人造板中的比重

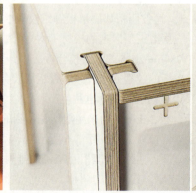

图 3-8 音乐厅的座椅　　图 3-9 "加号"桌

图 3-10　格栅电脑桌

图 3-11　木质餐桌

图 3-12　可移动胶合板低柜

图 3-13　胶合板在儿童家具中的应用

有下降的趋势，主要是因为天然林大径级木材资源的减少导致。

至今，胶合板依然是家具工业中主要使用的传统结构材料，常用于台面板、橱柜和桌椅制造等。图 3-12 所示为韩国家具设计师采用多层胶合板制造的可移动低柜，表面的层状纹理造型十分丰富。图 3-13 所示是胶合板在儿童家具中的应用。图 3-14 所示为胶合板在室内装饰装修中的应用。

### 3.2.1 胶合板的分类方法

胶合板的种类很多，通常根据胶合板的用途将其分为普通胶合板和特种胶合板两大类。

普通胶合板是由奇数层单板根据结构对称原则组坯胶合而成的板材，此类胶合板是结构最典型、生产量最大、应用范围最广的胶合板产品。

除普通胶合板以外的其他胶合板统称为特种胶合板，包括：成型胶合板、难燃胶合板、木结构覆板用胶合板、航空胶合板、船舶胶合板和混凝土模板用胶合板等。图 3-15 所示为部分不同结构类型的胶合板组成示意图。

图 3-14　胶合板在室内装饰装修中的应用

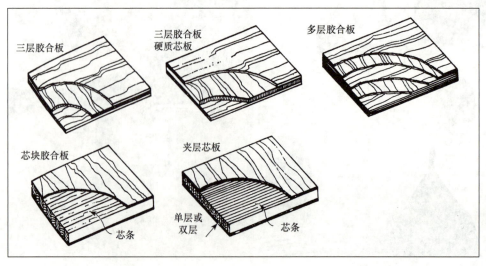

图 3-15　不同类型的胶合板结构

### 3.2.2 胶合板的物理力学性质

胶合板的物理性能主要包括：密度、吸水性和吸湿性、干缩湿涨性和含水率等。其中，含水率对胶合板的使用性影响较大，因此，在国家标准中，胶合板的含水率是必须检测的指标。

胶合板的含水率测定按照相应国标中的具体要求进行测定，所得数值为绝对含水率。计算公式如下：

$$试件绝对含水率（\%）=\frac{干燥前试件质量-绝干后试件质量}{绝干后试件质量}\times 100$$

胶合板的力学性能包括：胶合强度（剪切强度）、抗弯强度、抗冲击强度和强重比等。其中，胶合强度与胶合板产品的使用性关系密切，因此，在国家标准中，对胶合板的胶合强度是必须检测的指标。胶合板的胶合强度测定方法按照国标中的具体规定执行，胶合强度按照下式计算：

$$试件的胶合强度（MPa）=\frac{试件的破坏载荷（N）}{试件破坏断面的实际长\times 试件破坏断面的实际宽（mm）}$$

胶合板的强重比是其强度与密度的比值，该数值对于某些运动构件的制备材料十分主要。对于金属而言，其密度较大，而且各向强度是均匀的。而胶合板是由数张单板按照相邻层纹理相互垂直的原则组坯热压胶合而制成，所以胶合板的强重比应该为板材的顺纹拉伸（或压缩）强度与横纹拉伸（或压缩）强度之和与密度的比值。

胶合板的强重比按照下式计算：

$$胶合板强重比=\frac{顺纹拉伸（或压缩）强度+横纹拉伸（或压缩）强度}{密度}$$

通常木材的密度要比钢材低很多，约为钢材的1/8，而软木的密度仅为钢材的1/15，所以在同样强度下，包括胶合板在内的木材构件的重量要比钢材轻得多。有研究数据表明，钢材的强重比为103，铝合金的强重比为167，桦木（密度0.63，含水率10%）的强重比为290，而厚度仅1.2mm的酚醛树脂胶水青冈胶合板（密度0.83，含水率10%）的强重比为248，显然，作为运动材料构件的制造，木质材料有更优越的强重比。因此，木材和胶合板均被可被广泛用于飞机、轮船、汽车等交通工具制造业。

### 3.2.3 普通胶合板

#### 3.2.3.1 分类和使用范围

普通胶合板按照树种不同、性能不同分为不同种类名称的胶合板。如按树种不同可分为针叶树材胶合板、阔叶树材（含热带阔叶树材）胶合板。普通胶合板的面板所用的树种木材就称为该树种的胶合板，如阔叶材的杨木胶合板、水曲柳胶合板、桦木胶合板、榉木胶合板、柞木胶合板，还有针叶材的马尾松胶合板、落叶松胶合板、云杉胶合板、云南松胶合板等。

在我国现行的胶合板国家标准 GB/T 9846—2015《普通胶合板》中，对普通胶合板的分类方法包括：按使用环境分为干燥条件下使用的胶合板、潮湿状态下使用的胶合板、室外条件下使用的胶合板；按表面加工状态分为未砂光胶合板、砂光胶合板。

除此以外，还可按普通胶合板的耐水性能将其分为三类，即：

Ⅰ类胶合板——耐气候胶合板，供室外条件下使用，能通过煮沸试验；

Ⅱ类胶合板——耐水胶合板，供潮湿条件下使用，能通过（63±3）℃热水浸渍试验；

Ⅲ类胶合板——不耐潮胶合板，供干燥条件下使用，能通过干状试验。

普通胶合板的种类、使用的胶种和产品性能及用途见表3-4。

GB/T 9846—2015
普通胶合板

表 3-4　普通胶合板的种类、使用的胶种和性能、用途

| 使用场所 | 类 别 | 使用胶种及产品性能 | 用 途 |
|---|---|---|---|
| 室外 | Ⅰ类（NQF）胶合板 | 使用酚醛树脂胶或其他性能相当的优质树脂胶合而成，具有耐久、耐煮沸或蒸汽处理和抗菌性能 | 用于航空、船舶、车厢、混凝土模板、户外家具和木质体育设施等要求耐水性、耐气候性好的地方 |
| 室内 | Ⅱ类（NS）胶合板 | 使用脲醛树脂胶或其他性能相当的树脂胶合而成，可在冷水中浸泡，能经受短时间热水浸泡 | 用于车厢、船舶、室内家具及室内装饰装修等场合 |
| 室内 | Ⅲ类（BNC）胶合板 | 使用低树脂含量的脲醛树脂、血胶、豆胶或其他性能相当的树脂胶合而成，可耐短时间冷水浸泡，具有一定的胶合强度，适宜室内常态使用 | 用于室内家具、包装及一般建筑及室内装饰装修等场合 |

注：NQF、NS、BNC 分别为耐气候沸水、耐水和不耐潮的汉语拼音首写字母。

#### 3.2.3.2　普通胶合板的质量指标

现行国家推荐标准 GB/T 9846—2015《普通胶合板》中规定了普通胶合板的术语和定义、分类、要求、测量及试验方法、检验规则以及标志、包装、运输和贮存等。

胶合板的幅面尺寸如表 3-5 所示。常用的胶合板幅面尺寸为 1220mm×2440mm。

表 3-5　胶合板的幅面尺寸　　　　　　　　　　　　　　　　　　　　mm

| 宽 度 | 长 度 | | | | |
|---|---|---|---|---|---|
| 915 | 915 | 1220 | 1830 | 2135 | — |
| 1220 | — | 1220 | 1830 | 2135 | 2440 |

胶合板的物理力学性能主要包括板材的含水率和胶合强度。见表 3-6 和表 3-7。

表 3-6　胶合板的含水率值　　　　　　　　　　　　　　　　　　　　%

| 胶合板材种 | Ⅰ、Ⅱ类 | Ⅲ类 |
|---|---|---|
| 阔叶树材（含热带阔叶树材） | 5~14 | 5~16 |
| 针叶树材 | | |

表 3-7　不同树种胶合板的胶合强度指标　　　　　　　　　　　　　　MPa

| 树种名称/木材名称/国外商品材名称 | 类别 | |
|---|---|---|
| | Ⅰ、Ⅱ类 | Ⅲ类 |
| 椴木、杨木、拟赤杨、泡桐、橡胶木、柳桉、奥克榄、白梧桐、异翅香、海棠木 | ≥0.70 | ≥0.70 |
| 水曲柳、荷木、枫香、槭木、榆木、柞木、阿必东、克隆、山樟 | ≥0.80 | ≥0.70 |
| 桦木 | ≥1.00 | ≥0.70 |
| 马尾松、云南松、落叶松、云杉、辐射松 | ≥0.80 | ≥0.70 |

普通胶合板按成品板上的可见材质缺陷和加工缺陷分为三个等级，即优等品、一等品和合格品。三个等级的板材板面均应砂（刮）光，特殊需要的可不砂（刮）光或两面砂（刮）光。胶合板的各个等级主要按面板上的允许缺陷进行确定，并对背面、内层单板的允许缺陷及胶合板的加工缺陷加以限定。

胶合板检验外观时，一般是以目测胶合板的允许缺陷来判定其等级。

阔叶树材胶合板外观分等的允许缺陷以及针叶树材胶合板外观分等的允许缺陷详见国标。

检验后，合格的胶合板产品要在背面加盖印章，按规定进行包装后才能出厂。在每张胶合板背板的右下角或侧面，应有用不褪色油墨加盖的表明该胶合板类别、等级、甲醛释放量级别、生产厂代号、检验员代号及生产日期等标记。胶合板的质量等级标志如图 3-16 所示。

图 3-16　胶合板的质量等级标志

普通胶合板各等级产品主要用途为：

优等品：适用于高档家具、室内高档装饰及其他特殊需要的制品。

一等品：适用于中档家具、室内高档装饰以及各种电器外壳制品等。

合格品：适用于普通家具、建筑、车辆和船舶等交通工具的内部装饰、一般包装材料等。

### 3.2.3.3　成型胶合板简介

家具生产中，为满足某些弯曲部件的形状尺寸要求，常需要将胶合板制造成弯曲的型面。在我国现行的关于成型胶合板的标准中，对成型胶合板的定义为：木单板或木单板与饰面材料经过涂胶、组坯、模压而成的非平面型胶合板。

成型胶合板的种类较多：按受力情况分，有单向受力成型胶合板、多向受力成型胶合板和非受力成型胶合板；按表面加工状况分，有素面成型胶合板和饰面成型胶合板；按使用的场合分，有室内型成型胶合板和室外型成型胶合板。

我国现行国家推荐标准 GB/T 22350—2008《成型胶合板》中，对成型胶合板的技术要求进行了详细的规定。成型胶合板的厚度要求为：受力型成型胶合板的基本厚度不小于 10.0mm，非受力型成型胶合板的基本厚度不小于 3.0mm。关于成型胶合板的尺寸偏差、形位偏差、外观质量和理化性能指标的具体规定详见国标。

GB/T 22350—2008
成型胶合板

素面成型胶合板在造型设计完成后，经过简单的表面涂饰即可使用，由于胶合板本身最大限度地保留了木材的本色，因此这种家具一般采用清油涂饰，可体现出木材原有的纹理和色泽。图 3-17 所示为丹麦女设计师 Grete Jalk 1963 年设计的成型胶合板椅，利用两片成型胶合板以立体雕塑的形式做出完美组合。

许多家具设计师偏爱使用成型胶合板打造自己的作品，因为这种家具具有充满个性的曲线美，而且因材料表面保留了木材自身独特的色泽和纹理，可以彰显出一种自然美感，传达出设计师对家具的理解，体现他们的创作风格。另一方面，成型胶合板具有优异的机加工性质，能够顺利实现家具的制造过程。因此，成型胶合板成为家具设计大师们理想的家具艺术作品载体。

一些成型胶合板制作的座椅是可以载入家具设计史的经典作品。图 3-18 所示为美国家具设计师 Noman Cherner 于 1958 年设计的 Cherner Armchair 扶手椅，被公认为是展现曲木塑造功法

图 3-17　成型胶合板椅

图 3-18　扶手椅

图 3-19　微笑椅

图 3-20　蚂蚁椅

图 3-21　蝴蝶凳

的经典之作，优雅的扶手如舞者舒展的双臂，线条流畅自然，多一分太肥，少一分则瘦，稍有微变，也会破坏整体的和谐之美。图 3-19 所示为丹麦设计师 Hans Wegner 的微笑椅（又称贝壳椅），设计于 1963 年，椅子的座板和靠背板均由 11 层弯曲胶合木制成，三脚支撑，绝对稳定。Hans Wegner 是世界著名的家具设计大师，他本人就是手艺高超的工匠，因而对家具的材料、质感、结构和工艺有深入的了解，这也正是他成功的基础。图 3-20 所示为 Arne Jacobsen 的代表作蚂蚁椅，该椅因其形状酷似蚂蚁而得名。蚂蚁椅是现代家具设计的经典之一，简单的结构和优美的造型是其无处不在的原因所在，世界各地的公共场所几乎都可以见到蚂蚁椅的身影，或是简单的排布，或者是错落的堆叠，其轻巧纤细的身姿总是让空间显得更加通透，被世人赞为"家具界的完美娇妻"。

图 3-21 所示为日本家具设计大师 Sori Yanagi 于 1956 年设计的蝴蝶凳（*Butterfly Stool*），作品以两片恰似蝴蝶翅膀一样的弯曲胶合板（多采用黑黄檀、樱桃木或枫木制成）交汇在一起，构成凳子的座位面，底部用铜条固定。此家具被认为是东西方文化的优雅结合，是家具史上杰出的作品之一，在 1957 年赢得了意大利米兰家具三年展的金奖，并于次年被美国纽约现代博物馆收藏。

---

### 拓展阅读：伊姆斯夫妇和他们的 DCW（Dining Chair Wood）椅

20 世纪 40 年代初，Charles and Ray Eames（查尔斯和蕾·伊姆斯）夫妇来到洛杉矶，开始进行胶合板家具的设计实践。查尔斯曾在米高梅影城担任舞美设计师，他们从影城里偷运出些木材与胶水，再把它们压成板材。

夫妇俩最初想用弯成一定角度的整片板材来构成坐面与靠背。但胶合板被弯曲成锐角后极易折断，于是他们只得把坐面与靠背分开，并用一条有着优雅弧度的"脊柱"来连接。为了适应使用者的不同体形，椅子的连接处还添加了一块减震橡胶，用以调节一定幅度的活动。这样一个开创性的设计显示了伊姆斯夫妇真心希望能够设计出实用、好看而又成本低廉的家具。

弯板椅最早问世于 1946 年，如今这把椅子已经成为上个世纪最著名的椅子之一，符合人体工程学而且非常美观的造型使这把椅子异常舒适。Eames 夫妇的弯板椅已有 70 多年的历史，如今是 20 世纪最著名的椅子之一，几乎被所有家具设计书籍提及。弯板椅的美学完整性、持久魅力

图 3-22　伊姆斯夫妇的弯板椅

和舒适性使其在 2001 年被美国《时代》周刊认可为"20 世纪最佳设计",被认是为"典雅、轻便而舒适的产品"。图 3-22 所示为伊姆斯夫妇设计的弯板椅。

当初,设计师 Charles 和 Ray Eames 凭借大胆原始的模压胶合板椅与美国 Herman Miller (赫曼·米勒)公司建立了传奇性的长期合作关系。现在,该公司用精湛的工艺重新诠释了这把著名的休闲椅,而 Eames Molded 胶合板休闲椅也证明了其原版设计的实用性和不随时间推移而过时的经典魅力。

---

随着 3D 技术在各行各业的应用,也出现了采用 3D 设计制作的胶合板椅"*Gubi Chair*"(古比椅),如图 3-23 所示。*Gubi Chair* 的最大特点是舒适,椅子的座面和靠背是一体成型的,而且边部的三维圆弧设计使坐在上面的人可以感受到人性化设计的温暖。*Gubi Chair* 所用单板的厚度比普通成型胶合板减少了一半,因此显得造型结构轻盈。采用表面涂饰技术,还可以赋予 Gubi Chair 别样的装饰效果。

## 3.2.4　其他家具用胶合层压板材

### 3.2.4.1　细木工板(blockboard)

细木工板属于一种特殊的胶合板,虽然也具有层状结构,但与普通胶合板还是存在差异。

(1)定义与结构

**定义**　在我国的现行国家标准 GB/T 5849—2016《细木工板》中,对细木工板的定义为:由木条沿顺纹方向组成板芯,两面与单板或胶合板组坯胶合而成的一种人造板。

实心细木工板是以实体板芯制作的细木工板,俗称大芯板,是常用的家具材料。

**结构**　细木工板通常采用针叶材或软阔叶材树种为原料制成,实心细木工板的结构一般是

图 3-23　*Gubi Chair*(古比椅)

*Gubi Chair*

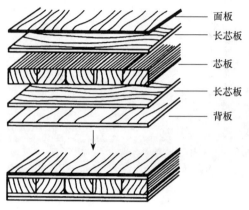

图 3-24 实心五层细木工板结构

五层，图 3-24 所示为实心五层细木工板结构。

细木工板的板芯一般采用小径木、胶合板原木旋切后的木芯或边材小料为主要原料。当细木工板的厚度一定时，板芯越厚则成本越低，但覆盖芯板的单板（包括面板、背板和长芯板）过薄将会造成整个板材的强度、尺寸稳定性下降，导致该板材的整体质量下降。研究表明，当板芯厚度为细木工板总厚度的 60%~80% 时，可保证板材具有足够的强度功能。

我国现行相关标准中，对细木工板的组坯结构有指南要求，即：

① 对称层单板应为同一厚度、同一树种或材性相近的树种、同一生产方法（即都是旋切或都是刨切的），而且木纹配置方向也应相同。对称层单板可以是整幅单板，也可以由单板横拼而成。

② 三层细木工板的表板厚度不应小于 1.0mm，木纹方向与板芯长度方向基本垂直。

③ 同一张细木工板的芯条应为同一厚度、同一树种或材性相近的树种。板芯厚度占成品板的比例不应低于 60%。

（2）分类、特点与用途

**分类** 细木工板按板芯拼接状况分为胶拼细木工板和不胶拼细木工板；按表面加工状况分为单面砂光细木工板、双面砂光细木工板和不砂光细木工板；按层数分为三层细木工板、五层细木工板和多层细木工板。

**特点** 实心细木工板中的芯板是采用经过处理的小木条拼成的，结构稳定，不易变形，上下两个表面用单板覆贴后，板面平整美观，强度高。生产中可充分利用边角小料和小径材，节约了木材资源，提高了木材加工利用率。在板材性能和生产工艺上，细木工板具有以下优势：

① 与同一厚度的胶合板比，细木工板对原料的总体要求相对较低，特别是芯板用料比表板用料要求低，而细木工板中芯板的用量比例比需用优质原木制造的表板大很多，另外，细木工板生产的耗胶量仅为同厚胶合板的 50% 左右，所以成本低、质量轻。

② 与实木拼板比，细木工板结构尺寸更稳定，不易变形，而且节约优质木材，同时具有幅面大、板面美观和力学性能好的优点。

③ 与纤维板和刨花板比，细木工板具有天然木材特有的美丽纹理和色泽，是木材本色保持最好的人造板材，易于进行加工，加工时因含胶量少，对刀具的磨损小于胶合板和刨花板，榫接强度与木材基本相应，有一定的弹性，握钉力也较大。

④ 细木工板生产工艺简单，设备投资比胶合板、刨花板或中密度纤维板要少得多，与年产量相同的人造板厂比较，细木工板厂的投资约为胶合板厂的 1/4，为刨花板厂的 1/8 左右。

⑤ 细木工板生产过程所需要的能耗较低。

**用途** 拼接木条的实心细木工板可用于车厢、船舶等交通工具的内部装修、装配式房屋、临时建筑的屋面板、墙板、门以及高级家具的制造，不胶拼的实木细木工板广泛用于普通家具制造、建筑壁板和门板等。细木工板是家具制造的理想材料，主要用于板式家具的制作，可作为家具的整板构件用于桌面、台板、组合柜、书柜和装饰柜等家具的制造。

细木工板的生产和使用非常适合于我国国情。细木工板的原料大多采用木材短料小料，来源充足，成本低，可以充分利用我国有限的木材资源，而细木工板的板材质量优良，具有明显优势，因此，在家具生产中使用细木工板，既可满足家具功能对材料的使用要求，又是提高木材利用率、实现木材劣材优用的有效途径。图 3-25 所示为细木工产品，其中芯板利用了部分有天然缺陷的木条，在保证板材使用功能的前提下，实现了木材资源合理科学的充分利用。

通常，细木工板的芯板是采用速生材配置的，细木工板的产品名称也是根据板芯和面板的主要树种进行命名的，如芯板为杉木、面板为水曲柳的细木工板称为杉木芯水曲柳细木工板。图 3-26 所示为将小径材先加工成梯形而后拼成木芯板的细木工板。

细木工板是木材"本色"保留最好的人造板，具有类似天然木材的机械加工性能，可作为整板构件用于家具制造和室内固定家装的部件。图 3-27 所示为细木工板制成的家具。

图 3-25 细木工板产品

细木工板素板表面覆贴三聚氰胺浸渍胶膜纸后，经过热压即可得到能够直接用于家具部件（主要是台面板、立面板等）的贴面板。这类板材使用时无需再进行表面涂饰，所以也称免漆板或生态板。图 3-28 所示为浸渍纸贴面细木工在家具上的应用。

图 3-26 不同芯板构成的细木工板

图 3-27 细木工板家具

图 3-28 饰面细木工板（生态板）在家具上的应用

GB/T 5849—2016
细木工板

（3）质量评定

我国现行的细木工板国家标准 GB/T 5849—2016《细木工板》中规定了细木工板的术语和定义、分类和命名、组坯指南、要求、检验方法、检验规则以及标志、标签、包装和贮存。

细木工板的宽度和长度尺寸见表 3-8 所示。表 3-9 所列为细木工板的含水率、横向静曲强度、浸渍剥离性能和表面胶合强度要求。细木工板的胶合强度要求见表 3-10。

表 3-8  细木工板的宽度和长度    mm

| 宽 度 | 长 度 | | | | |
| --- | --- | --- | --- | --- | --- |
| 915 | 915 | — | 1830 | 2135 | — |
| 1220 | — | 1220 | 1830 | 2135 | 2440 |

表 3-9  细木工板的含水率、横向静曲强度、浸渍剥离性能和表面胶合强度要求

| 检验项目 | 单 位 | 指标值 |
| --- | --- | --- |
| 含水率 | % | 6.0～14.0 |
| 横向静曲强度 | MPa | ≥15.0 |
| 浸渍剥离性能 | mm | 试件每个胶层上的每一边剥离和分层总长度不超过 25mm |
| 表面胶合强度 | MPa | ≥0.60 |

当表板厚度≥0.55mm 时，细木工板不做表面胶合强度。

表 3-10  细木工板的胶合强度指标    MPa

| 树种名称/木材名称/商品材名称 | 指标值 |
| --- | --- |
| 椴木、杨木、拟赤杨、泡桐、橡胶木、柳桉、杉木、奥克榄、白梧桐、异翅香、海棠木 | ≥0.70 |
| 水曲柳、荷木、枫香、槭木、榆木、柞木、阿必东、克隆、山樟 | ≥0.80 |
| 桦木 | ≥1.00 |
| 马尾松、云南松、落叶松、云杉、辐射松 | ≥0.80 |

在规格尺寸和偏差、理化性能达到标准要求的前提下，细木工板按外观质量分为优等品、一等品和合格品。细木工板的外观质量是根据表板的材质缺陷和加工缺陷判定外观质量的等级，以阔叶树材单板为表板、针叶树材单板为表板、热带阔叶树材单板为表板的各等级细木工板的允许缺陷详见相应国标中的具体要求。

### 3.2.4.2  集成材（glued-laminated timber）

集成材也称胶合木，是先将原木加工成具有一定厚度和宽度的小板条，然后再经纵向指接接长和横向胶拼拼宽，这样形成的具有一定规格尺寸和形状的人造板材或方材。

集成材没有改变木材的原有结构和本质特点，它的基本属性与天然实体木材是一样的，但从物理力学性能上特别是在抗拉和抗压强度方面都优于实体木材。另外，由于集成材对木材的某些天然生理缺陷进行了选择性筛除，使得其在材料质量的均匀化程度方面更优于实体木材。因此，集成材可以代替实体木材应用于各种相应的领域。

集成材在第一次世界大战后期就已出现，现在已发展至多个品种，照使用环境，集成材可分为室内用集成材和室外用集成材。室内用集成材在室内干燥状态下使用，只要满足室内使用环境下的耐久性，即可达到使用要求。室外用集成材在室外使用，经常遭受雨、雪的侵蚀以及太阳光线照射，故要求具有较高的耐气候性。

按产品形状，集成材可分为集成板材、集成方材，也可制成通直的集成材和弯曲的集成

图 3-29 集成材的结构

材。还可以把集成材制成异形截面，如工字形截面集成材或箱形截面集成材，甚至做成中空截面集成材。

按承载情况和实际用途，集成材可分为结构用集成材和非结构用集成材。结构用集成材是承载构件，具有足够的强度和刚度，主要用于高档住宅、体育馆、音乐厅、厂房、仓库等建筑物的木结构梁，其中三铰拱梁应用最为普遍。非结构用集成材是非承载构件，外表美观，主要用于家具和室内装饰装修。

本书仅就非结构用集成材进行具体介绍，后面所提及的集成材均指非结构用集成材。

（1）定义与结构

定义　我国现行行业推荐标准 LY/T 1787—2016《非结构用集成材》中，对集成材（胶合木）的定义为：将纤维方向基本平行的板材、小方材等在长度、宽度和厚度方向上集成胶合而成的材料。

集成材由木板或小方板拼接而成，可以是单层的，也可以是多层的，所用各层木材的纹理几乎是平行的。图 3-29 是某种集成材结构示意图。

集成材的结构与普通木材的简单拼宽不同，它是利用实木板材或木材加工剩余物板材截头等材料，经干燥后，根据具体情况需要，去掉部分节子、裂纹、腐朽等木材天然缺陷，加工成具有一定断面规格的小规格木板条，再将这些板条两端加工成指榫，涂胶后逐块接长，再次刨光加工后，沿横向胶拼成一定宽度的板材，最后再根据需要进行厚度方向的层积胶拼。

（2）分类、特点及用途

分类　现行行业推荐标准 LY/T 1787—2016《非结构用集成材》中，按以下方法进行分类：

集成材按形状可分为集成板材（包括单层集成板和多层集成板）和集成方材，集成板材是指宽度尺寸为厚度尺寸 2 倍以上的集成材，集成方材是指宽度尺寸不足厚度尺寸 2 倍的集成材。单层集成板材与集成方材如图 3-30 所示。

集成材按饰面状态可分为非结构用集成材和非结构贴面集成材。

特点　集成材与普通木材相比的主要差异：

① 可以实现小材大用、劣材优用：用普通小规格木材制成大的结构用部件，使小径木制

图 3-30 单层集成板材与集成方材

图 3-31 集成材餐桌（含柜）

得的板材具有最好的经济效益：集成材在生产制造过程中可以采用小块木材在长度、宽度和厚度方向上胶合，所得集成材构件的尺寸不再受树木尺寸的限制，因此可以按需要制成任意尺寸规格的板材，做到了小材大用。

另外，集成材在制作过程中可选择性地剔除节疤、虫眼、局部腐朽等的天然瑕疵，以及弯曲、空心等生长缺陷，因此做到了劣材优用、使木材资源实现了合理利用。家具制造中，大尺寸的零部件，如木沙发的扶手和大幅面的桌台面等，都可以使用集成材，不仅节约用料而且提高了产品质量。图 3-31 所示为采用集成材制作的整体餐桌（含贮存柜），虽然上面存在大量结疤以及边心材色差，但可以满足使用的功能强度要求，而且具有原生态的材料质感美。

② 可以获得理想的艺术效果和独特的设计风格：集成材在制造时可将长度方向的指接痕迹裸露在板面上（指接垂直于宽度平面，所谓明榫），也可将指接榫的痕迹放到端面上（指接平行于宽度平面，所谓暗榫），两者的差异见图 3-32 所示。材面可见明榫的集成材家具具有特殊的工艺美，结构严密，接缝美观，若采用木本色涂饰，则整齐有序的接缝暴露在外，更可显现出一种强烈的工艺美。图 3-33 所示为集成材（明榫大衣柜），榫接痕迹成为一种装饰

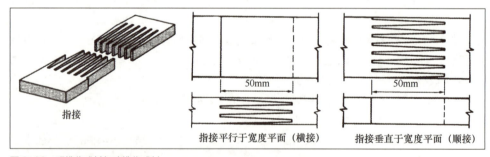

图 3-32 明榫集成材与暗榫集成材

图 3-33 集成材大衣柜

图 3-34 胡桃木集成材电视柜

图 3-35 集成材个性设计家具

元素，彰显出一种别样的韵味。另外，因集成材在横向上是拼宽的，所以在视觉上给人独特的条状美，这也体现了材质的特殊语言表达力。图 3-34 所示为在 2016 年上海国际家具展上的作品，以胡桃木集成材制作的起居室电视柜风格优雅淳朴，与室内装饰的自然格调很贴切。

③ 集成材可实现工厂连续化生产，并可提高各种异型木构件的生产速度。

④ 集成材尺寸稳定性好：集成材生产中是采用坯料干燥，干燥时木材尺寸较小，相对于大块木易于干燥，且干燥均匀，有利于大截面的异形结构木制构件的尺寸稳定。另外，集成材的制造还大大提高了木材制品的尺寸稳定性。

⑤ 集成材可使木材的生长缺陷以及固有的材质缺陷影响降低到最小，使板材变异系数较小：因为生产中去掉了木材的节子和虫孔等影响强度的天然缺陷，并且木材的防虫防蚁、防腐防火等各种特殊功能也可以在胶拼前进行，相对于大截面锯材，大大提高了木材处理的深度和效果，从而有效地延长了木制品的使用寿命。

⑥ 集成材强度高：集成材既能保持木材的天然纹理，又通过选拼可控制坯料木纤维的通直度，减少了斜纹理、节疤、紊乱纹理等缺陷对木材强度的影响，使家具的安全系数提高。图 3-35 所示为给人极度安全感的集成材个性设计家具。

⑦ 集成材可以根据强度要求设计成不同强度或不同截面的装饰装修构件：集成材可按木材的密度和品级不同，自由设计不同形状的构件，用于木结构房屋的不同部位。在制作如家具异型腿等构件时，可先将木材胶合制成接近于成品结构的半成品，再用仿型铣床等加工，有利于节约木材。

⑧ 集成材生产投资较大，技术要求较高：集成材生产中的木板准备和胶合过程均会提高最终产品的成本。生产集成材需专用的生产装备，一次性投资较大。与实木家具制品相比，需更多的锯解、刨削、胶合等工序，同时需用大量的胶黏剂。锯解、刨削等也需耗用能源，故生产成本相对较高。另外，集成材制作对工人的技术熟练程度以及设备的组装件加工精度等要求均较高。

用途　在家具方面，集成材以集成板材、集成方材和集成弯曲材的形式应用到家具的制造业。集成板材应用于桌类的面板、柜类的旁板、顶底板等大幅面部件，柜类隔板、底板和抽屉底板等不外露的部件及抽屉面板、侧板、底板、柜类小门等小幅面部件。集成方材应用于桌椅类的支架、柜类脚架等方形或旋制成圆形截面部件。集成弯曲材应用于椅类支架、扶手、靠背、沙发、茶几等弯曲部件。

用集成材制成的高档家具，不仅外表美观，而且坚固耐用，深受欢迎。在设计和制作各种家具时，因构件设计自由，故可制得大平面及造型别致、独特的构件，如大型餐桌及办公桌的台面等。图 3-36 所示为胡桃木集成材成套起居室家具。图 3-37 所示为意大利 RIVA1920 公司的拼板家具。

图 3-36 胡桃木集成材成套家具

图 3-37 拼板家具

在室内装修方面的应用，集成材以集成板材和集成方材的形式作为室内装修的材料。集成板材用于楼梯侧板、踏步板、地板及墙壁装饰板等材料。集成方材用于室内门、门框、窗框、柜的横梁、立柱、装饰柱、楼梯扶手及装饰条等材料。

特别需要提出的是，我国森林覆盖率低，木材蓄积量少，大径级的优质木材供需矛盾十分突出，生产集成材是充分合理利用小径材并提高小径材附加值的一条有效途径，大规模生产材质优良的集成材，具有广阔的市场前景。

（3）质量评定标准

我国行业标准LY/T 1787—2016《非结构用集成材》中，规定了非结构用集成材的术语和定义、分类、要求、检验方法、检验规则、标志、包装、运输和贮存等。

非结构用集成材的理化性能主要包括含水率（应在8%～15%）、浸渍剥离率（同一试件的两断面剥离率应在10%以下）、表面耐裂和甲醛释放量。

非结构用集成材按照外观材面质量分为优等品、一等品和合格品三个等级。外观分等允许缺陷的名称和数量详见具体国标要求。

LY/T 1787—2016
非结构用集成材

#### 3.2.4.3 单板层积材

单板层积材（Laminated Veneer Lumber，简称LVL）是以旋切单板（整幅或经拼接）为结构单元，经过涂胶、按顺纹组坯为主、层积胶压而成的高性能结构型人造板材。单板层积材的生产工艺类似于胶合板，只是在组坯形式上改为单板顺纤维方向平行组坯，因此又称平行胶合板，还因为其性能类似胶合木，所以也称单板胶合木。

我国是森林资源相对匮乏、木材供需矛盾长期突出的国家，采用小径材和人工林速生材生产大规格、高性能的结构用优质板材，可以大大缓解木材短缺的现象，并可实现木材的劣材优用，是一种非常具有前景的合理利用木材资源的方法和途径。例如：采用径级250mm左右的速生松木、杨木以及其他树种的软阔叶材生产优质的单板层积材，原料充足、价格低廉是胶合板和制材生产远不能比的。

（1）单板层积材的定义、分类

定义　在我国现行相关标准GB/T 20241—2006《单板层积材》中，对单板层积材的定义为：多层整幅（或经拼接）单板按顺纹为主组坯胶合而成的板材。

分类　按树种分类：针叶材单板层积材（包括铁杉、北美黄杉、辐射松、落叶松、柳杉和白松等）；阔叶材单板层积材（包括柳桉、栎木、桦木、榆木、椴木、水青冈和杨木等）。

按结构分类：全顺纹结构单板层积材，即：数层单板或数十层单板均按照顺纹方向组坯平行胶压而成（为单板层积材的主要结构形式）；混合结构单板层积材，即：在顺纹单板的板坯中有几层单板的木材纹理方向是相垂直的（但横向板不超过板厚的20%）。

按用途分类：非结构用单板层积材，可用于家具制作和室内装饰装修（如制造木制品、分室墙、门、门框、室内隔板等），适用于室内干燥环境；结构用单板层积材，能用于制作瞬间或长期承受载荷的结构部件（如大跨度建筑设施的梁或柱、木结构房屋、车辆、船舶和桥梁等的承重构件），具有较好的结构稳定性、耐久性，通常要根据用途不同进行防腐、防虫和阻燃等处理。

（2）单板层积材的特点及用途

单板层积材生产充分利用了小径木、弯曲木和短原木资源，可实现小材大用、劣材优用，而且出材率可达60%～70%，远高于普通制材（出材率40%～50%），因此具有较好的经济效益。

单板层积材的规格尺寸灵活，因为单板可纵向接长和横向拼宽，所以产品规格不受原木径级或单板规格限制，可以生产各种尺寸规格的大幅面单板层积材。

图3-38所示为利用小径木生产大幅面单板层积材的原料与产品对比。

单板层积材的优点：①具有良好的机加工性能，可以像木材一样进行锯切、刨切、开榫、钻孔和钉钉子等，而且生产周期短，可以实现连续化生产；②单板层积材在单板拼接和层积胶合时，可以将木材中的天然缺陷去掉或分散，错开接头，大大降低了木材固有缺陷对强度的影

图 3-39 单板层积材与集成材的对比

图 3-38 单板层积材的原料与产品对比

响,使板材强度均匀、尺寸稳定性好;③单板层积材可根据制品的用途进行有针对性的组坯,还可方便地进行防腐、防虫和阻燃等特殊处理,得到性能不同的功能单板层积材。

单板层积材的不足之处:一是板材成本在很大程度上取决于胶黏剂的种类、质量和施胶量,相对于集成材,单板层积材的用胶量要大很多,图 3-39 所示为单板层积材与集成材的产品对比;二是单板层积材制备时主要使用的是厚单板,而厚单板的背面裂隙一般较严重,会在一定程度上影响材质均匀性,使强度下降。

单板层积材的用途主要有三个方面:其一是用于木建筑中的结构材;其二是用于家具、门窗和室内外装修材,如家具台面板、框架材、门窗、地板等;其三是用于工业用材(单板层积材的强重比高于钢材)。图 3-40 所示为曾在米兰家具展上展出的单板层积材家具。

(3)单板层积材的性能

单板层积材主要是作为板、方材使用,性能要求主要是尺寸稳定性和强度。作为结构材使用时(例如家具的柱材和底材),单板层积材会受到纵向或横向的压缩,而单板层积材的纵向抗压强度通常比锯材高。表 3-11 是红桦木单板层积材与红桦原木的部分力学性能比较。

图 3-40 单板层积材坐具

表 3-11　红桦木单板层积材与红桦原木的力学性能

| 项　目 | 红桦木 | 红桦木单板层积材 | 备　注 |
|---|---|---|---|
| 密度（g/cm³） | 0.627 | 0.67 | 层积材由 7 层厚度为 1.6mm 的旋切单板制成，采用酚醛树脂胶膜，压力 1.18MPa，含水率 9%～10% |
| 顺纹抗拉强度（MPa） | 119.27 | 152.29 | |
| 顺纹抗压强度（MPa） | 44.0 | 67.23 | |
| 静曲强度（MPa） | 99.37 | 139.94 | |
| 静曲弹性模量（GPa） | 9.60 | 15.78 | |

单板层积材生产过程中，人为使节子、裂缝和腐朽等缺陷均匀分布在制品中，因此材质较原木更均匀，强度性能变异小（约 13.9%），材料的许用应力值较高，而普通的原木作为木结构材使用时，因力学性能变异较大（约 37%），因此设计时必须采用下限值，使强度高的木材只能作为强度低的木材使用，造成材料浪费。

（4）质量评定标准

我国现行国家标准 GB/T 20241—2006《单板层积材》中规定，单板层积材按用途分为非结构用单板层积材和结构用单板层积材。家具制作使用的主要是非结构用单板层积材，因此，本教材仅介绍国标中规定的非结构单板层积材的分等技术质量指标。

现行的单板层积材标准中，规定了非结构用单板层积材的长度、宽度和厚度规格尺寸以及相应的尺寸偏差；并将该种单板层积材按照外观缺陷分为优等品、一等品和合格品三个等级；同时规定了不同级别的非结构用单板层积材的甲醛释放量。

非结构用单板层积材的尺寸规格（单位：mm）如下：长度 1830～6405；宽度 915、1220、1830、2440；厚度 19、20、22、25、30、32、35、40、45、50、55、60。

非结构用单板层积材的尺寸偏差见表 3-12。国标中还规定，非结构用单板层积材的特殊规格尺寸及偏差要求可由供需双方协议。表 3-13 是非结构用单板层积材的分等外观缺陷要求。

表 3-12　非结构用单板层积材尺寸偏差

| 项　目 | | 单　位 | 偏　差 |
|---|---|---|---|
| 长度 | | mm | +10.00 |
| 宽度 | | mm | +5.00 |
| 厚度 | ≤20 | mm | ±0.3 |
| | >20≤40 | | ±0.4 |
| | >40 | | ±0.5 |
| 边缘直度 | | mm/m | 1.0 |
| 垂直度 | | mm/m | 1.0 |
| 翘曲度 | | % | 1.0 |

表 3-13　非结构用单板层积材外观缺陷要求

| 检量项目 | | 优等品 | 一等品 | 合格品 |
|---|---|---|---|---|
| 半活节和死节 | 单个最大长径（mm） | 10 | 20 | 不限 |
| 孔洞、脱落节、虫孔 | 单个最大长径（mm） | 不允许 | ≤10 允许；超过此规定且≤40 经修补则允许 | ≤40 允许，超过此规定若经修补则允许 |
| 夹皮、树脂道 | 每 1m² 板面上个数 | 3 | 4（自 10mm 以下不计） | 10（自 15mm 以下不计） |
| | 单个最大长度 | 15 | 30 | 不限 |
| 腐朽 | | 不允许 | | |
| 表板开裂或缺损 | | 不允许 | 长度<板长的 20%，宽度<1.5mm | 长度<板长的 50%，宽度<6mm |

（续）

| 检量项目 | | 优等品 | 一等品 | 合格品 |
|---|---|---|---|---|
| 鼓泡、分层 | | 不允许 | | |
| 补片、补条 | 经制作适当且填补牢固的，每 1m² 板面上的个数 | 不允许 | 6 | 不限 |
| | 累计面积不超过板面积的百分比（%） | | 1 | 5 |
| | 最大缝隙（mm） | | 0.5 | 1 |
| 其他缺陷 | | 按最类似缺陷考虑 | | |

## 3.3 刨花板

刨花板是利用各种木材或非木材原料加工成具有一定规格尺寸的刨花或碎料，施加一定量的胶黏剂，再以平压、辊压或挤压的方式热压而成的人造板材。在我国现行国家标准 GB/T 4897—2015《普通刨花板》中，对刨花板的定义为：用木材或非木材植物纤维原料加工成刨花（或碎料），施加胶黏剂（和其他添加剂），组坯成型并经热压而成的一类人造板材；普通型刨花板指通常不在承重场合使用以及非家具用的刨花板，此类刨花板主要用于展览会用的临时展板、隔墙等；家具型刨花板是作为家具或装饰装修用的刨花板，通常需要进行表面二次加工处理，如装饰装修件、饰面基材、橱柜、浴室柜、模压桌子和椅子等。

刨花板生产可以大大提高木材的加工综合利用率、缓解木材供应紧张的局面，并且是合理利用农业剩余物资源的有效途径。未来的家具行业中，刨花板将会被大量使用。受国家政策影响，刨花板发展会有良好的市场空间，将步入鼎盛发展时期，形成颇具特色的中国式刨花板家具市场。图 3-41 所示为浸渍胶膜纸饰面刨花板在家具上的应用，柜体表面上胡桃木的视觉感受是浸渍纸图案的贡献。

图 3-41　浸渍胶膜纸饰面刨花板的应用

图 3-42　平压法刨花板产品

刨花板最早诞生于 1941 年的德国，在那里建成了世界上第一个刨花板厂。随后的几十年中，刨花板生产先后进行了数次较大的工艺改革，从挤压法、平压法到辊压法等。平压法生产刨花板是对刨花板坯的加压方向与板面垂直，刨花的排列方向与板面平行，所得产品有单层、三层、多层和渐变结构板。平压法发展迅速，工艺设计灵活，可生产各种类型和厚度的刨花板，是制造刨花板的主要方法。目前世界范围内，绝大多数工厂都采用平压法生产刨花板。图 3-42 所示为平压法刨花板产品。

辊压法制造刨花板是采用一组带有加热装置的压辊连续地加压，将铺装好的刨花坯料加工成连续的刨花板带。压制板材时，板面所受的压力方向与平压法相同，但板坯所受的压力是逐渐加大的线压力，而且生产是连续的，因此产量很高。辊压法可连续生产薄型刨花板，板厚一般 2~6mm，相对容易发生翘曲变形，所以不宜单独使用，多用于代替单板做胶合板的芯板或细木工板的面板。目前，世界上生产规模较大的企业多用辊压法生产薄型刨花板。

刨花板的生产原料主要采用木材剩余物或农作物废料，原料来源广泛，因此刨花板产品价格低廉，这在很大程度上促进了刨花板工业的发展。另外，因胶合板的生产需要用大径级的原木作为原料，而生产纤维板材的木材原料和能源消耗均高于刨花板材，所以现在刨花板是包括纤维板和胶合板在内的三种人造板中价格最低的，其板种也因压制工艺的不同、结构的不同以及生产原料的不同而成为三板中板种最多的。

定向刨花板的出现，为家具材料家族增添了新品种，也为刨花板工业的发展注入了新的活力。定向刨花板强度高、刚性大、尺寸稳定性好，易锯割、钻孔、刨削、磨光、锉和钉等，表面以喷刷油漆，物理力学性能远远超过普通刨花板，强度和防水性能远远高于普通木材，销售价格可与胶合板竞争，因此具有很好的市场前景。

### 3.3.1　刨花板的分类、特点和用途

（1）分类

刨花板的品种较多，分类方法各异，常见的分类方法见表 3-14 所示。

表 3-14　刨花板的分类

| 分类方法 | 品　种 |
| --- | --- |
| 按用途分 | 干燥状态下使用的普通型刨花板（P1 型）、干燥状态下使用的家具型刨花板（P2 型）、干燥状态下使用的承载型刨花板（P3 型）、干燥状态下使用的重载型刨花板（P4 型）潮湿状态下使用的普通型刨花板（P5 型）、潮湿状态下使用的家具型刨花板（P6 型）、潮湿状态下使用的承载型刨花板（P7 型）、潮湿状态下使用的重载型刨花板（P8 型）高湿状态下使用的普通型刨花板（P9 型）、高湿状态下使用的家具型刨花板（P10 型）、高湿状态下使用的承载型刨花板（P11 型）、高湿状态下使用的重载型刨花板（P12 型） |
| 按功能分 | 阻燃刨花板、防虫害刨花板、抗真菌刨花板等 |

(续)

| 分类方法 | 品　种 |
|---|---|
| 按制造方法分 | 平压法刨花板、辊压法刨花板、挤压刨花板、模压刨花制品 |
| 按板材结构分 | 单层结构刨花板、三层结构刨花板、渐变结构刨花板等 |
| 按所用原料分 | 木材刨花板、甘蔗渣刨花板、亚麻屑刨花板、麦秸刨花板、竹材刨花板等 |
| 按所用胶黏剂分 | 脲醛树脂刨花板、异氰酸树脂刨花板、水泥刨花板、石膏刨花板等 |

注：干燥状态是指室内环境或者有保护措施的室外环境。通常指温度20℃、相对湿度不高于65%或在一年中仅有几周相对湿度超过65%的环境状态。

潮湿状态是指室内环境或者有保护措施的室外环境。通常指温度20℃、相对湿度高于65%但不超过85%，或在一年中仅有几周相对湿度超过85%的环境状态。

高湿状态是指室内环境或者有保护措施的室外环境。通常指温度高于20℃、相对湿度大于85%，或者偶有可能与水接触（浸水或浇水除外）的环境状态。

（2）特点

不同板型的刨花板特点不同，本书仅就干燥状态下使用的家具型刨花板（P2型）的相关知识进行介绍，后面所提及的刨花板均指P2型刨花板而言。刨花板的主要特点：

① 产品幅面大，厚度范围广，表面平整，性能基本各向同性。
② 无天然生长缺陷，有一定强度，可满足家具功能要求。
③ 原料来源广，易于加工，板材无须干燥，贴面后可直接使用，产品价格低廉。
④ 边部粗糙，易吸湿变形，厚度膨胀率大，需封边处理。
⑤ 平面抗拉强度较低，用于横向构件时易有下垂变形。
⑥ 握钉力特别是握螺钉力较低，紧固件不宜多次拆卸。
⑦ 密度相对较大，所得家具制品较笨重。
⑧ 表面无木材的纹理和色泽，素板装饰性较差，需要进行饰面处理。图3-43所示为经过贴面装饰的刨花板在家具及室内的应用。

（3）用途

家具型刨花板主要用于办公家具、宾馆家具、民用居室家具、橱柜、音箱、复合门、会展用具等的制作以及室内装修等领域。

实际上，不同结构形式的刨花板用途不同，如三层或多层刨花板表层为细刨花、芯层是粗刨花，产品强度高、尺寸稳定、表面细致平滑、可进行多种形式的表面装饰，常用于家具、建筑物隔墙和构件、仪表箱等。

渐变结构刨花板沿厚度方向从表层到芯层的刨花形态尺寸逐渐由小到大，表层细而芯层粗，使得板材表面细致，强度高、尺寸稳定，可用于家具、建筑物构件、车厢和船舶等交通工具的内装修以及包装箱等。

图3-43　饰面刨花板在家具及室内的应用

图 3-44 定向刨花板在室内装饰装修中的应用

定向结构刨花板由窄、长、平刨花按照一定的方向排列构成单层或多层刨花板,其强度具有明显的方向性。单层定向刨花板的纵向强度可达普通刨花板的 2.5 倍,可用于建筑构件、内外墙板、屋面板、家具构件以及地板衬板等。图 3-44 所示为定向刨花板在室内装饰装修中的应用。

模压刨花板及刨花模压制品表面常带有各种形式的浮雕图案,可用于家具桌面、椅面等部件的制作,也可用于建筑构件、包装箱以及工业配件制作。

### 3.3.2 刨花板的技术要求

我国现行标准 GB/T 4897—2015《刨花板》中,规定了刨花板的术语和定义、分类、要求、测量及试验方法、检验规则以及标志、包装、运输和贮存等。该标准适用于普通型、家具型、承载型、重载型等类型的刨花板,但不适用于定向刨花板(OSB)。

标准中对刨花板的外观质量要求见表 3-15 所示。

表 3-15 刨花板的外观质量

| 缺陷名称 | 要　　求 |
| --- | --- |
| 断痕、透裂 | 不允许 |
| 压痕 | 肉眼不允许 |
| 单个面积>40mm² 的胶斑、石蜡斑、油污斑等污染点 | 不允许 |
| 边角缺损 | 在公称尺寸内不允许 |

注:其他缺陷及要求由供需双方协商确定。

GB/T 4897—2015
刨花板

另外,由于刨花板主要采用脲醛树脂作为胶黏剂,在生产过程和产品使用过程中,会散发出游离甲醛气体,对人体造成危害。因此,对于儿童家具以及对环保性能要求较高的家具制品,使用刨花板时应特别注意,最好选择甲醛含量低、达到国标相关质量指标的产品。我国刨花板标准特别规定,在干燥状态下使用的家具型刨花板的甲醛释放量应符合 GB 18580—2017《室内装饰装修材料　人造板及其制品中甲醛释放限量》的要求。

干燥状态下使用的家具型刨花板（P2 型）的物理力学性能应满足表 3-16 中的规定。刨花板的测量及试验方法详见具体国标要求。

表 3-16　干燥状态下使用的家具型刨花板（P2 型）的物理力学性能要求

| 性　能 | 单　位 | 规　格　限 | | | | | |
|---|---|---|---|---|---|---|---|
| | | 基本厚度范围（mm） | | | | | |
| | | ≤6 | >6～13 | >13～20 | >20～25 | >25～34 | >34 |
| 静曲强度（MOR） | MPa | 12.0 | 11.0 | 11.0 | 10.5 | 9.5 | 7.0 |
| 弯曲弹性模量（MOE） | MPa | 1900 | 1800 | 1600 | 1550 | 1350 | 1050 |
| 内胶合强度 | MPa | 0.45 | 0.40 | 0.35 | 0.3 | 0.25 | 0.20 |
| 表面结合强度 | MPa | 8.0 | | | | | |
| 2h 吸水厚度膨胀率 | % | 8.0 | | | | | |

### 3.3.3　均质刨花板

均质刨花板是 20 世纪 90 年代初最早在欧洲出现的刨花板新板种，该刨花板是在普通刨花板基础上发展起来的。

普通刨花板结构不均匀，握钉力差，不易进行型面加工，限制了应用范围。而均质刨花板通过对刨花加工工艺和铺装工艺的改进，使板材芯层刨花细化，表芯层密度差异缩小，板面和板边更加致密，让整个板材结构更均匀一致。

均质刨花板是以木材或非木质植物纤维为原料，将其加工成一定尺寸和形状的碎料，通过干燥、施胶、铺装和热压等工序制成的在厚度方向上结构均匀的人造板材。

目前，均质刨花板产业已在丹麦、芬兰和瑞典等几个欧洲国家形成了一定的生产能力，我国也出现了为数不多的均质刨花板生产厂家。另外，我国是农业生产大国，具有非常丰富的农作物废料资源，近年我国的非木质人造板生产技术发展很快，随着农作物秸秆人造板制造技术的日益成熟，利用农作物秸秆制造均质刨花板也已成为人造板工业一个新的热点。

均质刨花板的物理力学性能介于普通刨花板和中密度纤维板之间，能很好地满足家具制作的要求，而且性能优异，生产成本和销售价格低于中密度纤维板，性价比较高，所以该产品一经投入市场，便显示了强大的生命力及广阔的市场发展前景。

均质刨花板最显著的特点是结构均匀，密度差异性小，性能优良，原材料适应性广，是人造板产品中具有较大发展潜力的新品种。具体分析普通刨花板与均质刨花板的差异，后者主要具有三类特点。

（1）结构特点

均质刨花板密度稍高、结构均匀密实。

图 3-45　普通刨花板结构（左）与均质刨花板结构（右）

图3-46 均质刨花板在家具中的应用

图3-47 均质刨花板在室内装饰装修中的应用

普通刨花板的芯层刨花粗大，因而芯层结构比较疏松，表层与芯层的密度差别较大，整体板材的结构不均匀，内结合强度低，握螺钉性能较差，不易对板面和板边进行型面加工。这使普通刨花板的应用范围及产品档次的提高受到限制。均质刨花板主要通过对刨花加工工艺和铺装工艺的改进，使板材芯层刨花细化，表层刨花更加细致，表芯层密度差异缩小，板面和板边更加致密，整个板材结构比较均匀一致。图3-45所示为普通刨花板结构与均质刨花板结构的对比。

（2）性能特点

均质刨花板的力学性质尤其是表面和侧面的再加工性能以及握钉力指标明显优于普通刨花板，其力学性能基本接近中密度纤维板，其弯曲强度、内结合强度及握螺钉力的提高，以及吸水厚度膨胀率的降低，使得采用均质刨花板制作的家具比普通刨花板家具更加坚固牢靠，经久耐用。图3-46所示为均质刨花板在家具中的应用。

另外，由于均质刨花板具有良好的综合性能，还被大量用于室内装饰装修。在欧洲，几乎都是采用此类刨花板作为室内装饰材料，是细木工板的升级和替代产品。图3-47所示为均质刨花板在室内装饰装修中的应用。

表3-17是普通刨花板、均质刨花板及中密度纤维板的部分性能指标比较。

表3-17 普通刨花板、均质刨花板及中密度纤维板的性能比较（板厚16mm）

| 性能指标 | 普通刨花板（家具用） | 木质均质刨花板 | 麦秸均质刨花板 | 中密度纤维板（一等品） |
| --- | --- | --- | --- | --- |
| 密度（g/cm³） | 0.4～0.9 | 0.65～0.85 | 0.70～0.80 | 0.45～0.88 |
| 静曲强度（MPa） | ≥13 |  | ≥20 | 20 |
| 内结合强度（MPa） | ≥0.35 | 0.6～0.8 | ≥0.6 | 0.5 |
| 垂直板面握钉力（N） | ≥1100 | ≥1300 | ≥1300 | 1000 |
| 2h吸水厚度膨胀率(%) | ≤8 |  | 2～5 | 10 |

此外，由于均质刨花板的结构均匀密实，板材的加工性能得到了很大的提高，它可以像中密度纤维板一样对板面和板边进行各种型面加工，同时还便于进行各种贴面与封边处理，使家具造型更加富于变化，板材装饰效果更加多彩多姿。另外，用均质刨花板作为基材生产的强化复合地板，其性能可以和中密度纤维板为基材的产品相媲美。

（3）工艺特点

均质刨花板的生产工艺流程基本与普通刨花板相同，主要区别在于：①刨花制备工艺：通过改进工艺技术方案和调整设备技术参数，使芯层刨花细化，表层刨花更加细致，确保刨花形态和尺寸的均匀性。②铺装工艺：通过采用新型铺装机，调整相应的工艺参数，使刨花在铺装过程中不分级不分层，保证板材厚度方向上结构的均匀一致。总之，均质刨花板的生产可以通过改进现有的普通刨花板生产工艺来实现。

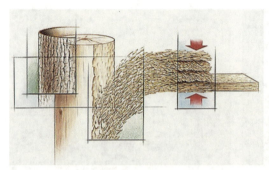
图 3-48　定向刨花板的制备示意图

图 3-49　定向刨花板产品

### 3.3.4　定向刨花板

定向刨花板（Oriented Strand Board，简称 OSB）是以直径为 8～10cm 的小径原木为原料，用专用设备加工成窄长的薄平刨花，经过干燥、分选和施加胶黏剂后，通过特殊的装置实现板坯定向铺装，然后热压而成的一种结构板材。图 3-48 简单揭示了这种板材的制备过程。

在我国现行行业标准 LY/T 1580—2010《定向刨花板》中，对该种刨花板的定义为：由规定形状和厚度的木质大片刨花施胶后定向铺装，再经热压制成的多层结构板材，其表层刨花沿板材的长度或宽度方向定向排列。

与普通渐变结构的刨花板相比，定向结构的刨花板在定向方向上的板材静曲强度和弹性模量通常为其垂直方向的 2～3 倍，并且可以人为地调节。在生产工艺上，定向结构刨花板与普通刨花板的区别主要在于：①生产定向结构刨花板对刨花形态有较高的要求，长度和宽度较大，而厚度较小。②刨花在板子中的排列具有一定方向性。图 3-49 所示为定向刨花板产品。

定向刨花板生产线

定向刨花板（又称欧松板）是 20 世纪 70 年代末在世界上迅速发展起来的一种新型高强度人造板材。这种板材的生产工艺和应用技术均较成熟、所得产品性价比较优，是世界范围内发展最迅速的板材。定向刨花板以速生间伐材为原料，通过专用设备加工成一定尺寸的刨片，经一定的工艺方法制成。目前在北美、欧洲、日本等发达国家和地区，OSB 用量极大，建筑中的胶合板、刨花板已被它取代。定向刨花板生产的出材率为 70%，为板材中出材率最高。原料全部使用的是小径速生材，可有效利用森林资源，保护生态环境。

定向刨花板产品的主要特点为：强度高、刚性大、尺寸稳定性好，易锯割、钻孔、刨削、磨光、锉和钉等，表面以喷刷油漆，物理力学性能远远超过普通刨花板，强度和防水性能远远高于普通木材，而销售价格可与胶合板竞争。

另外，该类刨花板属于结构板材，可以满足多种特殊使用要求，因此成为近十年来在北美和欧洲发展速度最快的一种人造板材，尤其是在美国和加拿大，定向刨花板生产线不仅规模大，而且数量多。在我国，定向刨花板是一种新型人造板材，正处于市场开发阶段。

（1）定向刨花板按结构分类

可分为单层定向刨花板、三层定向刨花板、多层定向刨花板及可饰面定向刨花板。

单层定向刨花板：刨花板内所有的刨花均按一个方向排列。单层定向刨花板的刨花一般排列方向与板材长度方向一致，该类产品通常为薄板，成品板纵向强度远远大于横向强度，主要用于复合胶合板的板芯。

三层定向刨花板：其结构模拟三层胶合板的组坯方式，两个表层刨花的长度方向沿纵向排列铺装，中间芯层刨花的长度方向沿横向排列铺装，与表层相互垂直，即在板材的厚度方向上有三个层次，如图 3-50 所示。该种板材的纵横向强度比例随表芯层刨花的比例的变化而不同。目前市场上销售的定向刨花板多为三层结构定向刨花板。

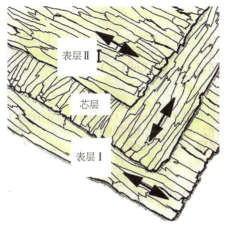

图 3-50　三层结构定向刨花板　　　　图 3-51　不同厚度多种定向形式的刨花板

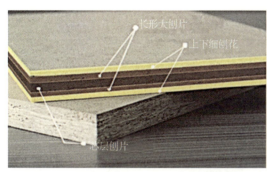
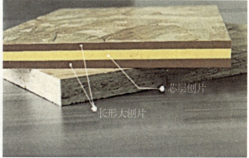

图 3-52　可饰面定向刨花板（左）与普通定向刨花板（右）的结构对比

多层定向刨花板：沿板材的厚度方向上有多个层次，各层刨花相互成一定角度排列。如上下两个表面为定向铺装，中层刨花随机铺放。这种板材在纵横方向上的强度随各层刨花的定向角度和所占比例的不同而变化。图 3-51 所示为不同厚度多种定向形式的定向刨花板产品。

可饰面定向刨花板：其是在普通定向刨花板的基础上发展而来的，该类板在制备时在定向刨花板的板坯的两个表面进行细料铺装，而后再经高温高压加工而成，弥补了普通定向刨花板因木片裸露而不能直接饰面的缺陷。图 3-52 所示为可饰面定向刨花板与普通定向刨花板在结构上的差异。

（2）定向刨花板按使用条件分类

在我国行业标准 LY/T 1580—2010《定向刨花板》中，将定向刨花板按照使用条件的不同分为四种类型，见表 3-18 所示。

表 3-18　定向刨花板按使用条件分类

| 类　型 | 使用条件 |
| --- | --- |
| OSB/1 | 一般用途的非承载板材，用于干燥状态条件下的室内装修材料和家具 |
| OSB/2 | 承载板材，用于干燥状态条件 |
| OSB/3 | 承重板材，用于潮湿状态条件 |
| OSB/4 | 承重载板材，用于潮湿状态条件 |

LY/T 1580—2010
定向刨花板

（3）定向刨花板特点

① 力学性能优良：定向刨花板中，刨花排列具有一定的方向性，其力学性能也因此具有

方向性，三层定向刨花板的纵向强度要比普通刨花板高 50% 左右，单层定向刨花板的纵向强度比横向大 3 倍。

② 性价比高：定向刨花板制造对原料要求比制造胶合板低，可利用速生丰产的低质小径木，木材利用率远高于胶合板生产的木材出材率（约 50%），另外，由于定向刨花的形态比普通刨花板中的刨花规整，尺寸相对较大，所以用胶量可比普通刨花板节省 20% 左右，具有良好的经济性能。

③ 性能可调控：定向刨花板的生产中可以根据实际用途需要对最终产品的力学性能进行设计，人为控制各层刨花不同的比例和不同的定向角度，就可以实现制造出各种强度要求的刨花板。

（4）定向刨花板质量指标

现行的国家林业行业标准 LY/T 1580—2010《定向刨花板》中，详细规定了不同类型的定向刨花板的主要技术性能指标和测试方法。本书仅介绍其中与家具材料相关的干燥状态条件下一般用途非承载板材（OSB/1 型板）的力学性能和膨胀性能要求，见表 3-19 所示。

表 3-19　OSB/1 型定向刨花板的性能要求

| 性　能 | 单　位 | 性能要求 | | |
|---|---|---|---|---|
| | | 板厚度范围（名义尺寸） | | |
| | | 6～10mm | ＞10，18mm | 6～10mm |
| 静曲强度（平行） | MPa | 20 | 18 | 16 |
| 静曲强度（垂直） | MPa | 10 | 9 | 8 |
| 弹性模量（平行） | MPa | 2500 | 2500 | 2500 |
| 弹性模量（垂直） | MPa | 1200 | 1200 | 1200 |
| 内结合强度 | MPa | 0.30 | 0.28 | 0.26 |
| 24h 吸水厚度膨胀率 | % | 25 | 25 | 25 |

注 1：平行是指沿板材长度方向，垂直是指垂直于板材长度的方向。
注 2：根据供需双方协商确定是否测定握螺钉力。具体指标要求根据产品用途由供需双方协商确定。

定向刨花板的其他测定方法及指标要求详见具体行业标准。

（5）定向刨花板用途

定向刨花板中的结构单元大片刨花在很大程度上保留了木材的基本特性，定向后的刨花在板材中模拟天然木材的纤维方向进行排布，但因为刨花之间靠胶黏剂进行胶合，而且没有天然生长缺陷，所以在强度和尺寸稳定性上是优于普通实木板材的。定向刨花板除具有普通刨花板的用途之外，还可替代结构胶合板应用在对强度要求较高的场所。

目前，定向刨花板主要用于以下几个方面：

① 在房屋建造中的应用：北美已普遍使用定向刨花板作为住宅建筑材料，如建筑构件、工字梁、建筑隔板等，如图 3-53 所示。

② 在室内装修中的应用：定向刨花板不仅强度高，而且质量轻，可用于制作贮藏柜和搁板等，用来做厨房、卫生间内的防水板材也非常适合。图 3-54 所示为采用定向刨花板装饰顶面和柱面的儿童卫生间。另外，定向刨花板在室内装修中可用于地板、楼梯、门框、台阶以及墙壁等，图 3-55 所示为定向刨花板在室内楼梯和隔板中的应用。图 3-56 所示为采用定向刨花板装饰的围棋室，其中，雕刻了花纹图案的定向刨花板隔板起到了分割空间功能的作用，半通透的视觉效果上还体现了中式装饰元素之一的"花格窗"独有的韵味。

③ 在家具制造中的应用：定向刨花板不仅可以用于家具部件的制作，还可以整板用于家具的面板、底板和支撑板等。图 3-57 所示为我国台湾家具设计师的作品手风琴椅，两面旁板支撑采用的是定向刨花板，中间的蜂窝纸板可以自由而方便地伸缩，可供单人或三人落座。

"百变小屋"

图 3-53　定向刨花板在房屋建造中的应用

图 3-54　定向刨花板装饰的儿童卫生间

图 3-55　定向刨花板楼梯和隔板　　图 3-56　定向刨花板装饰的围棋室

图 3-57　手风琴椅

　　图 3-58 所示为在公共空间使用的定向刨花板家具。图 3-59 所示为全部部件整体都采用定向刨花板制作的座椅。

　　值得指出的是，定向刨花板的另一个主流用途是在产品包装中的应用。鉴于定向刨花板强度高、尺寸稳定性好，而且没有天然木材可能存在的虫害隐患，世界包装协会已把定向刨花板列为"一级暴露"的包装材料，定向刨花板已成为发达国家替代木材包装的主要木质包装材料。我国政府也将定向刨花板列入鼓励采用和推广的替代原木包装的新材料名单之中。

图 3-58　在公共空间中使用的定向刨花板家具

图 3-59　定向刨花板座椅

### 3.3.5　非木质刨花板

非木质刨花板是指采用天然木材以外的植物纤维原料制造（如竹材、亚麻秆、棉秆、麦秸、稻草、甘蔗渣等）而成的刨花板材。

一年生或多年生的植物或农业剩余物都可以作为刨花板原料，这些植物纤维原料的主要化学组成（包括纤维素、半纤维素和木质素）与木材非常相似，大部分的收割剩余物（如稻草、麦草和棉秆等）和加工剩余物（如稻壳、花生壳和甘蔗渣等）中的纤维素含量接近于阔叶材，少数接近于针叶材。采用适当的生产工艺和胶黏剂，完全可以制造出性能优良的秸秆人造板材。目前，我国的农作物人造板产品主要是刨花板。

我国是农业大国，有着丰富的非木材植物原料资源，据不完全统计，仅农业剩余物每年就达 6 亿 t 之多，除去部分用作燃料、饲料花纹肥料外，估计至少可有 10% 用于人造板生产。如此其人造板的生产量可达 6000 万 $m^3$，按照 $1m^3$ 的人造板可代替 $3m^3$ 的原木计算，该产量相当于 1.8 亿 $m^3$ 原木制成的板材。因此，充分利用非木材植物原料资源，替代木材制造刨花板，可以使我国人造板工业使用的原料中的木材原料用量比例减少，从而有效缓解森林资源供应矛盾，并对保护自然生态环境有着非常重要的现实意义。

#### 3.3.5.1 非木质刨花板的种类

（1）根据采用的原料类型不同分类

按原料类型可分为：采用工厂加工剩余物生产的甘蔗渣刨花板、亚麻屑刨花板等；采用农作物剩余物生产的麦（稻）秸秆刨花板、棉秆刨花板、豆秸刨花板、玉米秆刨花板、油菜杆刨花板、烟杆刨花板等；采用竹材生产的竹材刨花板；采用芦苇生产的芦苇刨花板。

（2）根据板材的结构不同分类

按板材结构可分为：单层结构非木质刨花板，该板材在厚度方向上刨花的形态及尺寸没有明显变化；三层结构非木质刨花板，此类板材的中层刨花尺寸较大，表层刨花的形态及尺寸相对较小；渐变结构非木质刨花板，此板材在厚度方向上刨花的形态尺寸由表层到中间芯层是逐渐加大的。

（3）根据加压方式的不同分类

按加压方式可分为：平压法非木质刨花板；辊压法非木质刨花板；挤压法非木质刨花板。

#### 3.3.5.2 非木质刨花板的特点

与普通刨花板生产常用的木材原料相比，非木质刨花板采用的植物原料具以下特点：

① 季节性强：大部分非植物纤维原料是农业收割剩余物和工厂加工剩余物，该原料来源尽管广泛，但生产季节性很强，不能保证全年不间断的足量供应，并且材料质地松散，体积庞大，对原料储料厂的面积要求较大。要保证全年正常生产，需要解决好原料的收集、运输和贮存问题。

② 易霉变：大部分非植物原料的含糖量和水抽提物含量都比木材高，在原料贮存过程中和成品板的使用中容易受到菌虫等的侵蚀而发生霉变，从而导致非木质刨花板产品质量的下降，因此在生产中一般要添加防霉剂、防虫剂和防腐剂。

③ 杂质含量多：农作物秸秆在收割和运输过程中都会混入大量的泥沙等杂质，另外，甘蔗渣、玉米秆等原料的髓心和棉秆的表皮等，不仅会影响产品质量，而且对加工设备和生产过程造成不良影响，一般需要专用设备将这些杂质除去。

非木质刨花板的品种之一是麦秸刨花板，由于麦秸表面富含蜡质，脲醛树脂胶难以将其胶合，所以国内外的麦（稻）秸秆刨花板生产企业多采用异氰酸酯作为胶黏剂，产品多为渐变结构或三层结构。图3-60所示为三层结构的秸秆人造板产品。

**图3-60 三层结构的秸秆人造板**

目前国内的麦（稻）秸秆刨花板已有一些不同品种的产品，例如：均质结构麦（稻）秸秆刨花板，其上下两个表面和芯层的料均匀一致；空心结构麦（稻）秸秆刨花板，是采用挤压机压制而成的厚度方向呈空心结构的板材。

与普通脲醛树脂刨花板相比，麦（稻）秸秆刨花板最突出的特点是：一方面由于采用了异氰酸酯胶黏剂，板材胶合固化之后没有游离甲醛的毒性，因此使用中，板材不存在游离甲醛释放问题；另一方面，生产麦（稻）秸秆刨花板的主要原料采用的是农业剩余物，不会对生态环境造成破坏，因此是真正的绿色环保产品。

麦秸刨花板同普通刨花板一样可以进行多种形式的表面二次加工，应用于所有普通刨花板适用的场合，如家具制造、房屋建筑以及包装运输等行业。也可以清油以后直接使用。图3-61所示为秸秆刨花板在室内固定家装中的应用。图3-62所示为秸秆刨花板制作的圆形拱门。图3-63和图3-64分别所示的是秸秆刨花板在办公家具和民用家具中的应用。

图 3-61　秸秆刨花板在室内固定家装中的应用　　　　图 3-62　秸秆刨花板圆形拱门

图 3-63　秸秆刨花板在公共空间中的应用　　　　图 3-64　秸秆刨花板在民用家具中的应用

GB/T 21723—2008
麦（稻）秸秆刨花板

#### 3.3.5.3　非木质刨花板的质量标准

我国现已颁布了麦（稻）秸秆刨花板的相关标准，即 GB/T 21723—2008《麦（稻）秸秆刨花板》，该标准规定了麦（稻）秸秆刨花板的术语和定义、分类、技术要求、统计计算和判定方法、测量及试验方法、检验规则、标志、包装、运输和贮存等。此标准适用于用麦（稻）秸秆为原料，以异氰酸酯树脂为胶黏剂制成的麦（稻）秸秆刨花板。该产品适用于干燥条件下室内装修、家具制作和包装等。该标准不适用于以脲醛树脂为胶黏剂的刨花板。

### 3.3.6　模压刨花制品

模压刨花制品是将木质刨花碎料（包括木材、竹材、甘蔗渣、亚麻屑和棉秆等）加工成一定的规格，而后施加一定量的胶黏剂，再使物料在成型模具中热压而成的饰面或不饰面的、具有制品最终形状和规格的特种人造板材。在我国相关标准 GB/T 15105.1—2006《模压刨花制品　第 1 部分：室内用》中，对模压刨花制品的定义为：将木质刨花或碎料与胶黏剂混合，表面加或不加装饰层，用模具压制而成的产品。

模压刨花制品是刨花板产品的一个重要分支，其主要的特点是可以利用模具制造出各种复杂形状的制品，与此同时，可以在制造过程中完成表面装饰。

（1）分类

模压刨花制品的产品品种繁多，目前市场上出现的刨花模压产品已达近千种，一般按照产品的用途可分成如下四大类：

① 家具类模压刨花制品：主要包括各种形式的家具部件，如桌面、椅子和凳子的座背、橱柜门扇、抽屉面板、厨房案板和各式餐盘等；

② 建筑类模压刨花制品：主要包括各种建筑构件，如室内外墙盖板、天花板、阳台板、裙板、花栏、楼梯扶手、门扇窗台、门框窗格、水泥模板等；

③ 包装类模压刨花制品：主要包括各种包装部件，如各种形式的货运托盘、水果和蔬菜包装箱和专用包装夹板等；

④ 工业配件类模压刨花制品：主要包括各种工业产品的部件和制品，如音箱、电视机和冰箱的壳体，汽车车体的内衬板、仪表板、转向盘、座垫以及梭子、鞋楦和浮雕工艺品等。

（2）特点

① 采用的原料范围广，利用率高：模压刨花制品可以采用木材剩余物和农作物剩余物为原料加工制造，原料的利用率达到85%以上，远高于其他木质家具用材的利用率。家具生产中，模压家具、板式家具和实木家具三者的木材利用率分别为1∶0.8∶0.4。

② 生产效率高，产品成本低：模压刨花制品的生产为一次成型工艺，可在实际需要设计其外形和截面，并在压制过程中使制品带有沟槽、孔眼和饰面轮廓及花纹，用专用模具一次压制成型，省去或减少了制品的二次加工，提高了生产效率，降低了产品成本。

③ 产品质量优良，性能稳定：模压刨花制品的采用了一次成型工艺，互换性强，标准化程度提高，具有较强的市场竞争力。另外，该制品还可根据不同的使用场合以及对耐磨、防水、防潮、防腐、耐候和阻燃等不同性能要求，生产通用型或专用型的不同产品，得到的制品物理力学性能好，各向同性，尺寸稳定、变形小、不开裂、而且耐磨、耐腐、耐潮。

④ 制品美观大方，造型变化款式多样：模压刨花制品的成型工艺主要依靠模具的变化，更换不同的模具，即可获得不同造型的新产品，所以使模压刨花家具产品的造型变化容易实现，易于达到家具部件设计的点、线、面的完美结合，可实现复杂的几何结构的家具造型，而且折线、边缘和转角处的联结过渡自然流畅，使模压刨花家具制品既有板式家具的简约和力度感，又有实木弯曲家具的柔和含蓄美。

图3-65为我国家具设计师侯正光先生设计制作的模压刨花家具作品"对自然的模仿"。

⑤ 模压刨花制品的用胶量相对比普通刨花板高，但一般不大于25%，比模压塑料低（施胶量高于25%）。

（3）家具类模压刨花制品的用途

家具类模压刨花制品包括各种台面、橱柜门扇、凳椅座背、厨房用具、课桌等，除了软垫家具的骨架部件外，大部分产品需用装饰纸贴面。产品主要用于家庭、学校、宾馆、饭店、厨房以及露天公共场所。最典型的产品为各种形状的桌椅台面。

**图 3-65　模压刨花家具**

（4）性能质量指标

我国现行标准 GB/T 15105.1—2006《模压刨花板制品 第 1 部分：室内用》中，规定了模压刨花制品的典型家具部件的主要产品性能。

GB/T 15105.1—2006
模压刨花板制品
第 1 部分：室内用

## 3.4 纤维板

纤维板是以木材或其他植物纤维为主要原料，经过削片、纤维分离、施胶、成型、加温加压制成的板状制品的总称。

纤维板的品种很多，家具制造中使用的纤维板产品主要是中密度纤维板和硬质纤维板（高密度纤维板）。通常，采用湿法生产工艺得到的密度大于 800kg/m³ 的纤维板被称为硬质纤维板，采用干法生产工艺得到的同样密度范围的纤维板被称为高密度纤维板。

纤维板制造工艺脱胎于制浆造纸工业的纸板生产技术，当时是为了利用制浆中难以成纸的粗大纤维，最早生产出的是软质纤维板（也即绝缘板）。1858 年，美国取得了第一个软质纤维板的发明专利。1898 年，第一个软质纤维板生产工厂在英国建成。1924 年，美国在世界上首先发明了湿法生产硬质纤维板技术，并在两年后建立了第一条生产线，其生产过程中使用的纤维是采用爆破法得到。1931 年，瑞典发明了热磨法纤维分离技术，并在 1934 年建立了世界上第一家采用热磨法分离纤维生产湿法硬质纤维板。直到今天，热磨法依旧是世界上绝大部分国家生产纤维板采用的纤维分离方法。1965 年，干法纤维板生产技术最早出现于美国，第一条干法纤维板生产线也位于美国。

我国的纤维板生产工业始于 1958 年，最早的纤维板生产线是从国外引进的湿法硬质纤维板生产设备。1966 年，我国开始自行生产湿法纤维板成套定型设备，但湿法工艺生产纤维板的弊端是会产生大量的废水污染，因此在 20 世纪 90 年代后期，湿法生产纤维板的方式渐渐淡出。1983 年开始，我国逐步引进了多套国外先进成套设备生产干法中密度纤维板，而且也已有能力自己生产全套的纤维板生产线。相比胶合板和刨花板生产工业，纤维板工业虽起步较晚，但发展速度极快，从 2005 年开始至今，我国成为世界上人造板总产量位居第一的国家，其中主要是中密度纤维板产量高的贡献。

### 3.4.1 定义、分类、特点及用途

#### 3.4.1.1 定义

① 湿法硬质纤维板：以木材或其他植物纤维为原料，板坯成型含水率高于 20%，且主要是运用纤维间的黏性与其固有的黏合特性使其结合的纤维板，其密度大于 800 kg/m³（自 GB/T 12626.1—2009《湿法硬质纤维板 第 1 部分：定义和分类》）。

② 中密度纤维板：以木质纤维或其他植物纤维为原料，经纤维制备，施加合成树脂，在加热加压条件下，压制成厚度不小于 1.5mm 板材，密度范围在 0.65～0.80 g/cm³ 的板材（自 GB/T 11718—2009《中密度纤维板》）。

③ 难燃中密度纤维板：经过阻燃处理，燃烧性能达到难燃等级的中密度纤维板（自 GB/T 18958—2013《中密度纤维板》）。

#### 3.4.1.2 分类

纤维板的品种较多，分类方法主要有：

（1）按照原料品种分

木质纤维板：以木材剩余物（包括采伐剩余物和加工剩余物）加工而成的纤维板。

非木质纤维板：以竹材、草本植物（芦苇）或农作物废料（甘蔗渣、棉秆、稻麦草、

玉米秆、花生壳等）加工而成的纤维板。

（2）按板材的密度分

硬质纤维板（高密度纤维板）：密度大于 $0.80g/cm^3$。

中密度纤维板：密度为 $0.65 \sim 0.80g/cm^3$。

软质纤维板（低密度纤维板）：密度小于 $0.45g/cm^3$。

（3）按加工方法分

干法纤维板：以空气作为输送纤维和成型板坯的载体，纤维分离后需要经过干燥处理，热压时的板坯含水率为 10% 左右，产品一般为两面光。干法生产基本不产生废水问题，但需要使用一定量的胶黏剂使纤维结合在一起。该方法生产的板材强度高，尺寸稳定性好，性能优越，因此在世界范围内应用广泛，该方法也是目前我国纤维板生产的主要方法。

湿法纤维板：以水作为输送纤维和成型板坯的载体，纤维分离后，经过稀释成为浆料（含水率为 96% 左右），而后在长网成型机上完成脱水和湿板坯成型过程，热压时的湿板坯含水率大于 20%。产品一般为一面光。该方法因会产生大量废水污染，发展受到限制，目前在我国使用并不多。但随着人们对甲醛污染问题的日益关注，湿法纤维板所具有的某些工艺特性（如可以实现无胶胶合、杜绝无甲醛污染）又开始重新回到业内人士的重视，关于新型湿法纤维板的生产技术改进也有了一些令人可喜的研究进展。

（4）按结构分

单层结构纤维板：沿厚度方向纤维的形态尺寸分布基本一致均匀。

三层结构纤维板：沿厚度方向纤维板的表层为细纤维构成，芯层为相对较粗的纤维组成。

渐变结构纤维板：沿厚度方向从表层到芯层纤维的形态尺寸是逐渐由小到大的。

定向纤维板：纤维的长度方向在板材中基本上沿某一方向排列，得到的板材在某一方向上具有较高强度，可作结构板材。

（5）按用途分

普通纤维板、建筑纤维板、地板基材用纤维板、防腐纤维板、防潮纤维板、难燃纤维板等。

（6）按表面状态分

模压浮雕纤维板、瓦楞纤维板、表面印刷纤维板、表面贴面纤维板等。

### 3.4.1.3　特点及用途

湿法生产的硬质纤维板一般为薄板，通常厚度小于 5mm，幅面尺寸较大，密度较高。强度较高，弯曲性能好，表面不开裂，但因背面有网纹，致使板材沿厚度方向的结构不对称，吸湿后变形较大。图 3-66 所示为湿法生产的硬质纤维板产品。

硬质纤维板一般作为家具的围护材料使用，主要用于建筑、家具制造、车辆和船舶等交通的内部装饰、家用电器等。另外，硬质纤维板还可以加工成各种特种纤维板，如：模压浮雕纤维板和具有吸音性能的冲孔板等。图 3-67 所示为模压浮雕纤维板。图 3-68 所示为瑞典设计师 Folkform 采用硬质纤维板作为橱柜立面装饰的设计作品。

干法生产的纤维板密度适中，结构一般为两面光，材质均匀对称，尺寸稳定性好，物理力学性能优良，产品幅面大，厚度范围广（2.5～60mm），表面平整，易于进行涂饰和贴面等二次加工，也可方便地铣型边和雕刻，还可制作各种型材。板材的机械加工性能也很理想，可以像木材一样，进行锯截、钻孔、开榫、铣槽、砂光等形式的加工。图 3-69 所示为干法中密度纤维板。在制造过程中加入适当的助剂，还可使板材具有一定的耐水耐潮性、阻燃性、防腐性和防虫性等。

目前，我国的中密度纤维板产品主要被用于家具制造。在欧洲，占总产量 75% 的中密度纤维板用于家具制造。在美国，有 85% 的中密度纤维板被用于家具制造。而在日本，中密度纤维板产量的 60% 被用于家具制造。

图 3-66 湿法硬质纤维板

图 3-67 模压浮雕纤维板

图 3-68 硬质纤维板橱柜

图 3-69 中密度纤维板

在家具生产中,中密度纤维板的中厚板材主要被用于制作普通家具如橱柜、防潮板材以及模压门、复合门等。在木质家具部件上,中密度纤维板的具体应用主要包括:各种家具柜体部件、抽屉面板、桌面、桌脚、床的各个部件、沙发模框、座椅的座面和靠背板、扶手等。图 3-70 所示为一套板木结合的卧室家具,双人床、床头柜和大衣柜的主体框架均为榆木,其他部位为中密度纤维板贴榆木木皮加工而成。床身的两个大版面靠背中间点缀吉祥寿字图案,寓意"喜庆吉祥、幸福长寿",设计创意简洁又具文化内涵。

另外,中密度纤维板还可用于室内装饰装修、礼品包装盒用、鞋根等。中密度纤维板的薄型板材可用于胶合板的芯板或复合地板的芯板等。另外,中密度纤维板也是建筑和室内装饰装修的良好材料。图 3-71 所示为采用中密度纤维板为基材制作的"现代木雕"居室隔断。

### 3.4.2 纤维板的质量评定

#### 3.4.2.1 湿法硬质纤维板的质量评定

我国现行相关国家标准 GB/T 12626.2—2009《湿法硬质纤维板 第 2 部分:对所有板型

图 3-70　板木结合的卧室家具

图 3-71　中密度纤维板居室雕花隔断

GB/T 12626.2—2009 湿法硬质纤维板 第 2 部分：对所有板型的共同要求

GB/T 12626.4—2015 湿法硬质纤维板 第 4 部分：干燥条件下使用的普通用板

LY/T 1204—2013 浮雕纤维板

GB/T 11718—2009 中密度纤维板

GB/T 18958—2013 难燃中密度纤维板

的共同要求》中，规定了湿法硬质纤维板的共同指标要求、检验规则、试验方法及标志、包装、运输和贮存。

GB/T 12626.4—2015《湿法硬质纤维板　第 4 部分：干燥条件下使用的普通用板》中，规定了干燥条件下使用的普通用板的要求、试验方法、检验规则及标志、包装、运输和贮存。

#### 3.4.2.2　浮雕纤维板的质量评定

浮雕纤维板是指经过模压或机械加工使其表面具有立体装饰图案的纤维板。我国现行标准 LY/T 1204—2013《浮雕纤维板》中，规定了浮雕纤维板的术语和定义、分类、要求、检验方法、检验规则以及标志、包装、运输和贮存等。

#### 3.4.2.3　中密度纤维板的质量评定

我国现行标准 GB/T 11718—2009《中密度纤维板》中，规定了中密度纤维板的术语、定义和缩略语、分类和附加分类、要求、测量和试验方法、检验规则、标志、包装、运输和贮存等。

#### 3.4.2.4　难燃中密度纤维板的质量评定

随着中密度纤维板在建筑和室内装饰装修中的应用范围不断扩大，对板材的防火阻燃性能要求也越来越高。实际生产中，对某些防火等级要求较高的特殊场合使用的中密度纤维板，常在原料中增加适当比例的阻燃剂，以满足使用需要。

我国现行的国家标准 GB/T 18958—2013《难燃中密度纤维板》中，规定了难燃中密度纤维板的定义、技术要求、试验方法、检验规则及标志、包装、运输和贮存。该标准适用于具有难燃性质的中密度纤维板。

## 3.5 贴面装饰人造板

未经过任何装饰或机加工处理的人造板被称为素板。几乎所有的人造板素板均需要经过表面贴面、涂饰或各种形式的机加工（开沟槽、打孔、弯曲或模压浮雕等），才能满足实际使用要求。人造板表面装饰加工是指为了美化人造板表面和提高表面的功能，对人造板素板表面进行的各种装饰加工。

对人造板素板进行表面装饰加工（或称深度加工、二次加工）的目的在于：

① 装饰美化作用：遮盖表面缺陷，提高板材档次。装饰后的板材外观丰富多彩，视觉效果好，表面质感大大增强，应用范围显著提高。图 3-72 所示为未经装饰的人造板素板，图 3-73 所示为经过贴面装饰的纤维板和细木工板。

② 保护板材表面，提高表面性能：表面贴面或涂饰后的饰面层使素板与水、空气隔绝，大大降低了外界环境因素对人造板表面性能的影响，明显提高板材表面的耐水性、耐热性、耐污染性以及耐磨性等。

③ 提高板材的耐老化能力，延长使用寿命：表面装饰加工后的人造板，在一定程度上减少了因光照、氧化、温度、水分等因素的影响导致的老化现象。表 3-20 为采用不同装饰方法时，中密度纤维板的耐老化性能变化。

④ 提高板材物理力学性能：经表面贴面装饰后，板材整体性提高，素板被有效保护和强化，板材的总体强度、刚性和尺寸稳定性提高，扩大了其应用范围。

⑤ 使家具和木制品生产工艺实现连续化和自动化，改变传统实木家具生产的低效率"配料→加工→装配→油漆"模式：装饰人造板产品可以被直接加工成部件，与金属连接件组装后即形成产品（板式家具也被称为部件＋接口的家具）。图 3-74 所示为一款插接式结构的浸渍纸贴面人造板椅，甚至连金属连接件都省去了，而且可以实现"一板两椅"和扁平化包装。

表 3-20　不同装饰方法对中密度板老化性能的影响　　　　　　　　%

| 性　能 | 装饰方法 | | |
|---|---|---|---|
| | 贴　面 | 涂　饰 | 素　板 |
| 平面抗拉残留率 | 35 | 30 | 15 |
| 静曲强度残流率 | 50 | 40 | 25 |
| 静曲弹模残留率 | 50 | 42 | 25 |
| 吸水厚度残留率 | 22 | 18 | 30 |

注：加速老化实验方法条件为试件浸泡在 20℃水中 72h；在 -12℃下冷藏 24 h；在 70℃热空气中干燥 72h，每周期 168 h，共计 3 个周期。

图 3-72　人造板素板

图 3-73　贴面后的纤维板和细木工板

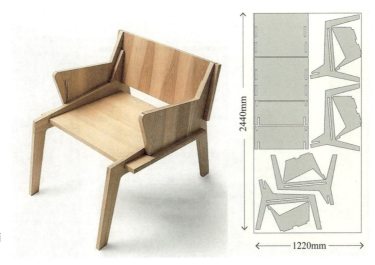

图 3-74 插接式贴面装饰人造板椅

人造板表面装饰的方法有很多种,贴面装饰采用的最多。一般采用装饰单板(也称薄木或木皮)、三聚氰胺浸渍纸、聚氯乙烯薄膜(PVC)、铝合金薄板等材料对人造板素板进行贴面装饰,可以获得综合性能优良的贴面装饰人造板。

## 3.5.1 装饰单板贴面装饰人造板

装饰单板是指用刨切、旋切或锯切方法加工而成的用于人造板贴面或封边装饰的薄片状木材,又称薄木、木皮,如图 3-75 所示。装饰单板的品种分为普通单板、调色单板、集成单板和重组装饰单板(也称科技木)。

(1)定义

在我国相关标准 GB/T 15104—2006《装饰单板贴面人造板》中,对其的定义为:装饰单板贴面人造板是利用普通单板、调色单板、集成单板和重组装饰单板等胶贴在各种人造板表面制成的板材。

装饰单板贴面板主要用于家具制造以及室内装饰装修等,为了防止薄木污染和开裂,并使薄木纹理及色彩更加清晰美观,使用时还需要对其表面进行透明涂饰处理。一般用于家具制造的可先制成家具再涂饰,而用于室内装饰装修的木做制品贴面板,最好先涂饰再使用。

(2)分类

① 按人造板基材品种:装饰单板贴面胶合板;装饰单板贴面细木工板;装饰单板贴面刨

图 3-75 装饰单板(薄木、木皮)

图 3-76　装饰单板贴面的板式办公家具

图 3-77　装饰单板贴面的书柜

花板；装饰单板贴面中密度纤维板。

② 按装饰单板品种：普通单板贴面人造板；调色单板贴面人造板；集成单板贴面人造板；重组装饰单板贴面人造板。

③ 按装饰面：单面装饰单板贴面人造板；双面装饰单板贴面人造板。家具材料中使用的主要是单面装饰的贴面人造板，图 3-76 和图 3-77 分别所示的是采用装饰单板贴面制造的板式家具，具有对称的、有规律的木材花纹是这些家具装饰效果的共同特点。双面装饰的单板贴面人造板主要用于室内装饰装修。

④ 按耐水性：Ⅰ类装饰单板贴面人造板，该板材为耐气候装饰单板贴面胶合板，可在室外条件下使用，能通过Ⅰ类浸渍剥离试验；Ⅱ类装饰单板贴面人造板，该板材为耐潮装饰单板贴面胶合板，可在潮湿条件下使用，能通过Ⅱ类浸渍剥离试验；Ⅲ类装饰单板贴面人造板，只能在干燥条件下使用，能通过Ⅲ浸渍剥离试验。

（3）特点

采用装饰单板贴面后的人造板可以具有珍贵树种特有的美丽木纹和色调，视觉触觉真实，特别是具有节子和虫眼（在质量指标允许范围内）的装饰单板贴面人造板，因为突出强调了自然情趣，反而使贴面后的板材价值上升。特别是采用拼花装饰单板贴面的家具更显出别样的古雅气韵，图 3-78 所示为装饰单板贴面的板式大衣柜局部，衣柜门面板的榆木斜纹拼花形成雅致的蝴蝶图案，极富艺术美感。图 3-79 所示为具有艺术感的装饰单板贴面家具。

（4）性能质量指标

装饰单板贴面人造板的装饰效果主要依据装饰单板（薄木）的树种、纹理和色泽来评定，其产品质量主要依据外观、胶合强度、耐候性确定。

我国现行国家标准 GB/T 15104—2006《装饰单板贴面人造板》中，规定了装饰单板贴面人造板（又称薄木贴面人造板）的定义、分类、技术要求、试验方法、检验规则以及标志、包装、运输和贮存等，该标准适用于以普通单板、调色单板、集成单板和重组装饰材单板为饰面材料、以人造板为基材经胶合制成的未经涂饰加工的装饰单板贴面人造板。

装饰单板贴面人造板按照外观质量要求分为优等品、一等品和合格品。外观分等时的检验项目以及装饰单板贴面人造板的物理力学性能要求和甲醛释放限量详见标准中的具体规定。

GB/T 15104—2006
装饰单板贴面人造板

图 3-78 装饰单板贴面的大衣柜局部

图 3-79 具有艺术感的装饰单板贴面家具

### 3.5.2 浸渍胶膜纸贴面装饰人造板

（1）定义

浸渍胶膜纸贴面装饰人造板是以一层或多层专用纸浸渍热固性氨基树脂，铺贴在刨花板、纤维板、胶合板或细木工板等基材上，经过热压后获得的装饰性和物理力学性能优良的装饰人造板产品。

实际生产中，常采用高压三聚氰胺装饰板（简称高压装饰板，俗称防火板）覆贴在人造板基材上，或采用三聚氰胺树脂浸渍胶膜纸直接覆贴在人造板基材上，经过热压处理后得到浸渍胶膜纸贴面人造板。前者被称为高压装饰板贴面人造板，后者被称为低压短周期浸渍胶膜纸饰面人造板。相比而言，高压装饰板贴面人造板常用于橱柜台面板或高耐磨强化地板，低压三聚氰胺浸渍胶膜纸贴面人造板常用于普通办公家具、民用家具的制造。图 3-80 所示为低压浸渍胶膜纸贴面人造板的结构及在办公家具中的应用。

（2）特点和用途

采用高压装饰板或低压浸渍纸胶膜纸贴面的装饰人造板的主要特点如下：

① 表面光滑、花纹美观、色彩变化丰富，通过改变不同的花纹纸图案、色彩和表面凹凸变化，即可得到具有多种表面装饰效果的、甚至具有立体感的三聚氰胺浸渍胶膜纸饰面装饰板。图 3-81 所示为高压装饰板的结构组成，单面装饰的高压装饰板主要用于人造板贴面，双面装饰的高压装饰板可直接用于家具内部的隔板或室内的家居装饰。

② 高压装饰板贴面人造板产品装饰效果颜色亮丽，即可光亮平整，也可质感饱满，同时还具有较高的耐磨性、耐热性、耐水性、耐燃性、耐污染性及良好的物理力学性能。图 3-82 所示为高压装饰板贴面产品及在橱柜中的应用。

③ 低压三聚氰胺浸渍纸贴面人造板的浸渍纸层数少，生产中的压力可降低，时间短，工艺简单，耗纸、耗胶少，节省能源，而且对设备无特殊要求，与普通贴面设备可相互替代，制造成本低，价格低廉。图 3-83 所示为采用低压短周期生产方法制造的三聚氰胺浸渍纸贴面刨花板及其应用。

④ 高压装饰板贴面人造板或低压三聚氰胺浸渍纸贴面的装饰人造板的板面均可制成有

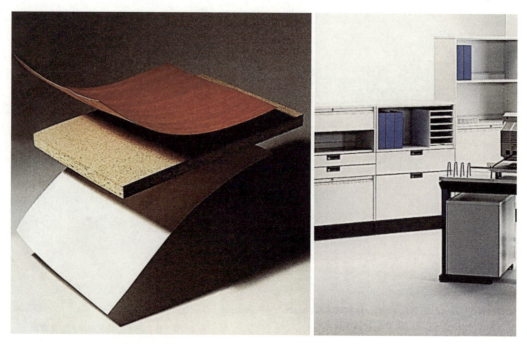

图 3-80 低压三聚氰胺浸渍胶膜纸贴面板的结构及应用

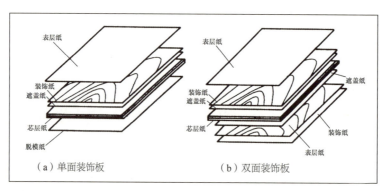

图 3-81 高压装饰板的结构组成

图 3-82 高压装饰板贴面的人造板产品及应用

光、柔光、浮雕或高耐磨等多种类型，在性能上还可制成抗静电型或阻燃型等。

浸渍胶膜纸贴面的装饰人造板因其优良的性能被广泛用于各种民用家具、办公家具、厨房家具以及室内装饰装修（地板、墙板等）。

图 3-84 和图 3-85 分别所示为高压装饰板贴面人造板产品在橱柜家具中的应用以及在高耐磨强化地板中的应用。应该指出的是，高压装饰板贴面的人造板尽管性能优良但制造成本

图 3-83　低压浸渍胶膜纸贴面刨花板及应用

图 3-84　高压装饰板贴面板在橱柜上的应用　　　　图 3-85　高压装饰板贴面板在强化地板上的应用

图 3-86　低压浸渍胶膜纸贴面板在办公家具中的应用

相对较高，与其相比，低压浸渍胶膜纸贴面的人造板生产过程能耗少、产品制作成本低、生产周期短，所以价格更便宜。显然，高压装饰板贴面人造板市场面临挑战。

图 3-86 所示为低压浸渍胶膜纸贴面人造板在办公家具中的应用，产品颜色丰富，装饰效果美观多样，而且性价比高、物美价廉。图 3-87 所示为某国际知名企业为儿童房设计制作的成套家具，采用了浸渍胶膜纸饰面人造板材。

（3）质量评定指标

我国现行国家标准 GB/T 15102—2006《浸渍胶膜纸饰面人造板》中，对此类装饰人造板材的幅面尺寸及其偏差、外观质量以及浸渍胶膜纸饰面纤维板和浸渍胶膜纸饰面刨花板理化性能均进行了明确的规定。浸渍胶膜饰面人造板根据产品的外观质量分为优等品、一等品和合格品。浸渍胶膜纸饰面人造板的外观质量具体要求和理化性能具体指标详见标准规定。

GB/T 15102—2006
浸渍胶膜纸饰面人造板

图 3-87　低压浸渍胶膜纸贴面板在儿童房成套家具中的应用

## 3.5.3　聚氯乙烯薄膜贴面装饰人造板

采用热塑性的塑料薄膜覆贴在人造板基材表面，可以获得具有优良装饰效果的装饰人造板产品。塑料薄膜一般都可以印刷各种木纹或图案花纹，色彩鲜艳、花纹美观变化丰富，为了使印刷的木纹更加真实，还可以在印刷后经模压处理呈现出类似导管槽（俗称棕眼）的效果，产品表面立体感强。另外，塑料薄膜制造方便，价格低廉，适合于连续化和自动化生产，因此，塑料薄膜贴面成为人造板表面装饰的方法之一。

在各种用于人造板装饰的塑料薄膜中，PVC 薄膜是使用得最普遍的一种，所得贴面产品被称为聚氯乙烯薄膜饰面人造板（简称 PVC 贴面板、PVC 饰面板）。

（1）定义

在我国相关标准中，对聚氯乙烯薄膜饰面人造板的定义为：以人造板为基材，表面覆贴聚氯乙烯薄膜而制成的饰面板（简称 PVC 饰面板）。

（2）特点和用途

特点：① PVC 贴面板表面平滑，色泽鲜艳美观，颜色稳定性好，更可进行模压浮雕花纹加工，质感强，无冷硬感，而且印前无须作任何处理，图 3-88 所示为常见的 PVC 薄膜；

② PVC 贴面板表面的薄膜透气性小，可减少空气湿度对贴面板基材的渗透，防水性好，板材的尺寸稳定性提高。但因不透气，使用时与之直接接触会有皮肤不适感；

③ PVC 贴面板表面耐热性和表面硬度不高，但耐磨性较好；

④ PVC 薄膜质地柔软，便于实现后成型封边加工工艺；

⑤ 贴面工艺过程简单，生产适合于连续化和自动化。

用途：PVC 贴面板主要用于办公家具、民用家具以及室内装饰装修，也可用于电视机、

图 3-88　PVC 薄膜　　　　　　　　　　　　图 3-89　PVC 饰面的真空吸塑门

音箱等壳体的制造。图 3-89 所示为 PVC 真空吸塑门，表面造型丰富，立体感强。图 3-90 所示为 PVC 饰面的板式家具在学生公寓家具中的应用。

（3）质量评定指标

我国现行的行业标准 LY/T 1279—2008《聚氯乙烯薄膜饰面人造板》中，规定了聚氯乙烯薄膜饰面人造板的术语和定义、分类、技术要求、试验方法、检验规则、标志、包装、运输和贮存，适用于聚氯乙烯薄膜饰面人造板。

标准中规定的聚氯乙烯薄膜装饰人造板的分类如下：

根据所用基材分：PVC 饰面胶合板、PVC 饰面纤维板、PVC 饰面刨花板。

根据饰面分：单饰面人造板、双饰面人造板。

根据应用范围分：用于桌台面或柜台面的 PVC 饰面板、用于建筑耐久墙面及家具立面用的 PVC 饰面板、做建筑物的普通墙壁或门的 PVC 饰面板、为建筑物的特殊墙壁使用的 PVC 饰面板。

PVC 饰面板的尺寸规格、外观质量要求以及性能要求详见标准中的具体要求。

LY/T 1279—2008
聚氯乙烯薄膜饰面人造板

图 3-90  PVC 饰面的板式家具在学生公寓中的应用

---

### 拓展阅读：意大利知名品牌 Tumidei 和其板式家居空间

Tumidei（图米伊达）在成立于 1958 年，至今已有近 60 年的历史。在此期间，人们对家居生活方式和室内设计的理念发生了巨大的变化。不断寻求以客户需要为第一准则的室内设计方案，是 Tumidei 成功的原因之一，也是该品牌持续成长的动力。

目前，Tumidei 是一家装备现代化的企业，雄厚的技术能力足以对生产线进行最佳管理，保证产品的最佳品质。Tumidei 抓住客户对生活品质的需求和空间的寻求的心理，倾情致力于"复式家具"的创意与设计，打造出新的家居生活模式，擅长利用空间叠用的效果，利用板式家具的特殊功能，最大限度地利用有限的空间。使人们能够在狭小紧促的空间享受住在复式楼的感觉，其产品对于单身族、有小孩子的家庭和小型私人工作室都和适宜。图 3-91 所示为该品牌为年轻人打造的板式家具空间。

Tumidei 的儿童卧室家具是该品牌的主打产品，大多采用了 Loft 的设计方案。在用材方面，产品所用的管架为复合欧盟安全标准的铝合金，所用的板材为符合环保要求的饰面人造板，在材料选择和产品制作的每个细节上，都表达对孩子的呵护和关爱。图 3-92 所示为 Tumidei 的儿童卧室家具。

图 3-91  Tumidei 为年轻人设计的板式家具空间

图 3-92 Tumidei 为儿童房设计的板式家具空间

图 3-93 Tumidei 的客厅家具

除了儿童卧室家具，Tumidei 的客厅家具一直采用现代简约的风格，对于很多崇尚简约风格的设计师而言，艺术感和维多利亚风格一直是一对难以融合的矛盾，但 Tumidei 融合了前卫的时尚与舒适的休闲，完美地让两者相互辉映。图 3-93 所示为 Tumidei 的客厅家具产品。

Tumidei 被认为是时尚的弄潮儿，合理地利用空间，多元化、多层次地展现现代都市的时尚气息，针对年轻人的公寓和 Loft 户型采用复式空间利用的体现，让你在下班之余在家有种轻松放松的感觉。

## 本章小结

人造板是重要的家具与室内装饰材料，由人造板为主体材料的板式家具中，各种具有不同功能性质的板材起着强度支撑作用和围护装饰作用。人造板的主要特点是幅面大、厚度范围广、板面平整光洁，而且一般为各向同性，尺寸稳定性好，机加工性同天然木材，非常适宜家具制造。经过贴面装饰后的人造板具有出色的装饰效果，可以直接用于板式家具的组装生产，为家具的即时化生产提供了必要条件。

## 思考题

1. 人造板的主要性能特点是什么？常用的人造板主要包括哪些品种？简要归纳几种新型人造板的结构特征以及在家具中的应用前景。
2. 什么是胶合板的构成原则？为什么说成型胶合板在家具中的应用更广？
3. 什么是定向刨花板？其主要特点和用途有哪些？
4. 纤维板在家居中的主要应用包括哪些方面？
5. 简述几种表面装饰人造板的品种和各自的主要特点。
6. 什么是人造板的甲醛污染？如何降低板式家具中的甲醛污染？

## 主体设计

以人造板为主材，设计一款坐具。

## 推荐阅读

1. 参考书

2. 网站

（1）https://dieffenbacher.com/en/wood-based-panels

迪芬巴赫公司是一家国际性的企业集团，主要给人造板、家具、建筑、汽车和玻璃纤维增强塑料工业开发及生产液压机系列和成套的生产线。

（2）http://www.fm-furniture.cn/

飞美家具将简洁实用的设计风格与环保型工业化的生产技术融合，生产高品质板式家具。

（3）http://www.tumidei.it/it/index.php

意大利家居品牌 Tumidei 创建于 1958 年，致力于"复式家具"的创意与设计，打造出新的家居生活模式，擅长利用空间叠用的效果，利用板式家具的特殊功能，最大限度地利用有限的空间。

# 第 4 章
# 竹材与藤材

[**本章提要**]　本章主要介绍竹材和藤材的资源及种类，材料的物理、化学、力学等性质；重点介绍竹材和藤材在家具方面的应用，包括竹藤家具的种类、造型特点、主要结构类型以及制作工艺。

4.1　竹　材
4.2　藤　材

## 4.1 竹 材

竹，在中国传统文化中享有极高的精神地位，是高雅、纯洁、虚心、有节的精神文化的象征，竹材也是建筑、家具及其他制品中常用的材料。

竹，自古在中国以及周边国家作为一种制作器物的材料，有着极广泛的应用。用现代设计观念来衡量，它是一种可大量开发利用却不会对生态环境造成破坏的环保原材料。所以，对竹材的研究与开发在今天这个倡导环保和资源可持续利用的社会中具有重大的意义。

### 4.1.1 竹材资源及种类

#### 4.1.1.1 竹材资源

竹类植物属禾本科竹亚科，全世界共有竹类植物120多属1200多种。竹类资源分布广泛，从赤道两旁直至寒温带，从平原丘陵到高山雪线都有分布生长。中国是世界上竹类资源最丰富的国家，素有"竹子王国"之称，无论是竹子的种类、竹林面积、蓄积量及竹材的产量都雄居世界首位。竹子也是我国森林资源的重要组成部分，有"第二森林"之称。目前我国竹子种类已知40多属400余种，约占世界竹类种质资源的1/3。竹林总面积约480万$hm^2$，约占全国国土面积的0.5%，约占全国森林面积的2.8%。我国幅员辽阔，地理位置位于世界竹类分布中心的北半部。我国的竹林资源集中分布于浙江、江西、安徽、湖南、湖北、福建、广东，以及西部地区的广西、贵州、四川、重庆、云南等地区的山区，其中以福建、浙江、江西、湖南最多，约占全国竹林总面积的60.7%。

竹子具有生长快、产量高、成熟早、轮伐期短，以及材性好、具有天然色泽和质感等特点，一直深受人们的喜爱，有着广泛的用途。中国是世界上最早认识和利用竹子的国家，对竹子的利用有着悠久的历史。竹子不仅被广泛应用于房屋建筑、水利工程、运输、日常生活用品、工艺美术品等方面，成为重要的生活生产资料，同时也是人们歌咏诗画和观赏装饰的重要素材，有着巨大的精神文化价值。

随着社会的发展、科学技术的进步，竹子的综合利用也得到了进一步发展。竹材工业蓬勃发展，除了传统的应用外，竹质胶合板、竹地板、竹集成材等新产品不断开发，应用领域不断扩大。竹产业已成为我国林业的一个新的经济增长点和新兴产业。

#### 4.1.1.2 竹材种类

竹子的种类繁多，据我国古代《竹谱详录》和《农政全书》记载："竹之品类六十有一，三百十四种。"我国的竹子种类多，分布广，受各地气候、环境的影响，各类竹子的特性差异大，分布具有明显的地带性和区域性。按其繁殖和分布情况来分，可以分为：

（1）丛生型

丛生型即母竹基部的芽繁殖新竹，常见的如慈竹、麻竹、硬头黄、单竹等。我国以丛生竹为主的丛生竹林区主要分布在华南一带，以广东、广西、海南、台湾、云南南部、福建南部等地区为主。这一区域是我国竹子种类最多的地区。

（2）散生型

散生型即由鞭根上的芽繁殖新竹，常见的如毛竹、斑竹、水竹、紫竹等。我国以散生竹为主的散生竹林区主要分布在黄河与长江之间区域，包括湖北、安徽、江苏、甘肃东南部、陕西南部、四川北部、山东和河北南部等地区。

（3）混生型

混生型即既有母竹基部的芽繁殖，又能以竹鞭根上的芽繁殖的竹类，常见的如苦竹、棕竹、箭竹、方竹等。我国以混生竹为主的混生竹林区主要位于长江以南、南岭以北，包括浙江、

图 4-1　毛竹

图 4-2　刚竹

江西、湖南、贵州、云南北部、福建西部、四川南部等地区。该地区散生竹和混生竹互相混合分布，是我国竹林面积最大，资源最丰富的地区，为我国经济栽培竹林的重要区域。

竹子种类虽然繁多，但工业化利用价值最好的竹种并不多，有 10 余种。在建筑、家具、竹制品中使用较多的竹种如下。

（1）毛竹（*Phyllostachys heterocycla* var. *pubescens*）

又称"楠竹""孟宗竹"等，禾本科竹亚科刚竹属，如图 4-1 所示。毛竹是我国竹类植物中分布最广、用途最多、经济价值最高的优良竹种。毛竹秆形粗大端直，高可达 20m 以上，胸径 8～16cm，最粗可达 20cm。材质坚硬强韧，劈蔑性能良好，可作脚手架、竹筏、农具、工艺品等，也是竹集成材、竹重组材、竹胶合板、竹层压板等的理想材料。同时毛竹可以作家具的骨架，十分结实，是制作竹家具的理想材料。

（2）刚竹（*Phyllostachys sulphurea* cv. *viridis*）

又称"台竹""光竹"等，禾本科刚竹属，如图 4-2 所示。刚竹在我国长江流域分布广泛，其竹秆质地细密，坚硬易脆，劈蔑性能、韧性都较差，一般作晒衣杆、农具柄用，也适合做大件家具的骨架材料。

（3）淡竹（*Phyllollostachys glauca*）

又称"白夹竹""钓鱼竹"等，禾本科刚竹属，如图 4-3 所示。竹秆长，直径较小，竹秆节间细长，质地坚韧，整竿使用和劈蔑使用均佳，是制作花竹家具的理想用材，同时也多用

图 4-3　淡竹

图 4-4　慈竹

于竹编织品的制作。

（4）慈竹（*Neosinocalamus affinis*）

又称"甜慈""茨竹""钓鱼慈"等，禾本科慈竹属，如图4-4所示。慈竹属丛生竹，是我国西南地区栽培最普遍的篾用竹种。其竹竿壁薄，节间长，材质柔韧，劈篾性能优良，是编织农具、工艺品和竹家具的优良材料。

（5）桂竹（*Phyllostachys bambusoides*）

又称"月季竹""麦黄竹"等，禾本科刚竹属。桂竹竹秆高大，胸径较粗，材质坚韧致密，是重要的材用竹种。桂竹成材早，产量高，坚硬而有弹性，适宜作建筑、竹制品、劈篾编织品等用材。采用不同的工艺可以生产出或空灵秀雅、或朴质敦实的各类竹家具。

（6）青皮竹（*Bambusa textilis*）

又称"篾竹""山青竹"等，禾本科竹亚科簕竹属。青皮竹生长快、产量高，竹秆通直，干后不易开裂，材质柔软，纤维坚韧，为优质篾用竹种之一，宜编织农具，工艺品和各种竹器等。整秆可用于建筑搭棚、围篱、支柱、家具或造纸等。

（7）茶竿竹（*Pseudosasa amabilis*）

又称"清篱竹""沙白竹"等，厘竹科刚竹属。主产于广东、广西、湖南南部的丘陵沟谷地带。竹秆坚韧挺拔，具有通直、节平、肉厚、弹性强、久放不生虫等优点。经沙洗加工后，洁白如象牙，可制作各种用具、工艺品及家具等。

（8）苦竹（*Pleioblastus amarus*）

又称"伞柄竹"，禾本科大明竹属。苦竹为我国竹类中分布广，经济价值高的竹种，主产于江苏、安徽、浙江、福建、云南、贵州等地区。竹秆直而节间长，大者可以作为伞柄、帐竿，小者可以作为笔管，也可造纸或劈篾作为编织品使用。此外，苦竹还有很好的药用价值。

（9）车筒竹（*Bambusa sinospinosa*）

又称"车角竹""水筋竹"等，禾本科簕竹属。竹秆粗大而通直，竹壁厚，中空小，竹材坚韧厚硬，常用于建筑或用作水车的盛水筒，故得名"车筒竹"。

（10）硬头黄竹（*Bambusa multiplex*）

禾本科簕竹属。主产于广东、广西、四川、福建、江西等地区。竹壁厚，竹材坚硬，可作为担架、农具柄、撑篙及竹材加工使用。

此外，常见的竹种还有撑篙竹、凤凰竹、粉单竹、麻竹、斑竹、棕竹等。

各种竹材在性能上有固有的共性，但每一种又有各自不同的材质特点，家具对竹材的选用应根据使用部位、功能、装饰要求等选用。例如：骨架用材要求质地坚硬，挺直不弯、力学性能好的竹材；而编织用材则要求材性坚韧柔软、竹壁较薄、竹节较长、篾性好的中径竹材。

### 4.1.2 竹材的特性

#### 4.1.2.1 竹材的基本形态与特性

竹类植物营养器官包括根、地下茎、竹秆、竿芽、枝条、叶、竿箨等；生殖器官包括花、果实和种子。竹材主要是指竹秆部分，竹材的基本形态由竹竿决定。竹秆是竹子的主体，它是竹子利用价值最大的地方。竹秆是竹子地上茎的主干，分竿身、竿基、竿柄三个部分，其中竿身则是竹家具的主要原料。竹秆具有明显的竹节和节间两部分，不同竹种竹竿的节数和节间长度差异很大，毛竹竹秆的节数可达70左右，而小型竹种的竹秆仅有十几个节，节间的长度也由几厘米到1m以上不等。竹秆外形多为圆锥体或椭圆体，竹秆的长度、径级、竹壁厚度和竹节的数量，都依竹子的种类而不同，其差异很大。

竹材和木材都是天然生长的有机体，与金属、玻璃等人造材料不同，均属非均质和各向异性的材料。竹材相较于木材而言，在外观形态、结构和化学组成等方面还是有很大的差别。竹材具有相对独特的物理和机械性能，与木材相比的特点如下：

（1）强度大、刚性好，耐磨损

竹材的抗拉强度为一般木材的2～3倍，竹材的静弯曲强度和静弯曲弹性模量为一般木材的3～5倍，竹材的硬度与普通的硬阔叶材相近。

（2）易加工、用途广泛

竹材纹理通直，剖成的竹蔑可编织成各种图案的工艺品、家具、农具和各种生活用品。竹子还可通过烘烤弯曲成型，制成各种曲线造型的家具或其他竹制品。

但竹材也有一些利用上的缺陷，在相当程度上限制了其优异性能的发挥。

（3）直径小、壁薄中空、具尖削度

竹材直径相对于木材较小。毛竹的胸径多在7～12cm，而直径小的竹材只有1～5cm。而且竹材壁薄中空，其直径和壁厚由根部至梢部逐渐变小，毛竹根部的壁厚最大可达15cm，而梢部壁厚仅有2～3cm。与实心的木材相比，竹材的这一特性，使其难以像木材那样进行锯切、旋切和刨切的加工。

（4）结构不均匀

竹秆圆筒状的外壳称为竹壁，竹壁由外向内分别为竹青、竹肉和竹黄。外层的竹青，组织致密，质地坚硬，表面光滑，附有一层蜡质；内层的竹黄，组织疏松，质地脆弱。此两层对水和胶黏剂的润湿性较差。中间的竹肉，性能介于竹青和竹黄之间，是竹材人造板利用的主要部分。由于三者之间结构上的差异，导致了它们在密度、含水率、干缩率、强度和胶合性能等方面都有明显的差异。这一特性给竹材的加工和利用也带来很多不利的影响。

（5）各向异性显著

竹材和木材都具有各向异性的特点，但是由于竹材中的维管束走向平行而整齐，纹理一致，没有横向联系，因而竹材的纵向强度大、横向强度小、容易产生劈裂。一般木材纵横两个方向的强度比约为20:1，而竹材却高达30:1，加之竹材不同方向及不同部位的物理力学性能、化学组成都有差异，因而给加工和利用带来很多不稳定的因素。

（6）易虫蛀、腐朽和霉变

竹材的浸提物中不含有如木材心材中的单宁、生物碱等防腐成分，且比一般木材含有较多的营养物质，这些有机物质是一些昆虫和微生物（真菌）的营养物质。其中蛋白质含量为1.52%～6%，糖类2%左右，淀粉类2.02%～6.0%，脂肪和蜡质为2.0%～4.0%，因而在适宜的温度、湿度下保管和使用，都容易引起虫蛀、变色和霉腐。竹材的腐烂与霉变主要由腐朽菌寄生所引起，大量试验表明未经处理的竹材耐久性也较差。

（7）易褪青、褪色

竹材独特的色泽是竹家具及其他竹制品的重要造型要素。幼年竹竿的表层细胞内常含有叶绿素而呈亮丽的绿色，而老年竹竿或采伐过久的竹竿则因叶绿素变化或破坏而呈暗淡的黄色。采伐后的竹材如贮存不当，其光泽、色彩、纹理更容易变化消退。

（8）耐久性差，易燃烧

竹材在外部热源的作用下，温度逐渐升高，当达到分解温度（280℃）时产生可燃性气体，当有足够的氧气和热量时就会着火燃烧。

#### 4.1.2.2 竹材的物理性质

竹材是一种特殊的材料，它与木材都是大自然赋予人类的一种天然生长的有机体，它的物理性质主要包括：密度、含水率、吸水性、流体渗透性、干缩率、尺寸稳定性。

（1）密度

竹材的密度是指竹材单位体积的质量，用 $g/cm^3$ 来表示。竹材的密度是一个重要的物理量，具有重要的实用意义。据此可估计竹材的重量，并可判断竹材的其他物理力学性能。一般而言，同一竹种的竹材，密度大，其力学强度就大，反之力学强度就小。因此竹材的密度也与竹材的性能有着密切关系。密度有多种表示方法，同一竹材用不同的表示方法，其密度值不同。常用竹材密度有基本密度、气干密度、生材密度、绝干密度 4 种，其计算方法与木材一样。

竹材的密度与竹子的种类、竹龄、立地条件和竹竿部位都有着密切的关系，几种主要经济竹种的密度见表 4-1。

表 4-1　几种主要经济竹种的密度

| 竹　种 | 密度（g/cm³） | 竹　种 | 密度（g/cm³） |
|---|---|---|---|
| 毛竹 | 0.81 | 硬头黄竹 | 0.55 |
| 刚竹 | 0.83 | 青皮竹 | 0.75 |
| 淡竹 | 0.66 | 慈竹 | 0.46 |
| 茶竿竹 | 0.73 | 撑蒿竹 | 0.61 |
| 苦竹 | 0.64 | 凤凰竹 | 0.51 |
| 车筒竹 | 0.50 | 麻竹 | 0.65 |

（2）含水率

竹材中所含水分的数量，通常以含水率表示。含水率有两种表示方法，一种是绝对含水率；另一种是相对含水率，其计算方法与木材一样。

在木材科学和工业生产中，一般都使用绝对含水率。一般来说，竹龄愈老，竹材含水率愈低；幼龄竹材含水率高。在同一竹竿中，基部的含水率比梢部的含水率高，即竹竿从基部至梢部，其含水率呈逐渐降低的趋势。在同一竹竿、同一高度的竹壁厚度方向上，竹壁外侧（竹青）含水率比中部（竹肉）和内侧（竹黄）低。

（3）吸水性

竹材的吸水与水分蒸发是两个相反的过程，干燥的竹材吸水能力很强。竹材的吸水速度与其长度成反比，即长度越大，其吸水速度越慢。而竹材的吸水速度与竹材的宽窄关系不大。这一现象说明，竹材的吸水和竹材水分的蒸发一样，主要是通过横切面进行的。竹材吸收水分后和木材一样，各个方向的尺寸和体积均增大，强度下降。

（4）干缩率

竹材和木材一样，当含水率高的时候，在空气中或在强制干燥的条件下，竹材内部的水分就会不断蒸发而导致竹材几何尺寸的缩小，称之为干缩。竹材水分的蒸发速度在不同的切面有很大的差别。以毛竹为例，当水分蒸发速度最大的横切面设定为 100% 时，则弦切面、径切面、竹黄面、竹青面依次分别为 35%、34%、32%、28%。竹材干缩通常比木材小，但同样存在着不同方向的干缩率差异。这是因为竹材的干缩率主要是竹材维管束的导管失水后产生干缩所致，而竹材中维管束的分布疏密不一，分布密的部位干缩率就大；分布疏的部位，干缩率就小。

竹子的干缩同竹材的方向、竹壁的部位、竹龄、竹材含水率等有关。

各个方向的干缩率，以弦向最大，径向（壁厚）次之，高度方向（纵向）最小。

各个部位的干缩率，弦向干缩中竹青最大，竹肉次之，竹黄最小；反之，纵向干缩中，则竹青最小，竹肉次之，竹黄最大。

不同竹龄的干缩率，竹龄愈小，竹材弦向和径向的干缩率愈大，随着竹龄的增加，弦向和径向的干缩率逐步减小。

竹种不同，其干缩率也不同，不同的竹种其干缩率差异较大。

（5）尺寸稳定性

竹材的吸湿性是竹材的一种不良性质，竹材的吸湿性，会导致竹材尺寸不稳定，甚至发生翘曲变形和开裂，以及竹材力学性质的下降，致使竹材和竹材制品质量下降，影响竹材使用。

竹材吸湿率的高低，与竹种的特性和吸湿过程的条件有关，其中尤以空气温度、湿度的影响力最重要。不同竹种具有不同的吸湿性，这是由于竹材化学成分不同的结果。在竹材化学成分中，半纤维素的吸着能力最高，其次为纤维素，木质素最低。竹材提取物对吸湿性影响很大，通常浸提物含量高的竹材吸湿性低。空气温湿度的高低，也决定着竹材吸湿性的大小。在一定温度下，竹材的吸湿率随空气相对湿度的升高而增大。

竹材的化学成分对竹材的吸湿性也有着重要影响。如竹材中的其他亲水成分，如果胶质和半纤维素，也影响竹材的吸湿性。竹材的吸湿膨胀和干燥收缩，具有各向异性特点，如轴向尺寸变化小于弦向，主要是由于各种化学成分在竹材内部的不均匀分布引起。木质素对竹材的尺寸稳定性也有重要影响，由于木质素占据了竹材细胞壁之间的吸水空间，没有木质化的细胞壁通常比已经木质化的细胞壁干缩湿胀大。

#### 4.1.2.3 竹材的化学性质

竹材的化学成分，除了主要成分纤维素、木质素和戊聚糖外，还有溶液抽提物和灰分。竹材的化学组成与阔叶材接近。

纤维素是竹材细胞壁构成的基本物质。一般竹材中，纤维素的含量为40%~60%。同一竹种不同竹龄的竹材中纤维素含量不同。

半纤维素在竹材中的含量一般为14%~25%。同一竹种不同竹龄的竹材中半纤维素含量不同；不同竹种的竹材，其半纤维素的含量也不同。

木质素在竹材中的含量一般为16%~34%。同一竹种不同竹龄的竹材中木质素含量不同；不同竹种的竹材，其木质素的含量也不同。

一般随着竹龄的增加，纤维素、半纤维素的含量逐年减少，木质素的含量逐年增加，一般竹龄在6年后趋于稳定，因而其物理和力学性能也趋于稳定。因此作为工业用材的竹子，一般应使用竹龄为6年以上的竹子较为合理。

纤维素、半纤维素、木质素是形成竹材细胞壁主要成分的聚合物，直接参与竹材材质的形成，三者总量在80%以上；油脂、精油、单宁、色素、果胶、蛋白质、灰分等成分也沉积在细胞壁内，但多数存在于细胞内腔或特殊组织内，直接或间接与竹材的生理作用有关。各种竹材化学成分的含量因竹种不同而有明显差异；同一竹种因遗传因子和生态环境可产生很大的变异；即使同一竹材体内，各种化学成分的含量也随竹竿的高度、厚薄不同而有所差异。

#### 4.1.2.4 竹材的力学性质

竹材具有强度高、硬度大、韧性强、耐磨性好等优良的力学性能，因此它既是一种良好的工程结构材料，又是一种良好的装饰材料。竹材的力学性质是竹材性能的一个重要方面，包括抗拉强度、抗压强度、静曲强度及抗剪、硬度、抗冲击性能等。竹材的抗拉强度约为木材的2倍，抗压强度比木材高10%左右。钢材的抗拉强度是竹材的2.5~3.0倍，但钢材的密度为竹材的10倍左右，因此，竹材的比强度为钢材的3~4倍。此外，竹材还具有很好的弹性和较好的柔软性。毛竹竹材与几种木材的力学强度比较见表4-2。

竹材力学性质与竹种、竹竿部位、竹龄、含水率、立地条件等密切相关，且差异较大。

**表4-2 毛竹竹材与几种木材的力学强度比较**

| 材　料 | 密度（g/cm³） | 纵向静弯曲强度（MPa） | 纵向静弯曲弹性模量（MPa） | 硬度（MPa）（弦向径向平均值） |
|---|---|---|---|---|
| 毛竹 | 0.789 | 152.0 | 12062.2 | 71.6 |
| 泡桐 | 0.283 | 34.89 | 4310.0 | 10.63 |
| 大青杨 | 0.390 | 53.80 | 7750.0 | 15.73 |
| 鱼鳞云杉（白松） | 0.451 | 73.60 | 10390.0 | 16.01 |
| 桦木 | 0.615 | 85.75 | 8820.0 | 36.99 |
| 麻栎 | 0.842 | 111.92 | 15580.0 | 73.21 |

表 4-3　毛竹竹龄对其竹材力学强度的影响

| 竹龄 | 幼竹 | 1年生 | 2年生 | 3年生 | 4年生 | 5年生 | 6年生 | 7年生 | 8年生 | 9年生 | 10年生 |
|---|---|---|---|---|---|---|---|---|---|---|---|
| 力学强度（MPa） | — | 135.35 | 174.76 | 195.55 | 186.15 | 184.83 | 180.64 | 192.40 | 214.93 | 185.70 | 185.61 |
| 抗拉强度/抗压强度 | 18.48 | 49.05 | 60.61 | 65.38 | 69.51 | 67.53 | 68.51 | 67.45 | 75.51 | 64.89 | 62.68 |

（1）含水率

竹材和木材一样，在纤维饱和点以下时，其强度随含水率的增加而降低；在纤维饱点以上时，含水率增加，则强度变化不大。当竹材处于绝干状态时，因质地变脆而强度下降。

（2）竹竿部位

竹材主要由具有厚壁细胞的维管束和薄壁细胞组成的基本组织所构成，所以维管束的多少及其分布是影响竹材强度的关键。由于在竹材的高度方向，维管束密集度由下而上逐渐增大，在竹壁厚度方向，维管束密集度由外而内逐渐减小。所以在同一竹竿上，一般上部比下部的力学强度大；竹壁外侧（竹青）比内侧（竹黄）力学强度大。

（3）竹龄

竹材强度与竹龄有着密切关系。竹子在生长期，随着竹龄的增加，其木质化程度逐步提高，这无疑将增加竹材的强度。一般 2 年以下的幼竹强度较低，其后力学强度逐年提高，5~8 年生竹材的力学强度稳定在较高水平，9~10 年及以上竹龄的竹材，由于纤维老化发脆，力学强度会有所降低。对毛竹而言，这种影响关系见表 4-3。竹材强度对竹材的加工利用至关重要，故采伐时必须选择好适合的竹龄。一般，毛竹的最佳采伐年龄以 6~8 年生的为好。

（4）立地条件

一般来说竹林立地条件越好，竹子生长越快，但竹材组织疏松，故力学强度较低；反之在立地条件较差的地方，竹子虽生长缓慢，但竹材组织紧密，其力学强度也较高。

（5）竹种

不同竹种，其内部结构不同，因此在力学性能上也必然会有差异，见表 4-4 所列。

表 4-4　几种竹材的力学性质

| 力学性质（MPa） | 毛竹 | 慈竹 | 麻竹 | 淡竹 | 刚竹 |
|---|---|---|---|---|---|
| 抗拉强度 | 188.77 | 227.55 | 199.10 | 185.89 | 289.13 |
| 抗弯强度 | 163.90 | — | — | 213.36 | 194.08 |

### 4.1.3　竹材在家具中的应用

#### 4.1.3.1　竹家具的种类

竹家具是指以竹材为基本材料的家具。按照其结构形式可将竹家具分为：圆竹家具、竹集成材家具、竹重组材家具、竹材弯曲胶合家具。

（1）圆竹家具

圆竹家具是指以形圆而中空有节的竹材竿茎作为家具主要零部件，并利用竹竿弯折和辅以竹片、竹条（或竹篾）的编排而制成的一类家具。以椅、桌为主，其他也有床、花架、衣架、屏风等，如图 4-5 至图 4-7 所示。

用于圆竹家具生产的主要有毛竹、刚竹、淡竹、茶竿竹、车筒竹、硬头黄竹、撑篙竹、青皮竹、凤凰竹、粉单竹、麻竹、慈竹、苦竹等。在适宜的气候和栽培条件下，这些竹材都具有材性好、易繁殖、生命力强、生长快、产量高、成熟早、轮伐期短等特性。

我国传统的圆竹家具结构形式主要分为三大类：框架结构、板件结构和装配结构。圆竹家具最常用的连接形式是包接和榫接结构，制作工艺简单，无须复杂的加工机械，至今仍然

图 4-5 德国设计师的"荞麦"（Soba） 　　图 4-6 圆竹方桌 　　图 4-7 利志荣作品（新竹）

是运用广泛的连接形式。但是，另一方面，这些结构也存在弊端，比如基本上为不可拆装的固定结构，不仅浪费材料，生产效率低，不利于实现产品的标准化。未来的圆竹家具可结合新材料、新技术，研究圆竹家具的结构制作方法与系列化、通用化。

（2）竹集成材家具

竹集成材是一种新型家具材料，它是通过以天然竹材为原料加工成一定规格的矩形竹片，经三防（防腐、防霉和防蛀）处理、干燥、涂胶等工艺处理进行组坯胶合而成，图 4-8 所示为不同结构形式的竹集成材。竹集成方材的加工过程如图 4-9 所示。

竹集成材作为一种新型的家具基材，继承了传统竹材的良好物理力学性能，如尺寸稳定性好、强度大、刚度好、耐磨损，且幅面大、变形小等，表 4-5 是竹集成材与几种木材的部分力学强度和干缩性的比较。其次，竹集成材的加工性能优越，可进行锯截、刨削、镂铣、开榫、钻孔、砂光、装配和表面装饰等加工方式。新型竹集成材家具具有不开裂、防虫蛀、防霉变的性能。竹集成材与传统木质家具所使用的复合材料相比较，具有更低的游离甲醛挥发成分和良好的耐候性等优点，具有环保特性。

图 4-8 不同结构形式的竹集成材

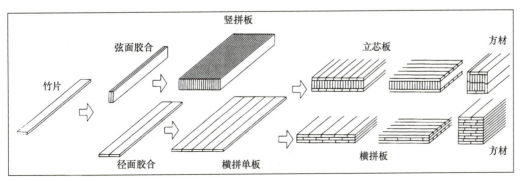

图 4-9 竹集成方材的制备过程示意

表 4-5　竹集成材与几种木材的部分力学强度和干缩性的比较

| 材　料 | 抗拉强度（MPa） | 抗弯强度（MPa） | 抗压强度（MPa） | 干缩系数（%） |
|---|---|---|---|---|
| 竹集成材 | 184.27 | 108.52 | 65.39 | 0.255 |
| 红松 | 98.10 | 65.30 | 32.80 | 0.459 |
| 橡木 | 153.55 | 110.03 | 62.23 | 0.392 |
| 杉木 | 81.60 | 78.94 | 38.88 | 0.537 |

传统圆竹家具受其结构和工艺的限制，难以实现系列化、标准化、通用化的大批量生产；其整体结构也给家具产品的包装、运输带来局限。相比传统竹制家具，竹集成材家具的制造工艺简单，易于实现工业化；家具的结构也可打破整体结构的限制，可以做到部件化和可拆装，方便包装及运输。

竹集成材家具在市面上目前有三种形式，分别为以榫接合为主的传统家具、现代板式竹集成材家具和造型优美的竹集成材弯曲家具。

竹集成材家具的未来趋势是向着拆装式板式部件标准化方向发展，这可以使竹家具机械化生产效率大大提高，从而降低产品生产的成本。新型竹集成材家具还力求实现家具的模块组合、延展，通过材料的多种应用和丰富的色彩变化，使其在风格上形成多样化，以满足不同层次消费者需求，如图 4-10 至图 4-12 所示。

目前，我国现行的关于竹集成材的行业标准为 LY/T 1815—2009《非结构用竹集成材》，其中规定了用于家具、建筑内部装饰装修等方面的非结构用竹集成材的定义、分类、技术要求、检验方法等内容。

LY/T 1815—2009
非结构用竹集成材

图 4-10　竹集成材板式家具

图 4-11　"回"系列竹集成材家具

图 4-12　现代简约风格的竹集成材客厅家具

（3）竹重组材家具

竹重组材是一种将竹材剖分、疏解，然后再重新组织并加以强化成型的竹质新型材料。这种材料能充分合理地利用竹材纤维材料的固有特性，既保证了材料的高利用率，又保留了竹材原有的物理力学性能。竹重组材家具就是指利用这种材料加工而成的家具。竹重组材家具既可以做成框架式结构，也可以做成板式结构；可以做成固定式结构，也可以做成拆装式结构。

竹重组材具有高强度、低碳环保、高耐候性、阻燃、净化空气、使用寿命长等特点。提高竹材的利用率，实现"以竹代木"。竹重组材的表面纹理富于变化，外观美丽。其色彩也可以制成如浅黄褐色或炭化呈茶褐色等，还可根据需要染成各种珍贵木材的材色。由于竹重组材在色泽、纹理、材性等方面与红木类的木材很相似，因此还可以利用竹重组材代替红木，制造具有中国传统风格的家具，如图 4-13 所示。

（4）竹材弯曲胶合家具

竹材弯曲胶合是在木质薄板弯曲胶合工艺技术的基础上发展起来的。它是将一叠涂过胶的竹片按要求配合成一定厚度的板坯，然后放在特定的模具中加压弯曲、胶合成型形成各种曲线形零部件的一系列加工过程，所以也称为竹片弯曲胶合工艺。竹材弯曲胶合家具主要是利用竹片、竹单板、竹薄木等材料，通过多层弯曲胶合工艺制成的一类家具。

图 4-13 曲美"萬物"系列家具

图 4-14 竹材弯曲胶合家具

GB/T 32444—2015
竹制家具通用技术条件

用竹片胶合弯曲的方法可以制成曲率小、形状复杂的零部件，并能节约竹材和提高竹材利用率；可以设计成多种多样弯曲件，使弯曲件造型美观多样、线条优美流畅，具有独特的艺术美；具有足够的强度，形状、尺寸稳定性好。图4-14所示为两款竹材弯曲胶合家具。

目前我国现行的关于竹制家具的标准有GB/T 32444—2015《竹制家具通用技术条件》，该标准对竹家具的定义、产品分类、要求、试验方法、检验规则及标志、使用说明、包装运输、贮存等方面提出了具体要求。

#### 4.1.3.2 竹家具的造型特征

在中国传统文化中，竹因其独特的自然物性特征，如空心有节、坚韧、常青、清拔凌云等，与中国传统的审美趣味、伦理道德意识相契合，具有深厚的传统文化内涵。竹家具也因而充满大自然的质朴和温馨，其返璞归真的造型、质感和色彩深受人们喜爱。

（1）造型形态的特征

竹材的特殊构造形成了竹家具特有的造型特征，流畅的线条感和穿插搭接的结构之美是竹家具最典型的造型特征。

① 丰富的线型变化：竹家具造型多以线为主，线型富于变化。线条的圆方、直曲、长短、虚实、疏密、宽窄等，赋予家具以不同的节奏感和韵律感，如图4-15、图4-16所示。

竹家具还可以利用骨架线的疏密、线型的变化以及面层穿插编织的花纹等对家具的椅靠背、桌面、柜门等重点部位进行装饰处理，如图4-17至图4-20所示。

② 结构形成的造型美：竹材具有可劈可篾、可直可弯、可粗可细以及穿插搭接等特性，为竹家具富于变化的造型奠定了材料基础。例如竹藤家具骨架的接合常采用缠接的接合手法，裸露的节点带有明显的手工造型的痕迹，显示出独特的质朴的风格，看似纤细轻盈，实则安

图4-15 线与面的对比

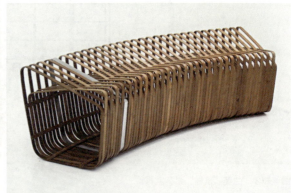

图4-16 节奏的韵律感

图4-17 传统工艺穿结编织的线型

图4-18 现代工艺技术的线条美

图 4-19　刚柔并济的线条　　图 4-20　粗犷线条的休闲风格

定坚韧，这即是竹家具的特征，如图 4-21 和图 4-22 所示。图 4-23 是我国台湾设计师石大宇的作品，线条单纯而简练，极具现代感。将传统材料竹材与现代外形结合起来，是新旧混搭的最佳体现。

③ 板件的编织形态：用竹篾等围绕骨架线编织而成，并依据骨架的方圆曲直而呈现不同的形态，是竹家具中应用非常广泛的面层构造形式，也是家具精工细作的典范。图案的穿结与编织经历了历代能工巧匠的吸收与提炼，逐渐形成了线条纤巧有致、构图精巧大方的极其丰富的编织形态。编织的图案既给人以面的严谨，又富有线型的组合变化与高低疏密，左斜右挑营造出了浓郁的古典风情，如图 4-24 所示。

（2）色彩的特征

竹家具主体色为竹材的竹本色或竹材的工艺着色。竹材表面保青或刮青处理会使竹材呈现一定的色泽，称为竹材的本色，这也是竹家具的基本色调。保青是通过化学药品固色使竹材呈现原有的绿色，使人感觉自然清新。刮青则是刮去竹青层而呈现出淡黄色的竹黄，淡雅纯朴。

图 4-21　缠扎编织的结构美　　图 4-22　骨架的缠扎接合

图 4-23 竹家具的韵律美(石大宇作品"椅君子")

图 4-24 面层的编织

图 4-25 工艺着色的竹材客厅家具

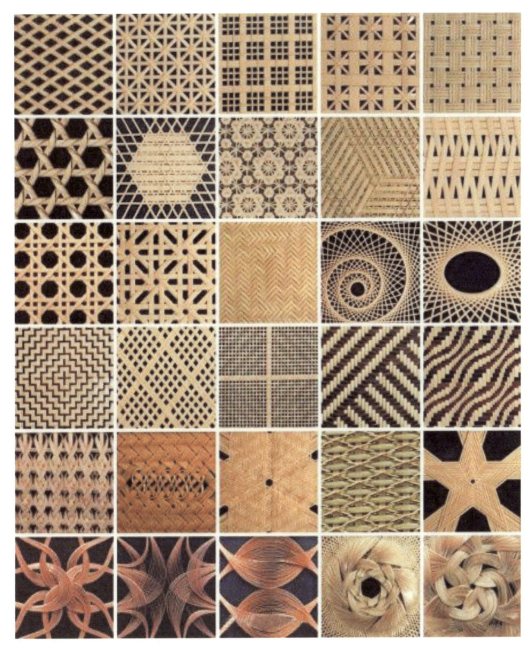

图 4-26 竹编图案

此外,竹材进行特殊工艺处理还会产生不同的色彩效果。如染色、油漆、炭化或硫酸液涂饰火烤等工艺处理,可使材料呈现多种特殊的色泽或不规则的斑纹,如图 4-25 所示。

(3)质感与肌理的特征

竹材本身具有独特的天然纹路,纹理清晰可见,竹家具更是给人一种质朴自然、淡雅清新的感觉,且竹节错落有致,外形上也有复古典雅的美感。再加上竹材吸湿吸热的特点,在炎炎夏日吸汗去湿,给使用者带来良好的体感。

竹家具的质感与肌理除了竹材本身天然的材质纹理外,还主要体现在竹材骨架及竹篾等形成的穿插搭接的线型和编织的美感。尤其是竹篾围绕骨架的穿结编织,形成了各种或纤巧有致、或精致大方的编织图案,赋予了竹家具独特的肌理,如图 4-26 所示。

### 拓展阅读：竹家具的创新设计方向

未来竹家具的设计将有以下几个趋势：

（1）传统与现代的交融

从工艺的角度，从传统手工艺的切割、拉丝、编织、刨削、打磨、雕刻、热弯等到现代工艺的竹片炭化、竹片烘干、竹片精刨、竹片配色、压制胚板、喷漆等工艺，竹家具的制作工艺的进步为竹材的广泛应用提供了越来越多的可能性。设计师要在传统的工艺技法中汲取营养，结合现代科学技术，然后产生可实施但具有创新性的工艺，多关注其他材料的工艺，适度地引入新的技法，既保持竹材原本天然、质朴、健康、低碳的优秀品质，又能改进竹材易裂等缺点。

从造型的角度，竹材本身蕴涵的文化内涵决定了竹家具独特的风韵，现代竹家具设计中不仅要体现简约朴实的一面，还时常会利用竹材挺拔、多节、中空的特点，隐喻中国传统人格理想的正直、坚贞、浩然之气；采用简洁的直线要素，以亭亭挺立之势，带给人肃然端正感；或是以清淡素雅的色彩、简劲疏朗的造型，传达豁达洒脱的意境。

（2）结构的创新

应利用现代竹集成材、竹重组材等新型材料，借鉴木家具的结构连接形式，大胆发展与设计新型的竹家具结构形式，如图4-27所示。

（3）材质的混搭

材料的使用若采用单一材料会略显乏味，就像色彩一样要搭配这才会满足家具的表现和结构需求。同时还能通过其他材料烘托或者对比出竹材的特有的质感。竹材与木材、金属、塑料、石材等结合使用，可以展现不同的风格特征，如图4-28和图4-29所示。

图4-27（1）石大宇作品"几·逍遥"

图4-27（2）石大宇作品"清庭"节点

图4-28　竹材与织物结合

图4-29　竹材与树脂结合

## 4.2 藤 材

藤是热带和南亚热带森林宝库中的棕榈科攀缘植物，带刺，生长迅速，再生能力强，一般生长周期为 5~7 年。藤的种类繁多，全世界共有 13 属 600 余种，东南亚及其邻近地区有 10 个属，西非热带地区有 4 个属。

藤的生长周期短，一般生长 3~5 年后即可用于生产，藤条的采伐用的是修枝割杆法，此法留其根可以再生，且再生的藤条质地和外形会更好。藤在生态方面也发挥着重要作用，它既能适应退化的森林和贫瘠的土壤，也能在天然森林中很好地生长而不扰乱原有的生态结构及平衡。从各方面说，藤器的使用都有利于环保，藤条被联合国环保组织推荐为绿色环保居室材料。因此，藤家具也满足了消费者对家具环保及回归自然的追求。

### 4.2.1 藤材资源及种类

藤类是世界植物资源和森林资源的重要组成部分。人类对藤材及相关植物的开发与利用有着悠久的历史。人们在埃及发现的用灯芯草编的篮子，可追溯到公元前 2000 年，而在古罗马壁画上常常可见坐在柳条椅上的官宦大人的肖像。在古代印度和菲律宾地区，人们就选用藤来制造各种各样的家具，或将藤杖切割成极薄而扁的藤条，编辑成各种图案，做椅背，做橱门或藤器。

我国对藤的开发与利用有悠久的历史。中国在文明时代初期就开始用藤做家具，汉代以前，高足家具还没有出现，人们坐卧用家具多为席、榻，其中就有藤编织而成的席，藤席和竹席总称簟，是当时较高级的一种席。《杨妃外传》《鸡林志》《事物纪原补》等古籍，都有对藤席的记载。藤席成为中国最早的家具形态之一，如图 4-30 所示。汉代以后，随着生产力的发展，藤家具的种类日益增多，藤椅、藤床、藤箱、藤屏风等家具以及藤工艺品相继出现。时至今日，藤材在中国乃至世界许多地方仍是非常优良的家具用材，并以其朴实无华的自然之美和绿色环保的特性深受大众喜爱。

藤制家具采用的藤材的主要有棕榈藤、青藤和其他藤类。

（1）棕榈藤

棕榈藤是木质藤本植物，属棕榈科省藤亚科省藤族，全世界共有棕榈藤 13 属 600 余种。棕榈藤的藤茎是制作家具及工艺品的理想材料。我国棕榈藤商品藤种主要产自海南岛和云南西双版纳等地，海南以黄藤、白藤、大白藤、厘藤等为主，云南以小糯藤、大糯藤为主。然而与世界上盛产棕榈藤的国家，如马来西亚、印度尼西亚、菲律宾相比，我国仍属于少藤国家。

棕榈藤与木本类植物不同，它不是独立生长，而是有着极强的攀缘性，总是和其他的树木纠缠在一起，相伴而生。长期以来，由于过度采收和原始热带森林的锐减，野生藤资源产品和品质都逐年下降，有些藤种濒临灭绝。我国从 20 世纪 70 年代开始大规模种植棕榈藤，但产量不高，藤加工业所需的原料仍大量依靠进口。

图 4-30　最早的家具形态——席地而坐的藤席

图 4-31　藤茎原料

图 4-32　磨皮后的藤茎

棕榈藤是优质的藤材，是藤家具最主要的用材。藤条表皮一般为乳白色、乳黄色或淡红色，有的藤皮表面有斑点花纹，俗称斑藤，具有天然的装饰性，用这样的藤材制成的家具也称为花藤家具。此外还有玛瑙省藤，俗称竹藤，是藤中之王，材质优良，表面色泽好，是较昂贵的藤材。

（2）青藤

青藤是我国特有的野生植物资源，为防己科木质藤本植物，主要分布于我国陕西、湖北、四川、甘肃、湖南、贵州等地区，也是我国藤家具的主要生产原料之一。青藤的茎为实心而富韧性，干后表皮为米黄色，光滑悦目，耐腐、耐磨。青藤的人工栽培容易、见效快、效益高。青藤还常被赋予浓郁的人文气息，常被用来描述友谊、形容地久天长，因而有"长青藤"之称。

（3）其他藤类

其他藤类还有葛藤、紫藤、鸡血藤等，也被用于生产藤家具，多用于藤家具的编织。这类藤材曲折盘旋的特性和弯曲性能、编织性能都与棕榈藤很相似，但在品质和制成家具的档次上都劣于棕榈藤家具。

### 4.2.2　藤材的特性

#### 4.2.2.1　藤材的基本形态与特性

世界原藤 90% 来自天然棕榈藤，棕榈藤有 600 余种，但主要的商品藤种仅 20 余种。棕榈藤的主要器官有根、茎、叶和叶鞘、攀缘器官、花序和花、果实。

棕榈藤的茎是藤家具的主要原料，商业上俗称藤条。藤茎直径差异很大，从 3mm 到 20cm 大小不一。藤茎的长度随环境及种类的不同差异极大，有的可长达数百米。藤茎基部通常较粗，而向上逐渐变细，藤茎成熟时达到最大直径（图 4-31、图 4-32）。

商用藤的直径范围为 3~80mm。藤茎有节，节间长度受环境影响，株内变化很大，一般基部的较短。藤茎的直径是商用藤的分级基础，如印度尼西亚一般以 18mm 为大径藤及小径藤的分界，认为小径藤容易弯曲，弯曲时不折断，而大径藤难以弯曲，弯曲时会损坏。藤茎的色泽也因藤种、环境等影响有差异，表皮颜色有奶黄、乳白、灰褐、黄褐等，有或无光泽。一些优良藤种如小省藤、多穗白藤、白藤、麻鸡藤及云南省藤等均为奶黄色及乳白色，有光泽。

去鞘的藤茎外观很像竹子，且藤常与竹一同使用，因此人们也常把此类材料所制的家具称为竹藤家具，成为家具中的一个特殊门类。

棕榈藤的种类虽然很多，但许多藤种有自然缺陷导致品质较差，如节间短、节部隆起、直径不匀或颜色深、缺乏光泽等外观缺点，以及茎外围特别坚硬，内部却十分脆弱，缺乏弹性，弯曲时易折等结构上的缺陷，使得这些藤种得不到广泛的商业开发和利用。

#### 4.2.2.2 藤材的物理化学及力学性质

藤茎 0.5~1mm 厚的外层称为藤皮,内部称藤芯,藤皮纤维的比重及壁厚远大于藤芯,因此两者的密度和强度也有很大差异。在茎的不同高度上,由于机械组织结构的变化,藤皮和藤芯的物理性质自基部向上减弱。

在含水率方面,藤材生材含水率自基部向上增大。在温度 20℃、相对湿度 65% 条件下的平衡含水率也表现自基部向上增大。由于比重自基部向上减小,说明比重愈大,藤茎中保存水分愈少。我国广州地区藤材的气干含水率为 12.7%~16.0%。

在干缩率方面,同木材相比,藤材的纵向干缩率大,自藤茎基部向上,面积与体积的干缩率均表现减小趋势,纵向干缩率则呈增大趋势。

藤材的化学组成主要含有纤维素、半纤维素、木质素,同时内含物含量较高,藤茎木质素的化学组成类似阔叶树木材。

藤材的力学性质主要包括轴向抗拉强度及抗压强度。藤材抗拉强度约比抗压强度大 10 倍。一些含节部的拉力试样在节部破坏,表明节部可能是藤材的最弱点。用硫黄烟雾或漂白粉漂白藤材,可使抗拉强度减小,尤其藤芯;其中漂白粉的影响更大。野生藤强度大于栽培藤。藤材达到破坏时的(总)变形量大,而比例极限变形量的比值小,即具有较大的塑性变形,因此藤材柔韧,这种优良的工艺特性同藤茎的薄壁细胞含量高有关。

#### 4.2.2.3 藤材的特点

藤材材质密实坚固,轻巧坚韧,易于弯曲成型,其皮质外表爽洁,色质自然,耐水湿、易干燥,不怕挤压,柔韧而富有弹性。藤的特点是在饱含水分时极为柔软,干燥后又特别坚韧,所以缠扎有力,富有弹性。夏季清凉,冬季不硬而经久耐用。藤皮可编织成丰富的图案;藤材经漂白处理,色泽白净、光洁、美观。因此,藤材被广泛用于家具制作。在家具生产中,用藤大量缠绕家具骨架和编织藤面制成家具;藤也可编织成面用于椅座面、靠面和床面等,与木、金属、竹等结合使用,发挥各自材料的特长制成各种形式的家具。藤在竹家具中可作为辅助材料,用于骨架着力部位的缠扎及板面竹条的穿连。藤芯可用作家具的骨架,由于藤芯条易于弯曲,藤家具以线造型,线条优雅流畅,质感朴实无华,深受人们的青睐。

与竹材和木材相比,藤材具有质轻、弹性模量小而抗弯强度大的特点,在达到破坏强度时变形很大,具有良好的塑性,容易弯曲定型,因此可利用藤材进行各种自由流畅的造型,成为藤材独特的造型特色。与木材相比,藤材还具有生长快、采伐方便的特点,对藤材的利用可以在一定程度上减少木材资源的消耗。

但同时藤材也存在一些缺点,如柔软而刚性不足,容易引起虫蛀,在太潮湿环境中易变形、易发霉等。

### 4.2.3 藤材在家具中的应用

藤家具是指以藤材作为主要基材加工而成的家具。棕榈藤是制作藤家具的主要原料,在制作过程中还可以根据造型和结构的需要辅以柳条、芦苇、灯芯草、稻草等其他木本攀缘植物的秆茎,此外藤材还常和竹、木质材料、金属、玻璃、塑料、皮革、棉麻等多种材料组合,使家具的结构更合理,造型和艺术风格更加丰富。

世界最好的藤产自印度尼西亚。印度尼西亚地处赤道热带雨林地带,终年阳光充足、雨水充沛,火山灰土壤营养丰富,藤材品种多,产量大,藤条粗壮、匀称饱满,色泽均匀,品质上乘。

中国藤家具的传统地主要是云南腾冲、西双版纳,海南,福建,广东,香港,台湾等地,陕西汉中地区是青藤家具的主要产地。藤家具的生产今天依然主要集中于云南、华南地区及陕西汉中地区,在广州附近有现代化的大型藤厂。

图 4-33　藤与金属的组合　　　　图 4-34　藤与柳条编织的 Margherita 椅

　　藤家具产品的主要类型是椅凳类、沙发类、茶几类及装饰类的几架类。用于客厅、茶室、咖啡厅及宾馆这些场所的家具居多。主要的家具产品是以藤芯类的居多，家具饱满充实，富有视觉张力，坐感软硬适宜，色彩以本色、白色、樱桃红及咖啡色为多。藤条类的家具也占有一定分量，以它们特有的婉转悠扬和洒脱，体现实用和功能的完美结合。在家具的风格上，以简洁明快的为主，吸收古典实木家具的传统风格藤家具以其华贵和典雅特点显示出极大的市场竞争力，价位较高。在家具结构上，不可拆装式的藤家具占绝大多数，个别是折叠式的套叠式的藤家具。藤材与木材、竹、玻璃、钢材、塑料、皮革、棉麻等材料相结合的家具给人以耳目一新的感觉，使家具的结构更合理，造型和艺术风格更加丰富。

　　藤家具因藤材独特的色质和材性，具有独树一帜的艺术风格。藤材易于弯曲塑形，因而家具造型的塑造流畅、跃动、富于节奏和韵律。藤材自然的色泽和纹理，再加之藤篾、藤条或竹篾丰富多样的编织图案，又赋予藤家具淳厚朴实、优雅自然的美感（图 4-33、图 4-34）。

　　相比其他材料家具，藤材家具有以下几大优点：

　　① 藤制家具透气性强、手感清爽，质朴的藤本色有助于安神定气。

　　② 藤制家具冬暖夏凉，加上其在原始加工过程中要经过蒸煮、干燥、漂色、防霉、消毒杀菌等工序处理，格外耐用。

　　③ 再生能力强，藤是一种生长迅速的植物，一般生长周期为 5~7 年；可实现生物降解，因此藤器的使用有利于环保，不会对环境造成污染。

　　④ 密实坚固又轻巧坚韧、牢固，且易于弯曲成形，不怕挤、不怕压、柔顺又有弹性。

## 拓展阅读：工业用藤的质量要求

　　（1）原藤应无缺陷，包括基因、环境、生物缺陷和机械缺陷等。

　　（2）颜色和表面特性：全藤颜色均匀、光滑而明亮。

　　（3）物理特性，一般都要求藤条直、圆且坚实，理想特征：弹性好，表面细滑容易砂光，胶合性好，易吸收胶黏剂和清漆，容易干燥，弯曲和成型过程中耐热，弯曲时不会断裂或劈裂，汽蒸所需时间短。

　　对藤条和半成品藤制品的要求有：

　　（1）直度和直径的均匀性，包括标准长度、标准直径或标准而均匀的厚度和宽度。对于大径和小径藤的标准长度，印度尼西亚、马来西亚和菲律宾分别为 2～3m 和 5～7m、3m 和 6m、4m 和 3～6m。

（2）藤茎大小适宜加工处理。

（3）良好的硬度、握钉力和机械特性，易于胶合，且强度高适于捆绑和编织。

（4）节子不太大或太厚，连续机械加工时可减少废料。

（5）弯曲耐性（Bending Tolerance，Bt）好。根据藤条能圈成的最小圆环的直径，可将藤划分为硬、中和软三类。硬，Bt＝藤径（mm）× 系数（4.2～4.5）；中，Bt＝藤径（mm）× 系数（3.7～4.0）；软，Bt＝藤径（mm）× 系数（2.8～3.5）。

（6）防水性和涂饰性好。

（7）质地细而光滑，可砂光。

（8）胶合性好。

#### 4.2.3.1 藤家具的种类

藤家具有着悠久的历史，经过长期的发展和演变，藤家具从最初的藤席，到之后用于藤编的座面、藤椅、藤箱、藤床，从过去单一的材料类型发展为各种综合材料的组合，藤家具的品类日益丰富，藤家具产业的发展也日益兴盛。尤其在当今全球森林资源日渐匮乏的严峻形势下，绿色设计和环境保护成为家具业发展的核心之一，藤材家具作为一种非木材林产品，在当今的家具行业有着很强的竞争优势。目前国际市场上的藤家具按其功能、品种、结构、特点、使用场所、造型风格、藤材种类、藤材材料结构等类型繁多，各具特色。如以藤材材料结构为主，可以将藤家具分为以下几类。

（1）藤皮家具

藤皮家具是指外表以藤皮为主要原料加工而成的家具，家具的骨架是藤条。这类家具的特点是表面质地光滑，表面虚实结合，图案感强（图 4-35 和图 4-36）。

（2）藤芯家具

藤芯家具是指以藤芯为主要原料加工而成的家具。这类家具是现代精工细作的典范，突出了藤芯较为粗糙自然的肌理，整体感觉厚重，饱满充实，富有视觉张力（图 4-37）。

（3）原藤条家具

原藤条家具是指藤材表面不做特殊处理，而用原藤条直接加工而成的家具。这类家具在藤家具中最具有朴实自然的田园气息，造型往往粗犷有力，拙而不笨，色泽淳厚自然，且随着岁月的流逝，家具的色泽会经历从浅到深的变化（图 4-38）。

（4）磨皮藤条家具

磨皮藤条家具是指用磨去了藤条表层的蜡质层后的磨皮藤条加工而成的家具。这类家具常进行涂饰处理，色彩更加丰富（图 4-39）。

图 4-35　藤皮家具 1　　　　图 4-36　藤皮家具 2　　　　图 4-37　藤芯家具

图 4-38 原藤条家具

图 4-39 磨皮藤条家具

图 4-40 藤木家具

（5）多种综合材料结构家具

一般意义上的藤家具是以藤材为主要原料加工而成的家具，而随着藤家具及家具材料的发展，藤家具的含义有了进一步的延伸，多种材料综合构成的藤艺家具成为当今家具的重要组成部分。同时将竹、木、金属、玻璃、塑料等与藤材相结合，既可以保证藤资源的可持续利用，又可以利用藤材柔韧特点，制作曲率较大的装饰性构件，营造刚柔并济的艺术效果。

此类藤家具中常见的类型如下：

① 藤—竹家具：以藤条或竹竿为骨架，藤篾或竹篾为编制材料，藤皮为包扎材料加工而成的家具。

② 藤—木家具：以木质材料为家具主体，利用藤材的韧性来加工装饰性部件及弯曲构件而制成的家具（图 4-40 至图 4-42）。

③ 藤—金属家具：以金属材料，如钢筋、钢管作为骨架材料，藤芯或藤皮作为编织材料加工而成的藤家具。由于金属强度大，这类家具常可做出轻盈纤细、简洁现代的视觉效果，金属和藤材在色泽和质感上的对比，也赋予这类家具独特的艺术特色（图 4-43 至图 4-45）。

④ 藤—玻璃家具：这类家具多以藤材作为家具的主体，玻璃作为家具的功能或装饰构件，突出了玻璃光洁现代与藤材古朴自然的质感间的对比（图 4-46）。

除了上述材料外，藤家具中藤材还常与皮革、织物、塑料等多种材料综合使用，利用材质间的对比呼应，创造出不同的风格（图 4-47、图 4-48）。

图 4-41 藤木家具——汉斯·威格纳的孔雀椅

图 4-42 国外藤木家具

图 4-43　藤与金属——密斯·凡·德·罗 Mr. 椅　　图 4-44　藤—金属家具

图 4-45　藤与金属休闲椅　　图 4-46　藤—玻璃家具

图 4-47　藤与织物布艺　　图 4-48　自由多变的造型

#### 4.2.3.2 藤家具的造型特点

藤家具在造型上总体而言具有朴实自然、清新雅致、流畅秀美的艺术特色，这得益于藤材独特的色质与性能。

（1）丰富的造型形象与独特的形式美

藤材独特的色质与性能赋予了藤家具丰富的造型形象，独特的形式美特征使其审美价值倍增。

流畅多变的线型。藤家具主要由线状的藤材构成，因此丰富的线型变化是其造型形象的核心。藤家具用材直径从几厘米到几毫米，大小不等，柔韧易曲，可弯可扭，可劈可编。构成藤家具的线形往往一气呵成，有时候甚至一件家具就是一条曲线条，流畅洒脱，动感十足。藤家具直线见刚、曲线见柔，直曲呼应，刚柔相济，体现出简练、质朴、典雅之美（图4-49至图4-52）。

朴实自然的色彩与质感。藤茎本身的颜色多呈现褐色、淡红色、淡黄色，古朴沉稳；去掉藤皮的藤芯则呈现出淡黄色及乳白色，更加清新雅致。为了保持藤材的本色，藤家具多进行透明涂饰，也有加以漂白后再进行透明涂饰，使藤材的颜色更加清新淡雅，营造出宁静雅致的文化氛围。藤家具也可以进行染色，藤材染色一般可分为藤皮染色、藤篾染色、藤条染色。材料先经漂白后再进行染色处理，可根据造型风格的需要染成各种色彩，或深沉古朴，或典雅清新，大大丰富了藤家具的色彩，增加了家具的艺术美感（图4-49）。

在质感肌理上，藤材触感亲切，温暖宜人，是非常亲和的材料。藤茎保持了自然古朴的质感，而经过编织的面层则会形成纹理精妙，具有凸凹感和通透感的肌理。藤篾或藤皮编织出的各种结饰和丰富的面层图案，赋予了藤家具无法比拟的独特的质感和韵律美（图4-50至图4-53）。

图4-49 线条构成的韵律

图4-50 圆润的造型设计

图4-51 弧形造型

图4-52 色泽古朴沉稳的藤家具

图4-53 清新活泼的染色藤家具

图4-54 自然亲切凸凹有致的肌理

图 4-55 藤材形成的独特的肌理

图 4-56 虚实结合的肌理

图 4-57 藤家具营造的室内环境

图 4-58 多功能的现代藤家具

图 4-59 简约现代的藤椅

图 4-60 返璞归真的藤艺制品

　　精巧的工艺装饰美。藤家具利用藤材易于弯曲、可劈可编的特性，不论在家具的结构框架连接处，还是家具的面层，精巧的编织缠扎不仅满足了结构功能的需要，也成为极富韵律的装饰。

　　藤家具面层丰富的编织图案也是藤家具造型的一大特色，面层结构丰富，编织图案纹样极其丰富。编织的材料多为细藤条、藤篾、藤芯、藤皮或竹篾；编织的形式有圆形、方格形、人字形、多角形等；编织的方法有连续编、穿插编、编与结混合等；编织的图案样式繁多，既有图案的规整、严谨、大方，又有线形组合的变化特色，还可以通过改变经纬线的数目或经纬线的宽的等变化出不同的图案效果。

（2）丰厚的文化内涵与清新逸远的审美情趣

　　竹藤家具蕴涵着深厚的中国传统文化内涵。藤材材质自然清新，色彩清淡素雅，体现自然之美。藤家具造型流畅简练，给人以豁达洒脱之感。在现代都市喧闹的环境中，人们更加渴望返璞归真，朴实自然的生活，而藤家具所营造出的恬静淡雅、清拔飘逸、淡泊静穆的氛围恰恰能够迎合当下人们所追求的清新逸远的审美情趣（图 4-54 至图 4-60）。

## 本章小结

竹藤是家具材料的重要组成部分，在资源可持续利用与绿色设计理念日益得到重视的今天，竹藤材料在现代家具设计中也得到了越来越多的利用。材料的特性是家具构成的基础。通过本章的学习，学生可以在对竹材和藤材的种类、主要特性了解的基础上，重点学习竹藤家具的种类、造型特色及结构。

## 思考题

1. 举例说出几种常见的竹子及竹材特性。
2. 按结构形式来分，竹家具可以分为哪几类？每类的特点如何？
3. 按藤材材料的结构特点来分，藤家具可以分为哪几类？每类特点如何？
4. 分别简述竹家具、藤家具的造型特征。
5. 简述圆竹家具、竹集成材家具的主要结构组成和特点。

## 主题设计

以竹材或藤材为主材，设计一款坐具。

## 推荐阅读

国际竹藤中心官网　http://www.forestry.gov.cn/ztzx/index.html

# 第 5 章
# 金属材料

**[本章提要]** 本章介绍金属家具的发展概况、分类和特点。重点阐述金属家具常用材料，其中以铁碳合金（钢铁材料）为主，介绍了纯金属及合金的晶体结构，铁碳合金的组织结构及其转变，热处理强化工艺、冷加工强化工艺。介绍金属的物理、力学性能及影响因素。重点介绍家具生产中常用的金属材料如碳钢、不锈钢、铸铁、铝合金、铜合金等。简要介绍钛合金、超导材料及形状记忆合金等新材料，金属家具的标准以及家具五金件。

5.1　金属家具概述
5.2　金属家具常用材料
5.3　金属家具标准简介
5.4　家具五金件简介

图 5-1 布劳耶设计的"瓦西里椅"

金属材料是指以金属键来表征其特性的材料，包括纯金属及其合金。金属材料作为现代制造业的基本材料，已广泛应用于各制造领域，家具制造中也不例外。从金属构架的茶几、座椅到金属材质的柜类、床具；从居家家具、休闲家具到办公家具，金属家具已经进入我们日常生活的各个角落。为了正确、合理地使用金属材料设计和制造家具，有必要了解和掌握金属材料的结构性能和使用特点。

## 5.1 金属家具概述

### 5.1.1 金属家具发展概况

随着社会的发展，人民生活的不断提高，家具的需求量显著增加，传统的木家具生产已远远赶不上消费者的需要。木材是国家建设中的重要物资，用途极为广泛。由于木材是天然材料，自然生长速度慢，加以我国木材资源贫乏，产地又多集中在边远地带，采伐运输都有困难。如果全部采用木制家具，需要占用我国木材采伐量的很大比重。因此，木材的节约与代用，对经济建设有着重要的影响，以金属材料代替木材制作家具势在必行，具有现实和长远的意义。

金属家具的问世，约在 20 世纪初期，可以追溯到第一次世界大战后，当时，交战国的建筑物大多毁于战火，而作为国家建设和民用建筑重要物资的木材极为短缺。相反，钢材却成了剩余物资，人们重建家园极需家具，就开始想到利用钢材来制造一些轻巧的钢家具。

德国包豪斯工艺学校的著名设计家 Marcel Breuer（马歇·布劳耶），1925 年由自行车受到启发，发明了用一根铁管弯曲而成的、连续的悬臂式扶手椅，并经过镀镍而制成世界上最早最典型的钢管椅"瓦西里椅"，如图 5-1 所示。

从钢管椅诞生之后，世界各地相继而起生产金属家具。金属家具就是在这样的材料供应条件和供求关系中应运而生的。

在我国，金属家具是家具工业中比较年轻的产品，它是在 20 世纪 50 年代后期才发展起来的。当时，产品设计大多数是仿制，造型简易，品种单调，镀、涂工艺粗糙，制作工艺落后，原材料只有厚壁圆钢管、圆钢、角钢等，生产厂家不多，厂房狭小，设备简陋。此后，由于广大消费者的需要，国家的扶植，自 60 年代以后才逐步形成独立的生产行业。同时由于产品设计不断创新，生产上起了很大的变化。由原来的单件产品设计，发展到根据不同需要

## 拓展阅读：马歇·布劳耶与他的钢管椅

匈牙利建筑大师 Marcel Breuer（1902—1981），一生致力于家具与建筑部件的规范化与标准化，是一位真正的功能主义者和现代设计的先驱。他出生在匈牙利，1920年到德国包豪斯求学，对家具设计有着浓厚兴趣，对于简单的原始主义设计也感兴趣，大部分时间都用在家具的学习与工作上，他早期的作品有很强的德国表现主义特征。

念书的时候，Marcel 热爱骑单车，平时总是骑着一部经典的阿德勒自行车（Adler Bicycle）穿梭在校园中，平凡的管状单车车把和俯视单车时的流线型骨架给了他灵感，终于在1925年设计出世界上第一把钢管皮条椅。设计师将强悍却轻巧的镀铬钢管塑出椅子的框架结构，开启了钢管家具的经济可塑性设计规模。

为了纪念他的老师瓦西里·康定斯基，Marcel 将自己的作品取名为 *Wassily Chair*，瓦西里椅。图 5-2 所示为瓦西里椅在不同空间环境中的应用，似乎更适合与现代风格的室内装饰格调相贴切。

图 5-2　瓦西里椅的应用

关于金属家具，布劳耶认为，金属家具是现代居室的一部分，他是无风格的，因为它除了用途和必要的结构外，并不期待表达任何特定的风格。所有类型的家具都是由同样标准化的基本部分构成，这些部分随时可以分开或转换。

1925—1928年，布劳耶设计的家具由柏林的家具厂商大批投入生产，与此同时，设计师还为柏林的菲德尔家具厂设计标准化家具，这种标准化的生产方式为现代家具大批量工业化生产奠定了基础。

现在，*Wassily Chair* 依然被国内外的一些家具厂商生产，制作工艺和技术也更加精湛。

---

和功能要求，设计出比较完整的成套金属家具产品。在材料和结构类型等方面，由用单纯的钢材，发展到以铝合金为主的轻金属等多种材料，由原来的钢家具、钢木家具，发展到以金属材料为主，与藤、竹、塑料、玻璃等材料结合的各种类型的金属家具。金属家具的生产工艺也采用了更多的新技术，储能焊、凸焊、静电喷漆、静电喷粉、电喷涂漆和远红外线干燥等现代化的先进工艺均被不同程度的采用，与此同时，相关部分还研制了一批金属家具生产的专用设备和生产线，金属家具行业发展蒸蒸日上。

图 5-3　金属展示柜

图 5-4　钢木金属的应用

### 5.1.2　金属家具的定义与分类

依据国家相关标准 GB/T 3325—2008《金属家具通用技术条件》，金属家具（metal furniture）的定义为：以金属管材、板材等其他型材为主组成的构架或构件，配以木材、人造板、皮革、纺织面料、塑料、玻璃、石材等辅助材料制作零部件的家具，或全部由金属材料制作的家具。

金属家具多以金属材料为主要构架或构件，金属构架或构件是由一个或多个具有特定用途和结构的零件组成。金属构架或构件是零、部件的组合体，也叫组件，它的结构形状和尺寸大小，材料的选择和加工方法，主要是根据金属家具的使用要求，按强度、刚度、稳定性和其他性能准则来确定。

金属家具的类别，按其构架或构件所用材料的不同，可分为三大类：

① 全金属结构家具：除了作为装饰性和非主要结构的少部分构件外，其他所有的构件都用金属材料制造的家具，称为全金属结构家具，如：办公用的金属薄板写字台、文件柜、档案柜、卡片柜、保险箱，民居生活中使用的单人床、双人床、轻便钢丝床、钢折椅、折叠床等。图 5-3 所示为全金属家具展示柜。全金属家具的造型独特优美、绝对环保耐用，这是传统家具不可比拟的。设计的自由和结构的简约是此类家具最大的优势，暗合了家居的简约风潮，这可能是其成为新宠的主要因素。

② 金属与木材结合的家具：除了以金属材料为主要构件之外，适当地与木质材料有机结合制成的家具，称为钢木家具，如：金属与木材结合的衣柜、酒柜、折椅、折桌等。这些家具都是以金属管材或型材为骨架，装嵌木质材料而制成。图 5-4 所示为一组钢木家具的使用场景。

③ 金属与其他非金属材料结合的家具：金属材料和藤竹、塑料、玻璃、纺织物等其他非金属材料结合，也可制成美观实用的家具，如钢藤折椅、钢塑折椅以及钢竹橱柜等。这些家具都是以金属管材或型材为主要构件，再装嵌上述材料所制成的。图 5-5 所示为以金属为结构件制备的坐卧两用家具。

此类家具的品种非常多，结构形式和装饰效果也多样化，图 5-6 所示为在 2014 年意大利米兰家具展上的某公司产品，金属与非金属材料的结合使得家具产品也有了"混搭"的时尚感。特别需要指出的是，有些此类产品具备折叠功能，可以满足小空间户型的需求，是非常受到消费者欢迎的。

按用途不同，金属家具产品分为柜类、桌类、床类、椅凳类和架类。

① 柜类：由于使用功能和结构的原因，金属柜类产品多使用金属板材制造。在制造过程

图 5-5　金属构件坐卧两用家具

图 5-6　金属与非金属材料"混搭"的家具

图 5-7　金属桌

图 5-8　不同结构形式的金属椅

中，由于受下料、冲压、折弯等模具的限制，很难用各种曲线组合形成各种不同的艺术风格。一般都设计为挺拔流畅、敦厚憨实型，如金属文件柜、厨房柜、床头柜等。金属柜类产品材料为碳素结构钢薄钢板，经折弯工艺加强刚性，其结构特点是，两侧壁支撑，与托板的连接采用螺纹连接和插接。门的连接采用插铰接。固定连接部位采用电阻焊或各种保护焊。

② 桌类：桌类产品有餐桌、课桌、写字桌、计算机桌、办公桌、会议桌等。桌类产品在使用、外形、结构方面差异较大，造型单调、设计制造工艺难易不等。桌类产品一般为钢木家具，桌面采用木质或其他非金属材料，支撑部位采用金属型材制造，连接部位采用螺纹连接和铰接、铆接。除金属型材制造以外，其他工艺比较简单（图 5-7）。

③ 床类：金属床类产品品种多、档次齐全，各种艺术风格并存。使用的金属材料品种繁多，如碳素结构钢型材（圆管、方管等）、不锈钢型材、铜合金型材、铝合金型材等，连接件与支撑件采用焊接、铆接、螺纹连接，连接件多为铜合金铸件、铝合金铸件和塑料件。表面装饰采用喷烤漆、镀层、抛光等工艺。金属床类产品的主要加工工艺包括金属型材的弯曲成型工艺、焊接和表面电镀工艺。

④ 椅凳类：金属椅凳类产品品种多、档次全。如普通斜腿折叠椅和影剧院折叠椅，金属凳、金属腿软椅、沙滩椅、庭院椅、酒吧椅、按摩椅、躺椅、螺旋升降转椅、气动升降转椅等，其中普通斜腿折叠椅的应用最为普遍，在办公室、家庭、餐厅等使用领域已基本取代了木制椅。斜腿折叠椅采用回摇杆折叠结构，全部铆接、安全可靠，其主要加工工艺为弯管工艺。影剧院折叠椅多采用铸造灰口铸铁固定支撑，椅面铰接于固定支撑之上，其主要加工工艺为铸造工艺。螺旋、气动升降高级转椅使用方便可靠、结构稍复杂加工工艺较为复杂，加工精度对产品质量影响甚大。图 5-8 所示为不同结构形式的金属椅。椅子被认为是人生的第二张床，因为对于每天伏案工作的人来说，坐在椅子上的时间甚至比躺在床上的时间多，所以一张具有某种特殊功能（如高度可调甚至可以按摩）的椅子对很多人而言都是保证休息质量的条件之一。

⑤ 架类：架类产品有衣架、茶几架、电视机架、书架、货架、钢丝网架等架类产品，结构简单，其主要材料为各种薄壁管材，其主要加工工艺为弯管工艺、焊接工艺和螺纹连接。其中，可移动书架有导轨、运转机构、驱动机构等，结构较为复杂，但用于档案、图书的收藏时可以节省约 40% 的空间，发展前景极为广阔，但其制造工艺复杂，投资较大。

以上五类金属家具产品目前均已占领市场，随着科学技术的进步，随着人们环保意识的增强，一定会更多种类型的金属家具产品，满足人们生产和生活的各项需求。

### 5.1.3 金属家具的特点

金属家具的特点，主要是与传统的木家具相比而言。两者在各自的材料结构、基本性能和加工工艺等方面都各有所长，通过分析比较，可以在实际的金属家具设计和制造中，真正做到扬长避短，发挥优势，使产品满足消费者的需要。

（1）材料特点

金属家具常用的金属材料与木家具用的木材截然不同，金属材料是工业材料，木材是天然材料。从机械性能上相比，以碳素钢 Q235 为例，其抗拉强度 375～460MPa，其他优质钢材的机械性能更高。而木材以木质比较坚硬的柞木为例，顺纹抗拉强度 150MPa，顺纹抗剪强度 12.4MPa。因此，金属家具采用薄壁管材，薄板材作构件，木家具只能采用实心的和较粗较厚的木料作构架或构件。

金属家具可使用碳素结构钢、合金结构钢、不锈钢及灰铸铁等黑色金属材料和铜合金、铝合金、钛合金等有色金属合金材料制造，材料来源广泛、价格低廉。同时，环保性能好，金属材料具有可回收再循环利用性。

在金属家具制造中，除了利用金属材料的良好机械性能外，还巧妙地运用了金属材料的良好的加工性能，如金属材料的可塑性和可焊性，并可以进行铸造、锻造、模压等多种方法的加工。

金属材料不会因气候变化的影响而变形开裂，但在制造过程中，必须采取切实可靠的防止氧化锈蚀等表面处理措施。木材容易变形开裂，其变形程度因干燥程度及干燥后受温、湿度的变化影响程度而有所差别，必须经过有效的水热处理。金属材料没有这种缺陷，因而易于提高构架或构件的精度，构架或构件均具有良好的互换性。

（2）加工工艺特点

金属家具的制造工艺过程简单、自动化程度高，生产效率高、适合于大批量生产。与木制家具生产相比，金属家具的生产工艺过程并不复杂，与机械制造行业的其他产品相比，其工艺过程简单。

① 金属家具的主要原材料是各种规格的管材、板材及其他型材，属于原材料的生产加工范围。金属家具的生产厂家可直接从原材料生产厂购买各种规格的原材料，经剪裁、弯曲或焊接等工艺后使用，降低了生产成本。

② 金属家具最大限度地采用了通用标准件、其成本低质量好。一些螺钉、螺母、轴、垫等均有专业生产厂家制造。

③ 金属家具的一些连接件最适合采用板料冲压方法加工是无切屑、少切屑加工的典型应用。

④ 金属家具一般需要经过表面处理，经电镀、烤漆、喷涂等处理不仅可以使外观五彩缤纷、斑斓多姿，而且起到保护金属，提高表面硬度防止划伤，增强耐蚀性，防腐蚀的作用。金属表面也可以抛光而显现其自然本色（如铜、不锈钢等），也可镀其他材料以获得不同光泽如镀铬、仿金镀等。

⑤ 金属家具很容易配置其他材质的各种颜色（如木、竹、藤、塑料、玻璃等）和各种形状的构件，形成层次鲜明、有机和谐的统一整体。金属薄壁管能作直线和曲线的造型，适宜运用舒展优美的曲线与直线的配合，以加强自身形体的美感。但是金属材料表面只适宜于电镀、喷涂、覆塑等加工工艺，韵味比较淳朴单调，显不出珍贵艺术的格调。而木材利于切削加工，可利用雕刻、镶嵌等工艺构成各种优美的图案和造型，艺术价值较高。

（3）结构及连接特点

金属家具适宜采用拆装、折叠、套叠、插接等结构，除了焊接外还可使用铆钉、螺钉连接，零部件、构件、连接件可以分散加工，互换性强，有利于实现零、部件的标准化、通用化、系列化。比木家具的榫接合装嵌方便，有更大的灵活性。当然，木家具发展板式家具，实现零件的标准化、通用化、系列化，装嵌连接就可以简化了。

金属家具的构件及连接件，在生产过程中占用场地小、仓容小、质轻，包装体积小。采用薄板材，薄壁管材作零、部件，与木家具相比，除减少了构件的截面面积外，还可以减少构件的数量。

在金属家具构件中，采用铸造加工，实现模具化生产，将有利于金属家具结构造型的创新，如剧院、礼堂、公共绿地等公共场所的座椅的腿，采用铸铁制造，具有结构牢固，造型优美，取材新颖、工艺简单和便于批量生产等优点。而较高级的金属家具，某些构件也可用轻金属铸造，轻巧灵活，美观实用。

（4）金属材料的造型特点

金属材料是一种刚性材料，是相对于木材等自然材料而言的一种现代材料。在造型上特点上，具有直线形的刚毅也不失曲线形的柔美，严肃庄重而不显臃肿，冰冷坚毅而不失温情、厚重纯朴而不失精巧、历史沧桑而不失现代前卫。

金属家具很容易配置其他材质的各种颜色（如木、竹、藤、玻璃等）和各种形状的构件，如金属与玻璃组合的最大特点，就是由于其材质本身决定了它们都采用极为简单的线条，无须琐碎的修饰，具有简洁明快、清新明静的特点。运用简洁精致的金属构件，再加上晶莹剔透的玻璃板材的家具，会使室内环境变得宽敞、视觉通透明亮、形态洒脱优雅，玻璃金属的理性、冷漠在柔和曲线的融合下，显得自然而富有人情味，如图 5-9 所示。

再如金属橱柜，选择高光银白色、银白色金属作为骨架，能给人高雅精致、科技现代、美观简洁的印象，能很好地体现设计的主题和人们的审美倾向。图 5-10 是在民用餐厅中应用广泛的金属橱柜。

图 5-9　金属玻璃家具营造的空间

图 5-10　金属橱柜在民用餐厅中的应用

### 5.1.4 金属家具的发展趋势

目前,国外的金属家具生产已向着自动化、连续化的现代化生产方向发展。一些国家的轻工产品出口,把金属家具放在重要的地位,在家具行业中独树一帜。

金属家具是我国轻工业生产中需要加速发展的产品。我国人口众多,家具市场广阔,潜在消费量很大。因此,金属家具的生产有着广阔的发展前景。

简单来说,金属家具的发展趋势就是由简单走向复杂、由低级走向高级,可以从三方面来概括。

(1)增加花色品种,创造新的结构形式

单件产品是有销路的,但只能作中、低级产品,以补充原有家具之不足,而成套家具是发展的必然趋势。就一般的住房条件来说,折叠、拆装、组合多用家具、悬挂家具适合广大消费者要求,是发展方向之一。折、拆、叠、插的结构形式,适应金属材料的特点,特别是折叠式的金属家具,结构简练,轻巧美观,灵活方便,是中、低级产品中比较理想的结构形式。今后,如能根据家具使用功能,在外形、结构和材料的配合方面不断改进、创新,是很有发展前途的。不论是低级、中级或高级产品,都将沿着现代化、多用化、艺术化的方向逐步演变,面向"高""精""尖"发展。图 5-11 所示为目前国际上开始流行的镀 K 金及镀黑金的金属家具,档次和品位极高,极具收藏价值。

(2)发展高级家具

由于家用电器工业的普遍发展,形成了金属家具生产与家用电器结合,以及金属家具结构向机械化、自动化、机电一体化方向发展的趋势,如电视机、收录机的存放和使用与柜、台、床等的配合。可移动书架有导轨、运转机构、驱动机构等,结构较为复杂,但用于档案、图书的收藏时可以节省约 40% 的空间,发展前景极为广阔。图 5-12 所示为图书馆专用的书架,可以轻松自如的移动。

图 5-11 镀 K 金的金属家具

图 5-12 图书馆专用金属书架

图 5-13 "时装店里的钢管舞"

（3）家具设计与建筑物、室内装饰、交通设施及工具的和谐统一

金属家具也是建筑物内外以及户外空间的主要设施之一，它已发展成为建筑设计、交通工具设计中的一个主要组成部分，如航站楼、宾馆、酒楼中室内和厅堂的设施，剧院、商店中的陈设，列车、公交车及航空器的设施和座椅等，都表明家具与建筑设计、交通设施及工具设计有着密切的关联，因此，金属家具的设计已从单件产品、成套产品发展到整座建筑、整个设施的家具设置的全面统一设计。图 5-13 所示为台北出生的家居设计师陆希杰作品"时装店里的钢管舞"，灯光照射下流水般的光影，与不锈钢管子的影子交织在一起，金属管家具（装置）为大量服装及配饰的吊挂提供了可能，从钢管的间隙中看去，会有不同的视觉体验。

## 5.2 金属家具常用材料

金属材料是制造金属家具的最主要的材料。这是由于它具有制造家具所需要的物理、化学和机械性能，并且可以采用较简单的工艺方法加工成型，即具有所需要的工艺性能。

在金属家具制造中所用金属材料以合金为主，尤其是铁碳合金，很少使用纯金属，原因是合金一般具有更好的机械性能。

合金是由一种以金属元素为基础，加入其他金属或非金属元素制成。最常用的合金有以铁为基础的铁碳合金，如低碳钢，还有以铝或铜为基础的铝合金和铜合金，如：硬铝合金、青铜等。

### 5.2.1 金属材料的性能概述

材料的性能决定于其自身的化学成分和内部的组织结构。与木材的微观结构迥然不同，金属材料的微观结构具有自己的独特性。

固态物质按其原子（离子或分子）的聚集状态可分为两大类：晶体与非晶体。原子（离子或分子）在三维空间有规则的周期性重复排列的物体称为晶体，如天然金刚石、水晶、氯化钠等。原子（离子或分子）在空间无规则排列的物体称为非晶体，如松香、石蜡、玻璃等。由于金属由金属键结合，其内部的金属离子在空间规则排列，因此，固态金属均是晶体材料。

金属材料具有许多优良的性能，因此被广泛地应用于制造各种构件、机械零件、工具家具和日常生活用具。金属材料的性能包括使用性能和工艺性能两方面。使用性能是指金属材料在使用条件下所表现出来的性能，它包括力学性能、物理和化学性能。工艺性能是指制造工艺过程中材料适应加工的性能。

金属材料的机械性能是指在不同外力作用下（拉、压、弯、扭、冲击等），金属材料所表现出来的特性，也称之为力学性能。常用的力学性能指标有强度、刚度、塑性等。

金属材料抵抗塑性变形或断裂的能力称为强度，可分为抗拉强度和屈服强度等。抗拉强度通过拉伸试验测定。

刚度是指材料在受力时抵抗弹性变形的能力，它表示材料弹性变形的难易程度。材料的刚度大小，通常用弹性模量 $E$ 来评价，即拉伸曲线上的斜率，斜率越大，弹性模量越大，即说明弹性变形越不容易发生。弹性模量越大，材料的刚度越大，即具有特定外形尺寸的零件或构件保持其原有形状与尺寸的能力越强。弹性模量的大小主要取决于金属键，即与材料的原子间结合力有关，与显微组织的关系不大，合金化、热处理、冷变形等工艺因素对其影响很小，生产中一般不考虑也不检验它的大小，基体金属一经确定，其弹性模量值就基本确定了。在材料不变的情况下，只改变零件的截面尺寸或结构，才能改变零件的刚度。常用材料的弹性模量值分别为：铁 21400 kg/mm$^2$，铜 132400 kg/mm$^2$，铝 7200 kg/mm$^2$。除了与材料的刚度有关外，零件或构件的刚度还与零件的截面尺寸有关，即有 $E=\sigma e/\varepsilon$，$\sigma e=P/A_0$，$\varepsilon=\Delta L/L_0$，$\Delta L=PL_0/EA_0$，当 $P$ 和 $L$ 一定时，零件或构件产生弹性变形的难易程度与 $E$ 和 $A_0$ 有关，

材料选定后，$E$ 就不变了，因此，增加零件或构件的截面积，可以提高其刚度；反之，过分缩小零件或构件的截面积，虽然保证强度但是刚度减小，容易发生弹性变形。在设计金属家具结构或金属构件时要特别予以注意。

塑性是指材料在载荷作用下产生永久变形而不断裂的能力。工程上常用伸长率 $\delta$ 和断面收缩率 $\psi$ 作为材料的塑性指标。

伸长率 $\delta = [(L - L_0)/L_0] \times 100\%$

断面收缩率 $\psi = [(A_0 - A)/A_0] \times 100\%$

式中：$L_0$——试件原始距长度；

$L$——拉断后试件的标距长度；

$A_0$——试件原始截面积；

$A$——试件拉断后缩颈处横截面积。

需要说明的是，金属材料良好的塑性是顺利进行压力加工的重要条件，如10号碳钢，延伸率>31%，断面收缩率>55%，具有良好的塑性，广泛用于金属门窗、金属家具构件的制造，另外，塑性是保证零件或构件强度发挥出来的条件，例如陶瓷材料虽然强度高，但是其塑性极低，近乎于0，陶瓷材料强度还未发挥出来，一遇到冲击力就易断裂了，不适合用于制造各类机械零件或构件。

综上所述，可以看出，对于同一种材料而言，强度和塑性是一对矛盾，若材料的强度高，则其塑性就差；反之，材料的塑性好，则强度就差些，因此，对于制造不同的零件或构件，合理选材就是要正确处理强度和塑性（韧性）之间的关系，如制造金属家具时，多采用拉伸、弯曲、冲压等塑性加工方法成型并配以焊接工艺，因此多选用塑性好的低碳钢制造，而制造弹簧床垫的弹簧或需要一定强度的金属网罩时，就需要采用强度较高的中碳钢制造。另外，通过热处理等工艺方法可以调整材料的强度和塑性配合，以满足某种零件或构件工作条件的要求。

金属材料的物理性能是指在重力、电磁场、热力（温度）等物理因素作用下，材料所表现的性能或固有属性。机械零件及工程构件在制造中所涉及的金属材料的物理性能主要包括：密度、熔点、导电性、导热性、热膨胀性、磁性等。

材料的化学性能是指材料在室温或高温时抵抗其周围各种介质的化学侵蚀能力，主要包括耐腐蚀性、抗氧化性和化学稳定性。

材料的工艺性能是物理、化学和力学性能的综合，指的是材料对各种加工的适应能力，包括铸造性能、锻压性能、焊接性能、切削加工性能。工艺性能的好坏直接影响零件的加工质量和生产成本，所以它也是选材和制订零件加工工艺必须考虑的因素之一。材料的工艺性主要包括以下几个方面：

① 铸造工艺性能：铸造性是指金属是否能用铸造方法制成优良铸件的性能，包括金属的液态流动性、冷却时的收缩和偏析倾向等。

② 锻压性能：锻压性是指金属能否用锻压方法制成优良锻件的性能，锻压性与材料的塑性及其塑性变形抗力有关。

③ 焊接性能：焊接性是指金属能否容易用一定的焊接方法焊成优良接头的性能，获得无裂纹、无气孔等缺陷的焊缝，并具有一定的机械性能。

④ 切削加工性能：金属材料是否容易被刀具切削的性能称为切削加工性，切削加工性能良好的金属刀具磨损小，切削用量大，表面粗糙度小。

⑤ 热处理工艺性能：热处理工艺性能是指材料是否容易通过热处理来改变其组织和提高机械性能的能力。材料的热处理工艺性能一般指淬硬性、淬透性，此外还有材料的导热性等影响因素。

### 5.2.2 家具制造常用金属材料

应用于家具制造的金属材料一般是由两种或两种以上的金属所组成的合金，主要有黑色金属和有色金属两大类。黑色金属主要是指铸铁和钢材,有色金属主要是指铝合金、铜合金等。

#### 5.2.2.1 钢材

(1)铁碳合金

铁碳合金是制造金属家具常用的钢材,主要有碳钢及合金钢两类。

碳钢也称为碳素结构钢,是铁和碳的合金。一般,含碳量在2.11%以下的铁碳合金称为碳钢,在2.11%以上称为铸铁。铁碳合金在退火状态下主要是由铁素体和渗碳体组成。

铁素体:保持α-Fe铁的体心立方结构,对碳的溶解能力很差,在室温下溶解度仅为0.0008%,在727℃时溶解度最大为0.0218%。所以,铁素体含碳量很少,其性能与纯铁相似,即塑性良好$\delta=30\%\sim50\%$,而强度较低$\sigma_b=180\sim280$MPa。

渗碳体:碳浓度超过固溶度后多余的碳便会与铁形成金属化合物,称为渗碳体$Fe_3C$,具有不同于铁和碳的复杂晶体结构,含碳量为6.69%。渗碳体的硬度很高,而脆性很大,塑性很差,$\delta=0$,$\sigma_b=30$MPa。室温下,铁碳合金中的碳几乎全部以渗碳体的形式存在,渗碳体是铁碳合金中重要的强化相,对机械性能影响很大。

铁碳合金的性能受铁素体和渗碳体二者之间相对量的变化及形态的影响。

钢的塑性、韧性主要取决于铁素体量,铁素体越多,钢的塑韧性越好。随着钢含碳量增加,铁素体的数量减少,钢的塑性、韧性不断下降。

钢的硬度主要取决于渗碳体的含量。随着含碳量的增加,渗碳体的数量增多,钢的硬度增加。

钢的强度主要取决于渗碳体的形态,如片状、网状、条状、球状等,一般通过热处理工艺来调整渗碳体的形态,使其强度达到使用要求。

例如,10号钢、20号钢含碳量低(分别为0.1%和0.2%),以铁素体组织为主,如图5-14所示,其塑性、韧性优良,常作为冷成型、焊接成型的材料使用,而T8、T10钢含碳量高(分别为0.8%和1.0%),硬度高,经热处理工艺处理后强度高,常作为工具材料使用。

为了保证钢的一定使用强度和塑性韧性,工业用钢的含碳量一般不超过1.3%~1.4%。

(2)钢材的基本强化方法

铁碳合金的基本强化方法分为热处理强化和非热处理强化两类。

由于纯铁存在着同素异晶转变,即在910℃由g-Fe(面心立方结构)转变为a-Fe(体心立方结构),当铁和碳形成铁碳合金时,碳溶入a-Fe时形成的固溶体是铁素体(碳最大的溶解度仅为0.0218%,727℃),碳溶入g-Fe时形成的固溶体是奥氏体(碳的最大溶解度为2.11%)。当g-Fe转变为a-Fe,碳的溶解度会发生很大变化,大量的碳以碳化物($Fe_3C$)的形式析出,

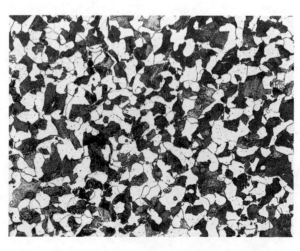

图5-14 铁素体与珠光体(白色为铁素体,黑色为珠光体)

使奥氏体含碳量降低从而转变为铁素体。

大多数钢（C＞0.25%）可以通过控制这一溶解度变化过程，即控制碳的析出过程来实现强化，即进行热处理强化。

钢的热处理就是将钢在一定介质中加热到某一相变温度（奥氏体与铁素体转变温度）以上，保温一定时间，然后快速冷却如在水或油中冷却，使奥氏体中本应析出的大量的碳来不及以 $Fe_3C$ 的形式析出而被迫保留在铁素体中，从而使铁素体形成很大的碳过饱和，从而造成体心立方晶格的严重畸变，使钢材强度、硬度提高，而塑性、韧性下降而实现强化，工业上称为热处理淬火工艺，其组织称为马氏体。马氏体的性能特点是硬度高，强度高，但是塑性韧性较差，脆性大，为了在强化的基础上改善钢材的塑韧性，可将淬火钢材加热到奥氏体与铁素体转变温度线以下某一温度，保温一定时间后冷却（一般为空气冷却），使碳从过饱和的铁素体中以球状渗碳体的形式析出以降低晶格畸变，从而减少钢的脆性，改善钢的塑性韧性，工业上称为回火。

根据钢材的不同使用要求，可以采用不同的回火温度，来控制碳从过饱和的铁素体中的析出量，使钢材的强度、硬度和塑性、韧性合理搭配。热处理强化是机械制造业中最常用的强化方法。

钢材的另一种强化方法是冷变形强化。

当铁碳合金 C 小于 0.25% 时，其室温组织以铁素体为主，塑性、韧性优良。若采用热处理淬火强化，由于含碳量低，引起的铁素体的过饱和度亦低，强化效果不明显，即热处理淬火强化的意义不大。这类钢材一般利用冷变形强化。

塑性变形时，在外力的作用下，随着金属外形的变化，其内部的晶粒形状也发生变化，即随着金属外形的压扁或拉长，内部的晶粒也压扁或拉长，由于晶粒的破碎和拉长而使金属的塑性变形抗力迅速增大，即金属材料的硬度和强度明显升高，塑性和韧性下降，这种现象成为"冷变形强化"或"加工硬化"。

由于金属的加工硬化，会给进一步变形带来困难，为此必须在加工过程中安排中间退火工序即通过加热消除其加工硬化现象，从而恢复它进一步变形的能力。

冷变形硬化现象虽然会给进一步加工带来困难，但它却正是工业上用以提高金属强度、硬度的重要手段之一，特别是对那些以铁素体为主的、不能采用热处理方法来提高强度的低碳钢尤为重要。例如，冷拉高强度钢丝和冷卷弹簧等主要就是利用冷加工变形来提高其强度和弹性的。金属家具多采用低碳钢制造，第一，主要就是通过冷拉、冷拔、冷卷、冷冲压、冷弯、冷挤压等具有加工硬化的工艺来成形并实现强化的。第二，加工硬化有利于金属变形均匀，因为金属已变形部分得到强化，继续的变形将主要在未变形部分中发展。第三，加工硬化可以保证金属家具、零件和构件的工作安全性，因为金属具有较好的变形强化能力，能防止短时超载引起的突然断裂。

（3）碳钢

碳钢中主要元素是碳，还含有少量锰、硅、硫、磷等杂质元素。碳钢易于获得，易于加工，价格低廉，因而在工业生产中得到广泛应用。

① 钢中常存杂质的影响：

锰：一般认为锰在钢中是有益元素。钢中含锰量一般为 0.25%～0.8%，合金钢中锰含量在 1.0%～1.2%。锰在钢中能起到强化铁素体和珠光体的作用，同时，形成硫化锰以减少硫的有害作用。

硅：一般认为硅在钢中也是一种有益元素。硅在钢中能起到强化铁素体的作用。一部分硅以硅酸盐夹杂存在于钢中，当含硅量低时，对钢性能影响不大。

硫和磷：硫和磷在钢中是有害元素，硫和磷在低温或高温下引起钢的脆性。所以，按质量分类的钢中须严格控制硫、磷含量。

② 碳钢的分类：

按钢的含碳量分类如下：

低碳钢：C＜0.25%

中碳钢：0.25%＜C＜0.6%

高碳钢：C＞0.6%

按钢的质量分类如下：

普通碳素钢：S＜0.050%，P＜0.045%

优质碳素钢：S＜0.035%，P＜0.035%

高级优质碳钢：S＜0.030%，P＜0.035%

按用途分类如下：

碳素结构钢：主要用途为制造工程构件、金属家具、各种机器零件。

碳素工具钢：主要用途为制造各类刃具、模具、量具。

③ 碳钢的编号和用途：

碳素结构钢牌号表示方法如下：

屈服点字母＋屈服点数值＋质量等级符号＋脱氧方法等。

如 Q235－A.F。"Q"为"屈"字的汉语拼音字首，后面的数字为屈服强度值（MPa）；A，B，C，D 表示质量等级，从左至右质量依次提高；F，B，Z，TZ 表示脱氧方式，依次表示沸腾钢，半镇静钢，镇静钢，特殊镇静钢；Q235－A.F 表示屈服强度 235MPa，质量为 A 级的沸腾钢。表 5-1 是普通碳素结构钢常用牌号。

表 5-1  普通碳素结构钢常用牌号

| 牌号 | 含碳量（%） | 抗拉强度（MPa） |
|---|---|---|
| Q195 | 0.06～0.12 | 315～390 |
| Q215A | 0.09～0.15 | 335～410 |
| Q235A | 0.14～0.22 | 375～460 |
| Q235B | 0.12～0.20 | |
| Q235C | ≤0.18 | |
| Q235D | ≤0.17 | |
| Q255A | 0.18～0.28 | 410～510 |
| Q275 | 0.28～0.38 | 490～610 |

普通碳素结构钢应确保机械性能符合标准规定，化学成分也应符合要求。Q215、Q235、Q255 均属低碳钢，故塑性和焊接性能好，具有一定强度。常用作薄板、钢丝、焊接钢管、钢丝网及各种钢结构的型钢或板材等，其中以 Q235 钢强度与塑性配合较好，应用最为广泛。Q275 属中碳钢，可用作承受中等应力的普通零件，如链轮、小轴、螺杆等，还可根据需要进行正火或调质处理。图 5-15 是使用钢丝和木材制造的具有特殊艺术效果的椅子。

④ 优质碳素结构钢（GB/T 699—2015）：

优质碳素结构钢的表示方法：如 45、45Mn 两位数字表示钢的平均含碳量，以 0.01% 为单位，如钢号 45，即表示平均含碳量 0.45% 的结构钢。化学元素符号 Mn 表示钢的锰量较高（0.7%～1.0%）。优质碳素结构钢根据含碳量的不同，用途不同，见表 5-2。

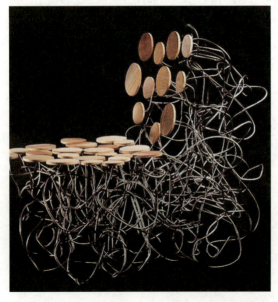

图 5-15  钢丝椅

表 5-2　优质碳素结构钢常用牌号

| 牌　号 | 主　要　特　征 | 用　途　举　例 |
|---|---|---|
| 08F，10F | 强度硬度低，塑性韧性高。冲压、拉延等冷加工性能和焊接性能优良 | 用于轧制薄钢板、钢带、钢管和冲压零件等，为钢制家具常用材料 |
| 15，20 | 强度较低、塑性韧性、冷加工和焊接性能都很好。切削加工性能较差 | 用于轧制薄板，制造各种钣金件及钢管为钢家具常用材料 |
| 35，45 | 高强度中碳钢，综合机械性能较好焊接性能较差，机械厂最常用钢种 | 用作各类调质件，一般不作焊接件使用。钢家具中常用作织金属网，45钢锻造床头具有仿古的效果 |
| 65Mn | 高强度高碳钢，热处理可获得较高弹性极限。焊接性能，冷加工性能不好 | 常用于制造各类碳簧。钢家具中用于绕制各类螺旋弹簧 |

⑤ 碳素工具钢（GB/T 1298—2008）：

碳素工具钢表示方法：T8，T8A，其中"T"为"碳"的汉语拼音字头。后面的数字表示钢的平均含碳量，以0.1%为单位。如T8表示的是平均含碳量为0.8%的碳素工具钢，"A"表示高级优质。

碳素工具钢的含碳量较高，经淬火和低温回火后有很高的硬度和耐磨性，用以制造各类手动工具或低速下切削的工具。如木工用锯条、刨刀、锉刀等。

家具制造中最常用的是普通碳素结构钢和优质碳素结构钢，如Q235，08F，10F，10，15钢等。对要求较高的家具构件，还可采用低合金高强钢，如16Mn（亦称为Q345）等。低合金高强钢是在低碳钢（<0.25%）的基础上，加入少量合金元素（Mn是主加元素）发展来的。这类钢在具有良好的可焊性以及较好的韧性、塑性的基础上，强度显著高于相同碳量的碳钢。例如：在Q235钢中加入适量Mn形成16Mn，屈服强度由≥235MPa增加到≥345MPa，而塑性仍保持≥22%（Q235≥26%）。低合金结构钢因具有较高强度，故可大幅度减轻家具结构的重量，节约钢材。

弹簧钢主要用于制造各种弹簧和弹性零件，如弹簧床垫、沙发弹簧等。常用的弹簧钢有：60、65Mn、60Si2Mn等。对于钢丝直径小于8～10mm的小型弹簧，一般采用冷卷成形。

（4）钢材的分类

碳钢一般是以各类钢材的形式供应。钢材一般分为板（带）材、管材、型材和丝材等四大类。

板（带）材分为板、片、带和卷板等几种。厚度<4mm的板材为薄板；厚度>4mm的板材为中板；厚度为25～60mm的板材为厚板，厚度>60mm的板材为特厚板。

管材按照形状可分为圆管、扁管、方管、六角管及异形管，按照生产方式可分为无缝钢管和焊接钢管两类。

型材可分为简单断面和复杂断面两种。简单断面包括圆钢、方钢、六角钢和其他异形断面钢，其中直径6.5～9.0mm的圆钢称为线材或盘条。复杂断面则是指工字钢、槽钢、钢轨、窗框钢、钢板柱及其他异形钢材。

丝材是线材的一次冷加工产品，其断面形状有圆形、扁形、三角形及方等。钢丝除了直接使用外，还用于钢丝绳、钢绞线和其他制品。

金属家具常用板材，加工成条状或块状板料，按结构要求冲压成型。常用板材厚度为0.8～3mm。凡用于弯曲或拉延的板材应符合国家标准关于普通碳素结构钢及低合金结构钢薄钢板和深冲压用冷轧薄钢板的有关技术条件。

金属家具用的管材多为高频焊接管材，其强度较高，富有弹性，易于弯曲，有利于设计造型，也便于与其他材料的组合和连接。经表面镀、涂后色彩多样，美观大方，普遍用作金属家具主要受力的支撑架子，如图5-16所示。管材除了常见的圆管外，比较流行的还有方管、矩形管、菱形管、扇形管、半椭圆管、梭子管、三角管、边线管等异形管。

管材所用带钢应符合国家有关标准的规定。采用高频焊接的钢管一般壁厚在1～1.5mm，

图 5-16 金属圆管支撑的家具

图 5-17 钢丝网沙发

外径有 13、14、16、18、19、20、22、25、28、32、36（mm）等规格，常用的有 14、19、22、25、32、36（mm）。管材直径由小到大的递增可以方便家具结构上管件的套接或作相应的零件。

金属家具常用的板材厚度为 0.8～3mm。凡用于弯曲或拉延的板材应符合国家标准关于普通碳素结构钢及低合金结构钢薄钢板和深冲压用冷轧薄钢板的有关技术条件。

（5）钢丝网的编织

钢丝网是目前金属家具生产中用来制作各种床屉和折叠床绷的。俗称钢丝床或钢丝绷。家具使用的钢丝网一般选用 45 钢以上的优质碳素钢如 45、65Mn 等，钢丝直径一般为 0.8mm，表面镀锌钢丝。钢丝网的网面是采用织网机编织而成，钢丝成螺旋状互相交错而形成网面，并有一定的伸缩性。最后再根据所需的幅面尺寸进行卡边而成。钢丝网可以直接用于家具制造，图 5-17 所示为日本设计师 Shiro Kuramata（苍松四郎）1986 年设计的沙发，完全用钢丝网做成，名字叫"How High the Moon"。

（6）不锈钢

不锈钢是合金钢的一种，一般是不锈钢和耐酸钢的总称。不锈钢一般是指能抵抗大气腐蚀的钢，耐酸钢是指能抵抗酸和其他强烈腐蚀性介质的钢。

不锈钢中含碳量一般很低，其原因是由于碳与铬的亲和力很大，能和铬形成碳化物而占有一部分铬，从而使钢的耐蚀性下降，所以，含碳量愈高，不锈钢的耐蚀性则愈差。但是不锈钢的强度随含碳量的提高而增加。

不锈钢中最常用的元素是铬、镍，使钢的表面形成一层稳定、致密的与钢的基体结合牢固的钝化膜（如 $Cr_2O_3$），能有效地制止或减缓金属的腐蚀破坏不锈钢，除了具有良好的耐蚀性能外，和其他金属材料一样，还具有良好的机械性能和加工性能。

另外，不锈钢材料特有的表现力极具张力，这是其他材料所不具备的。图 5-18 所示为法国经典的 Tolix 金属椅，一把有味道有态度的椅子，1934 年由 Xavier Pauchard 设计，实际上，Tolix 金属椅早期是作为户外用家具设计的，力图展现法式慵懒而闲适的气质，被全世界时尚设计师所宠爱之后，它顺利地从仅用于室外扩展到家居、商业、展示等多个用途。而这把椅子也不负众望在各类空间均有上佳表现，特别是近年来与混搭、乡村、美式、怀旧、北欧简约等装修风格进行搭配时，都呈现出独特韵味，被时尚界赞为"百搭第一"椅。

图 5-19 所示为曾在米兰家具展上现身的不锈钢云朵椅，金属特有的质感、力度和张力被表现得淋漓尽致。

马氏体不锈钢：含 12%～18%Cr，0.1%～0.45% C（个别钢种达 1.05% C），淬火后获得马氏体组织。常用牌号有 0Cr13，1Cr13，2Cr13，3Cr13，4Cr13，前三种含碳量较低，作结

图 5-18　Tolix 金属椅

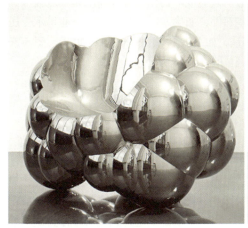
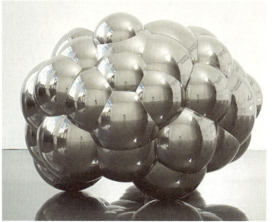

图 5-19　不锈钢云朵椅

构钢使用，它们在大气、水蒸气中具有良好的耐蚀性。在淡水，海水等介质中也具有足够的耐蚀性。常用于制造家用器皿、家用电器、建筑装饰材料、不锈钢家具等，后两种常用作外科刀具和医疗器械等。

铁素体不锈钢高温抗氧化性能好，可制造在高温条件下的工作零件等。

奥氏体不锈钢能够抵抗多种强酸如硝酸、盐酸、硫酸等的腐蚀，有较高的化学稳定性，有良好的塑性、韧性、焊接性、机械加工性。常用作制造各类化工用设备。目前，也有的家具厂商采用日本进口 SUS304（相当于国产牌号 0Cr18Ni9Ti）大口径厚壁奥氏体不锈钢管，配以真空镀钛合金的工艺生产床具。奥氏体不锈钢和钛合金具有较强的耐腐蚀性和较高的机械性能，使得家具不仅光亮润泽、富丽堂皇，同时更加坚固、耐磨、耐强酸（碱、卤）。

图 5-20　铁艺家具

（7）铸铁

含碳量大于 2.11% 的铁碳合金称为铸铁，是由生铁、废钢和铁合金按比例冶炼而成，熔炼为液态状态时直接浇铸成铸铁件，即冶炼和成形一次完成。铸铁的性能特点是抗压强度比较高，减振效果好，自重较大。多用于家具的某些部件，如影剧院的桌椅腿、基座等承受压力、稳定性要求较高的部件。常用的主要是灰口铸铁，如 HT150、HT200、HT250 等。图 5-20 所示为法国顶级户外铁艺家具品牌 Fermob（法悦居）的铁艺家具。

#### 5.2.2.2　有色金属及新型材料

（1）铝合金

纯铝具有面心立方晶格，具有一系列比其他有色金属、钢铁、塑料和木材等更优良的特性，如密度小，仅为 $2.7g/dm^3$，约为铜或钢的 1/3；良好的耐蚀性和耐候性；良好的塑性和加工性能；良好的导热性和导电性；良好的耐低温性能；对光热电波的反射率高、表面性能好；无磁性；基本无毒；有吸音性；耐酸性好；抗核辐射性能好；弹性系数小；良好的力学性能；优良的铸造性能和焊接性能；良好的抗冲击性。此外，铝材的高温性能、成形性能、切削加工性能、铆接性、胶合性及表面处理性能也较好。因此，铝材在航空航天、航海、汽车、桥梁、建筑、电子电器、能源动力、冶金化工、机械制造、农业排灌、包装防腐、电器、家具、日用文体等各领域都有着广泛的应用。

纯铝比较软，为了提高强度和改善性能，可在纯铝中添加各种合金元素，获得铝合金。工业上一般使用的是铝合金，铝合金可加工成板、带、条、箔、管、棒、型、线、自由锻件和模锻件等加工材，也可加工成铸件、压铸件等铸造材。

铝合金在日用品、耐用消费品和文体用品中有着广泛的应用。

铝合金是制作金属家具比较理想的轻金属材料，铝合金家具的主要有点是质量轻、携带方便、维护费用低、抗腐蚀、经久耐用和美观。桌子、柜子、沙发、椅子等底座、支座框架和扶手是由铸造、拉制或挤压的管材（圆形、正方形或矩形）、薄板或棒材制造成的。这些部件经常在退火状态或不完全热处理状态下成形，然后经过热处理和时效。

铝材给人的视觉特点是轻巧坚固，色泽绚丽美观，因此在家具设计上一般以使用要求为依据，过于豪华的设计经常显示出过多的设计之处或无实用价值的部分。铝合金家具采用常规的制造方法，通常采用氩弧焊接或硬钎焊或铆接连接，采用不同的表面加工方法，如机械、阳极氧化、氧化上色、涂釉层或喷漆。图5-21所示为一款具有人情味的铝合金家具，为了打破金属家具"冷硬"的瓶颈，设计师们在造型设计上进行了更多的尝试。

在日常生活中，人们会随时接触到铝制日用品，如锅、碗、瓢、盆、勺；铝质清扫工具和五金器具；服装与鞋具、雨具的附件；饰品和模型等，铝质日用品的用铝量占全球总消耗的1%以上。人们正在研制各种新型的奇特的铝质日用品和装饰品，以满足人们生活水平日益提高的需求。

图5-21　铝合金家具

铝材还广泛用于吸尘器、电熨斗、便携式洗碗机及食品加工与搅拌机等家用电器中，由于铝有自然美观的表面和良好的抗腐蚀性，因此不需要昂贵的表面精制。

由于体育器材正向着质量轻、强度高与耐用方向发展，从而铝合金受到青睐。在选材时，将比强度（强度/密度）与比弹性模量（弹性模量/密度）列为主要指标，另外，还需要耐冲击。例如，在设计高尔夫球棒时，质量轻是重要问题，但是由于击球时冲击力达14.7KN，所以材料必须具有相当高的耐冲击力。

铝材在体育器材上的应用始于1926年，目前发展迅速，已经几乎渗透到体育器材的各个方面。例如，球棒过去是用小叶白蜡树、落叶乔木、桂树等高级木材制造，1971年，美国首先用铝材制造，接着日本1972年开始批量生产。棒球棒采用7001、7178铝合金制造，垒球棒采用6061、7178铝合金制造。羽毛球拍要求质量轻，摆动速度快，最早采用6061铝合金制造，现在多采用7046铝合金制造，最近有用性能更好的玻璃纤维复合铝合金制造。

赛艇的桡杆每根长8m，价值超过1000美金，西南铝加工厂1984年采用7005铝合金挤压出桡杆型材，其力学性能抗拉强度达到443MPa，延伸率达到11.3%，同时，焊接性能好，弓形接头焊缝海港试验4年无一断裂，抗海水腐蚀性好，海水浸泡4年，表面无一处俯视斑点。目前，滑雪板几乎全部是用铝合金制造的，既轻便，又无低温脆性，安全可靠。登山、野游、旅游器材要求轻巧并安全可靠，铝合金得到广泛使用，炊具、食具和行李架等几乎全部用铝合金制造。用铝合金建造游泳池，一般采用大型挤压铝材，易组装，使用周期短；外表美观，清洁感和卫生感强；耐腐蚀，不漏水，以维修。高弹性跳水板和跳水台也采用铝合金挤压型材制造。

依据GB/T 16474—2011《变形铝及铝合金牌号表示方法》，6×××表示Al-Mg-Si合金系，7×××表示Al-Zn合金系。

铝合金按其加工性质可分为形变铝合金和铸造铝合金。形变铝合金有锻铝（LD）、防锈铝（LF）、硬铝（LY）、超硬铝（LC）、特殊铝（LT）等。选材时，要根据设计的要求，选取能够经受热处理，有良好耐蚀和被切削等工艺性能的材料或合金，以避免在生产过程中产生冷裂纹和热裂纹。

目前一般轻金属家具多选用Al—Mg—Si系合金材料（牌号为6×××），是因为它具有强度中等，耐蚀性高，无应力腐蚀破裂倾向，焊接性能良好等优点。其材型有管材、板材、型材、带材、棒材、线材等多种。

用于制作家具的铝合金管材，其断面可根据用途、结构、连接等要求轧制成多种形状，并且可得理想的外轮廓线条。在建筑及室内装饰中使用的铝合金多以各种型材的形式出现，如门窗型材系列、幕墙型材系列、装饰型材系列等。其中装饰型材系列又分为：玻璃光栅型材、展品架地柜型材、卷闸、间隔型材、窗帘导轨百叶镜框型材、天花扣板型材、扶手栏杆型材、家具型材、人字梯型材等各种形式。随着金属家具的迅速发展，所用材料不单纯是管材和型材，而是根据产品花色品种结构的需要，采用压铸或铸造，以使产品更显得珍贵和富有艺术性。

（2）铜合金

铜及铜合金由于具有电导率与热导率高、抗腐蚀性强、加工成形性好、强度适中等一系列优良特点，目前已成为第二大有色金属，在各行各业得到广泛应用。铜合金按照成分分为四大类：纯铜（紫铜）、黄铜、青铜和白铜。按照加工方法，一般分为形变（压力加工）铜合金和铸造铜合金两类。

纯铜是玫瑰红色金属，表面形成氧化铜膜后呈紫色，故又称为紫铜或电解铜。纯铜导电性能很好，故主要作为导电材料使用。

黄铜是以锌（Zn）为主要合金元素的铜基合金，因常呈黄色而得名。黄铜色则美观，有良好的工艺和力学性能，导电性和导热性较高，在大气、淡水和海水中耐腐蚀，易切削和抛光，焊接性良好且价格便宜。常用于制作导电、导热元件，耐腐蚀结构件，弹性元件，日用五金及装饰材料，用途广泛。

按照成分，黄铜可分为简单黄铜和复杂黄铜两类，只含有锌的二元铜合金称为普通黄铜或简单黄铜，若除了锌以外，还含有铅、锡、铁、锰、铝、硅、镍等元素，分别称为铅黄铜、铝黄铜等，或统称复杂黄铜。按照加工方法分类，可分为形变（压力加工）黄铜（例如H68）和铸造黄铜（例如ZCuZn38）两类。

青铜是历史上应用最早的一种合金，原指铜锡合金，因颜色呈青灰色，故称青铜。为了改善合金的工艺性能和力学性能，大部分青铜还加入其他合金元素，如铅、锌、磷等。由于锡是一种稀缺元素，所以工业上还使用许多不含锡的无锡青铜，它们不仅价格便宜，还具有某些特殊性能。无锡青铜主要有铅青铜、铍青铜、锰青铜等。现在，除黄铜和白铜（Cu-Ni合金）以外的铜合金，均称为青铜，按加工方法，青铜也可分为形变（压力加工）青铜［例如QSn4-3（Zn）］与铸造青铜（例如ZCuSn10Pb1）两类。

白铜是以镍为主要合金元素的铜合金，若还含有第三元素如Zn、Mn、Al等，则称为锌白铜、锰白铜、铝白铜等。白铜具有优良的抗腐蚀性和中等以上强度，弹性好，加工成形和焊接性能好，易于热、冷压力加工，易于焊接，广泛用于制造耐腐蚀结构件、各种弹簧与接插件。

铜合金主要可用于房屋装修、塑像、工艺品和家具装饰件方面。图5-22所示为国外设计师Sharon sides的成套金属铜合金家具作品"蚀刻上岁月的痕迹与美丽"，设计师用酸蚀刻的方法在自己的作品上刻出树干年轮的图案，将树的外观和纹理与金属家具相结合。椅子、凳子和桌子构成的成组家具表现了大自然的历史与美。

在欧洲采用铜板制作屋顶和漏檐已有传统。北欧国家中甚至用它作墙面装饰。铜合金耐大气腐蚀性很好，经久耐用，可以回收。它具有良好的加工性能，可以方便制作成复杂的形状且色泽美观，因而适合用于房屋装饰。铜合金在教堂等古建筑屋顶上的应用历史悠久，至今还散发出诱人的光彩，而且现代大型建筑甚至公寓、住宅建设上的应用越来越多，例如，在伦敦，代表现代英国建筑艺术的"英联邦委员会"大厦，屋顶形状复杂，采用铜板建造，重约25t，于1996年开放的"水晶宫运动中心"，用了60t铜合金做成波浪形屋顶等。据统计，用作屋顶的铜板，在德国平均每人每年消费为0.8kg，美国为0.2kg。

此外，屋内的装修，如门把手、锁、百页、护栏、灯具、墙饰及厨房炊具等，使用铜制品不仅经久耐用，消毒卫生，而且可装点出高雅的气息，深受人们喜爱。

采用不锈钢制作门把手，似乎很干净，其实研究结果令人吃惊，不锈钢门把手上容易滋生各种致病细菌，如革兰阳性和阴性细菌、大肠杆菌和链球菌等。而研究表明，若采用黄铜把手，其细菌比不锈钢把手上少得多，这体现了铜合金的抑菌作用。专家们为了测定铜合金

图 5-22　铜合金家具

上细菌死亡的速度进行了反复测试，结果黄铜上附着的细菌在 7h 或更短时间内全部消失，而且，新擦亮的黄铜表面，细菌杀灭的时间更短。

世界上没有哪一种金属，能够像铜那样广泛被应用于制造各种工艺品，从古至今，经久不衰。今天城市建设中，各种纪念物、铸钟、宝鼎、雕像、佛像、仿古制品等，大量使用铸造铜合金。1996 年建成的香港天坛大佛，使用锡、锌、铅青铜铸造拼接而成，高 26m，重 206t。1997 年建成的浙江普陀山南海观音大佛，高 20m，重 70t，是世界上第一座用仿金铜合金建成的巨型铜像。从各种精美的艺术品、乐器，到价廉物美的镀金、仿金、仿银首饰也都使用各种成分的铜合金。

艺术铜合金是指那些用于制造鼎、镜、鼓、香炉、雕像、佛像等艺术品、装饰品、乐器、兵器和钱币等的铜合金。与普通铜合金不同的是它们对色泽、耐蚀性、磨削加工性或音质、响度有特殊要求。艺术铜合金的分类与其他铜合金一样。

我国是最早使用艺术铜合金的国家，早在殷商时代就大规模的使用锡青铜制作各种各样装饰性很强、艺术价值很高的器皿及雕像。用铜合金制作艺术品具有古朴庄重或华丽典雅的风格特点，随着合金设计、熔铸加工、仿古作旧、表面处理等相关技术的进步，艺术铜合金的门类有了很大发展。

紫铜具有古铜色，艺术风格朴实、大方、庄严。材料韧性好，焊接性能优良，多用作雕塑、人物雕像。艺术用紫铜主要牌号有 T2（二号铜），T3（三号铜）和 TP2（脱磷氧铜）三种。常用用作铸造小型雕像、景泰蓝和镶嵌装饰品的胚胎、钱币和器皿。紫铜板可作铜板画、大型浮雕等。

图 5-23 全铜陀螺椅

艺术黄铜色如黄金,艺术风格华贵艳丽、富丽堂皇、高贵典雅。常作装饰品,也是金箔和金粉的替代品。形变(压力加工)黄铜以薄板、箔、管、线材等形态用于艺术品制作。图 5-23 所示为采用铜制造的陀螺椅,该椅子就像一个放大的陀螺,重量相当不一般,而舒适程度也可想而知,与其他椅子不同的是,它没有就坐的方向,360°都可以就坐。

艺术用铸造黄铜的常用牌号和成分见表 5-3。含锌 20% 的黄铜经过研磨会出现美丽的晶粒,在艺术品加工中称此工艺为"点金"。

表 5-3 铸造艺术黄铜的牌号和化学成分 %

| 合　金 | Cu | Zn | Sn | Al | Pb | Mn | 色　泽 |
|---|---|---|---|---|---|---|---|
| ZCuZn6Al0.5P | 余量 | 4～8 | — | 0.4～0.7 | 0.1～0.3（P） | — | 金黄 |
| ZCuZn12Al | 87～89 | 余量 | — | 1.0～2.0 | — | — | |
| ZCuZn24Sn1Pb3 | 70～74 | 余量 | 0.5～1.5 | — | 1.5～3.5 | — | |
| ZCuZn30 | 68.5～71.5 | 余量 | — | — | — | — | |
| ZCuZn38AlMn | 57～62 | 余量 | — | 0.25～0.5 | — | 0.1～1.0 | 银色 |

白铜是 Cu—Ni 合金,一般含 Ni 5%～30%,色泽为银白色,光泽艳丽。含 Ni20% 左右的白铜常用来制造钱币、奖杯、奖牌,是白银的理想代用品。这类合金硬度较高,刻印时磨耗少,易于加工。加锌白铜最接近银色,具有良好的加工性能和耐腐蚀性,是制造餐具、乐器和装饰品的理想材料,如,现代乐器长笛就是使用白铜制成。

青铜具有靛青色,艺术风格稳重。艺术锡青铜中最主要的是铸造锡青铜,含锡量一般小于 20%,含锡量小于 5% 时,易于着色。锡青铜耐腐蚀性优良。常用铸造锡青铜牌号和成分见表 5-4。

像用锡青铜的含锡量一般不超过 10%,古代著名铜像(佛)的化学成分见表 5-5。镜用锡青铜的含锡量较高,有的高达 30%,非常脆。高锡青铜硬度高,研磨后可获得极光滑的表面。我国古代铜镜的化学成分见表 5-6。古用锡青铜与其他青铜一样,是 Cu、Sn 和 Pb 的三元合金,我国古代铜鼓的化学成分见表 5-7。

表 5-4 铸造艺术青铜的牌号和化学成分 %

| 合　金 | Sn | Al | Zn | Pb | Mn | Cu |
|---|---|---|---|---|---|---|
| ZCuSn2Zn3 | 1.8～2.2 | — | 2.5～3.5 | — | — | 余量 |
| ZCuSn3Al2 | 2.5～3.5 | 1.5～3.5 | — | — | — | 余量 |
| ZCuSn12Mn1 | 10～15 | — | 0.15～0.25 | 0.2～0.3 | 1.0～1.25 | 余量 |
| ZCuSn18 | 17～19 | — | — | — | 1.0～2.0 | 余量 |

表 5-5 古代著名铜像（佛）的化学成分　　　　　　　　　　　　　　　　%

| 名　称 | Cu | Sn | Fe | Ni | Zn | Pb |
|---|---|---|---|---|---|---|
| 希腊古铜像 | 84～88 | 9.0～14.3 | 0.4～1.2 | 0.34 | — | — |
| 罗马古铜像 | 72～80 | 7.3～9.0 | 0.3～1.2 | 0.35 | — | 10～19 |
| 日本奈良大佛 | 91～95 | 1.46～2.46 | 0.95～1.43 | 0.28 | — | — |
| 中国天坛大佛 | 86～89.2 | 7.5～9.0 | — | — | 3～8 | — |

表 5-6 我国古代铜镜的化学成分　　　　　　　　　　　　　　　　　　%

| 年　代 | Cu | Sn | Pb | Fe | 其他 |
|---|---|---|---|---|---|
| 战国年代 | 66～71<br>74 | 19～21<br>25 | 2～3<br>1 | — | — |
| 汉魏时代 | 73<br>68.82<br>67.82<br>72.64 | 22<br>24.65<br>22.35<br>24.16 | 5<br>5.25<br>6.09<br>2.06 | —<br>—<br>—<br>— | —<br>—<br>4.15<br>1.44 |
| 隋唐时代 | 69.55<br>70 | 22.48<br>25 | 5.86<br>5 | — | — |
| 宋代以后 | 69<br>69 | 12<br>8 | 14<br>15 | 5<br>6 | — |

表 5-7 我国古代铜鼓的化学成分　　　　　　　　　　　　　　　　　　%

| 出土地点 | Cu | Sn | Pb |
|---|---|---|---|
| 石家坝 | 87.95～95.63 | 4.64～6.97 | — |
| 石寨山 | 77.45～85.43 | — | 0.37～4.00 |
| 冷水冲 | 62.43～72.03 | 6.88～14.96 | 14.50～27.41 |
| 遵义 | 66.90～84.06 | 6.33～7.10 | 7.30～19.50 |
| 北流 | 61.78～70.45 | 6.16～14.24 | 9.94～23.0 |
| 灵山 | 60.12～70.56 | 8.84～12.8 | 7.60～19.76 |
| 麻江 | 63.85～82.73 | 9.22～13.16 | 0.73～6.90 |
| 西盟 | 70.12 | 2.22 | 23.36 |
| 容县 | 82.05 | 7.36 | 5.8 |

近年来，仿金材料有了重要发展，主要是在铝青铜中添加少量的锌、镍、锡和稀有元素，充分利用铝青铜的耐腐蚀、抗冲击等特点，进一步改进铝青铜的色泽和加工性能，降低成本。其中"18合金"和造币材料QAL15-5-1颇为著名。"18合金"添加有金属铟（In），色泽酷似18K黄金，并有极高的耐蚀性、优良的冷热加工性能和焊接性能，成为巨型佛像、城市雕塑的首选材料。QAL15-5-1具有良好的加工性能和耐腐蚀性能、耐磨性能，色泽金黄，被选作冲制"欧元"的硬币材料。

仿金铜圆扁线（Cu-Al系合金）主要用在玻璃门窗、铁门和家具装饰上。一般采用黄铜条做成各种艺术图案，再经钢化玻璃热压做成门窗，这类门窗强度极高，而且图案丰富，外观华丽。但是由于黄铜材料表面易于氧化，耐蚀性较差，因此黄铜线表面必须经过特别处理或采用双层钢化玻璃结构，并进行真空处理。由于仿金铜具有良好的耐腐蚀性，目前，改为仿金铜圆扁线作为中空玻璃门窗的装饰材料，就取消了原来的表面处理或真空处理工序，降低了成本。另外，仿金铜圆扁线还可用在铁门、家具的表面装饰上。图5-24是仿金铜圆扁线在西式家具上应用的实例。

图 5-24 仿金铜圆扁线装饰的家具

铜合金在家具制造中,主要用于制作家具的装饰件,如黄铜可以通过压铸等工艺生产出富有艺术性的家具或家具装饰件。锡青铜可以通过铸造获得古朴典雅的造型如床具等。因此,了解艺术铜合金的应用,便于在家具装饰设计中,做到与周围环境和整体装饰风格的和谐性。

(3)钛及钛合金

钛是一种银白色的金属,其熔点为 1668℃,密度为 4.5g/cm³,属于难熔稀有金属。1790年发现钛元素,20 世纪 40 年代末才建立钛生产工业。工业上采用镁或钠从金红石和钛铁矿中还原四氯化钛。这样的金属钛呈疏松多孔的海绵状,称为海绵钛。再经自耗熔炼变成金属钛后再加工或铸造。

钛的珍贵性在于比重小,强度高。钛比铁强韧得多,比重却仅为铁的一半多点,而且不会生锈;钛比铝的比重大不足 2 倍,但是强度是铝的 3 倍,而且耐热性远高于铝。钛合金的性能更加优良,钛合金的比强度(强度/密度)是不锈钢的 3.5 倍,铝合金的 1.3 倍,镁合金的 1.6 倍,因此,钛合金的比强度是目前工业金属中最高的。钛合金在 540℃的比强度高于钢,这种优点首先应用于航空发动机。钛合金又能抗住 -200℃低温而不破坏。钛合金是现代超音速飞机、火箭、导弹和航天飞机等不可缺少的材料。

钛合金作为耐热和耐蚀材料,在许多情况下可以替代镁合金和铝合金,也可代替不锈钢,应用于化工、石油、发电、冶金等部门。钛在含氧环境中生成薄而坚固的氧化物薄膜,氧化膜与基体结合牢固,破坏后能够自愈,耐氧化溶液和氯化物溶液的腐蚀,最突出的是耐工业腐蚀气氛及海水腐蚀。在海洋环境中腐蚀速率 $9.03\times10^{-5}$mm/ 年;钛合金具有良好的耐应力腐蚀的能力,还具有耐淡水和海水的腐蚀疲劳性能。在静止海水中数年仍非常光亮。钛合金在海水中的腐蚀性能优于不锈钢。

钛及钛合金属于昂贵金属,长期以来主要是用于航空、航天、海洋工业和军事工业,但是随着不断深入的研究,也逐渐民用化,与我们的生活也越来越近,如在自行车、手机外壳、手表外壳、眼镜架、运动鞋、高尔夫球棒等方面都有应用,因此,在家具设计中的某些装饰性部件或航海用器具、家具方面也可尝试使用。

**（4）超导材料**

1908 年 H.K.Onnes 成功的制取了液体氮，获得了 4.2K 的低温。1911 他发现水银的电阻在 4.2K 附近突然降到零，与正常金属电阻随温度的变化规律截然不同，这种零电阻现象完全排斥磁场，即磁力线不能进入其内部的现象称为超导电现象。具有超导现象的材料称为超导材料。超导材料是至今发展最快的功能材料之一。

超导材料主要开发的有超导合金、超导陶瓷和超导聚合物。主要应用在电力系统的超导电力储存、超导磁体发动机、计算机的超导开关、交通运输的磁悬浮列车等方面。近年来，人们也在尝试着利用磁悬浮现象，开发了一些工艺品和家具，为工艺品、装饰品和家具的设计提供了想象的空间，开拓了新思路。

**（5）形状记忆合金**

某些具有热弹性马氏体相变的合金材料，处于马氏体状态进行一定限度的变形或变形诱发马氏体后，在随后的加热过程中，当超过马氏体相消失温度时，材料就能够完全恢复变形前的形状和体积，这种现象称为记忆效应（SME—Shape Effect），具有形状记忆效应的合金材料称为形状记忆合金（SMA—Shape Memory Alloy）。

普通金属材料在载荷大于屈服极限时，将会发生塑性变形，当卸除载荷，塑性变形保留下来，试件改变形状。如果是超弹性材料，当载荷卸除后，塑性变形消失，试件恢复变形前的形状。而形状记忆合金，则是在载荷大于屈服极限时，将会发生塑性变形，若对试件进行加热，使其达到一定温度以上（高于马氏体相变温度），材料变形消失，恢复原来的形状，即为"记住了"变形前的形状。目前，有人利用记忆合金开发了灯具的灯罩，即灯罩随着灯泡温度的变化而开合；迷你家具，你可以把它像提包一样提回家，然后只要给它通上电，选择好变形的温度，1min 后，它就会变成你喜欢的任意一种款式了。

总之，新材料的出现和应用，为家具设计者带来了更多的设计灵感和更广阔的想象空间，为许多新奇家具或具有特殊功能的家具的实现奠定了基础。

## 5.3 金属家具标准简介

为了规范金属家具行业生产，也为保证消费者的合法权益提供法律依据，我国现行的 GB/T 3325—2008《金属家具通用技术条件》中，规定了金属家具的术语和定义、要求、试验方法、检验程序、检验规则、标志、使用说明、包装、运输和贮存等。该标准适用于以金属材料为主结构的金属家具，其他有金属材料构件的家具也可参照执行。

GB/T 3325—2008
金属家具通用技术条件

## 5.4 家具五金件简介

家具的质量取决于设计款式、所用材质和使用效果等几个方面，其中，使用效果主要由家具的功能性五金件决定，因此，五金配件在家具中所占的位置十分重要。除材料的因素外，高档家具的人性化功能体验及使用寿命全靠五金件来体现。

### 5.4.1 家具五金件概述

中国传统实木家具原本不需要家具五金配件，所有功能的实现都是以木质榫卯结构为基础，金属只是作为一种装饰应用在家具中。直至明清时期，金属开始在家具（主要是木箱，柜体锁扣、包边、合页等）实现了简单的功能。明式家具中，家具五金件的使用已有锁、提环、铰链、面叶、扭头、吊牌、足套、紧固件、装饰件等几十个品种，饰件工艺精致，有素面、錾花，

图 5-25 具有电动开启系统的抽屉

还有镏金、镀银等。

20世纪80年代,板式家具开始从西方传入我国,家具五金配件随之在家具中大量使用。经过30多年的发展,家具五金配件在家具中的作用也越来越重要,人们对家具品质的关注也开始从板材、环保慢慢转向了五金配件。因为家具的质量和档次主要体现在五金配件的选用上。某些家具使用不便,在很大程度上是因为其五金件选用不当造成的。有研究数据表明,五金配件在家具中的价值占比为5%,但是运行舒适度却占85%。可见五金配件在家具中的重要性。

家具五金件的研发在家具设计制造中一直承担着重要角色,家具的机械化批量生产,对家具五金件在通用性、互换性、功能性和装饰性等方面均提出了更高的要求。基材的多样化、结构的改变和使用功能的增加,使家具五金件在家具上的作用不再仅仅是装饰和部分活动部件的连接,对其功能性要求也越来越高,涉及的领域也越来越广。

随着近年来家具现代化、个性化的发展步伐,人们家具的需求也已经从最原始的收纳功能慢慢转向对精致生活的体验需求,而这些这种体验就直接感受自家具五金配件,因此,在未来一段时间内,家具五金配件将成为家具整体品质的最关键因素。

目前,家具五金件的方向发展是标准化、系列化、多功能、易拆装。另外,智能化是也家具五金件的一大发展趋势。人们对家居的舒适度要求越来越高,希望的懒汉式生活方式要求家具五金件越来越人性化、智能化。其中,五金件使用率达到35%的橱柜行业体现得最为明显。

目前,市场上出现的国外高端橱柜就推出了电子智能抽,实现了橱柜"无拉手"的简洁设计,不用拉手开启柜门,只需轻轻一按即可实现开门作业,"一触即发"。图5-25所示的是国外某公司推出的配置了电动开启系统(含集成静音阻尼系统)的橱柜抽屉。只需轻触抽屉面板的任意位置,抽屉即刻平稳、安静地打开,关上抽屉也同样简单。当手是湿的、脏的或拿满东西时,这种抽屉的开启方式就显示出了极大的优势。另外,该系统所特有的功能也为橱柜实现外观上简洁明朗的无拉手设计提供了可能性。

新型阻尼及滑轨的使用,也实现了橱柜抽屉载重强、无回弹、无泄露的目的,同时延长了阻尼及滑轨的使用寿命。在一体化卫浴设计中,水温自动调节卫浴配件、卡式锁、自动门、感应开关等也开始进入人们的生活,为家居向智能化方向发展提供了必要的条件。

### 5.4.2 定义、分类、品种及用途

我国目前尚没有对家具五金配件有规范性的行业分类,它属于五金行业中的五金工具分支,同时也属于家具行业的家具原辅材料分支,因此,国内对家具五金件的概念尚无明确的定论。

一般而言，家具五金配件泛指在家具生产中需要用到的五金部件，具体为用于家具上的有连接、活动、紧固、装饰等功能的金属制件，也称家具配件。

按照设置分为：普通类（包括铰链、滑轨等）、特殊类（包括浴室五金和厨房挂件等）。

按照用途分为：板式家具五金配件、橱柜五金配件、办公家具五金配件、衣柜五金配件等。

按照功能分为：功能五金。即实现基本的固定、承载功能、连接等功能，实现家具的完整性的家具五金配件，如：三合一连接件、角码、层板托等。

运动五金。即实现家具运动功能，决定家具运动方式的家具五金配件，如：滑轨、铰链、气动支撑杆、脚轮等。

现代家具五金件品种繁多，按用途可分为九大类，见表 5-8。它们的形式、规格、花色是根据各类家具的功能、造型、材料、结构等需要而设计制作。

表 5-8 家具五金件的类别、品种和用途

| 类别 | 品种 | 用途 |
|---|---|---|
| 连接件 | 床连接件、结构连接件（代替榫卯结构）、螺钉连接件、桌腿连接件 | 用于床或板式家具的旁板与顶、面、底、背搁板之间，或桌腿与望板间的连接紧固，使部件可多次拆装 |
| 铰链 | 暗铰链、玻璃门铰链、翻门铰链、片状合页、折页 | 用于开门、翻门和箱盖，使其可转动开合 |
| 滑轨 | 抽屉滑轨、限位滑轨、转动滑轨、移门滑轨 | 用于抽屉、移门等，使其开启和关闭时轻便灵活 |
| 定位件 | 碰珠、门夹、插销、拉条、撑条 | 用于开门、翻门和箱盖开合的定位或支撑 |
| 脚架 | 可调节脚架、支架、桌椅底架 | 用于家具底部或代替脚以支撑家具主体 |
| 挂托件 | 搁板座、衣架支座、橱柜挂座 | 用于柜的内部以承托搁板或挂吊衣物 |
| 拉手 | 弓形拉手、型材拉手、挖手、吊环拉手、插板拉手、球形拉手等 | 用于柜门或抽屉，便于拉动开合 |
| 脚轮 | 旋转滚轮、定向滚轮、滑动滚轮 | 用于床、沙发、椅等家具的底脚，使其搬移方便省力 |
| 锁 | 弹子锁、弹簧锁、叶片锁、双杆联锁、插板联锁、号码锁 | 用于柜门或抽屉，达到锁闭开启的作用 |

### 5.4.3 常用家具五金件

家具五金件的品种很多，限于篇幅有限，本节仅介绍其中常用的拉手、铰链和滑轨。

#### 5.4.3.1 拉手

拉手主要用于各种柜体如橱柜、衣柜、床柜、鞋柜的柜门或抽屉，也用于各种办公家具如写字台等的抽屉，作用是便于拉动开合。拉手的材质多样，有金属、木制、塑料、陶瓷和玻璃等，在造型设计上也丰富多彩。家具设计师常常根据家具的风格，配置不同的形式拉手。图 5-26 是三种不同造型的拉手，分别采用金属和塑料制成。

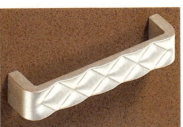

图 5-26 三种不同形式的拉手

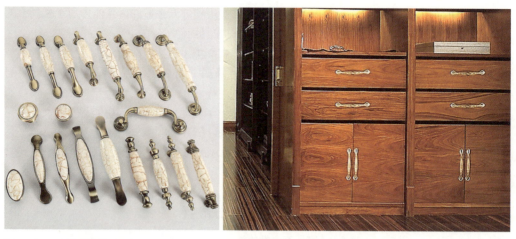

图 5-27　不同款式的拉手及应用

图 5-28　形式多样的金属拉环式拉手

拉手的形式多样，按照用途的不同，有用于木门的无锁式金属木门拉手、木纹木门拉手，也有用于家具的长形拉手和圆形拉手，图 5-27 所示为某企业生产的多种尺寸的拉手及在柜类家具中的应用。图 5-28 所示为形式各异的金属拉环式拉手。

与家具整体造型设计一样，拉手的风格设计也折射出世界的时尚潮流，表达出自我和个性。一些世界著名家具五金件公司推出的拉手系列产品设计，就结合了最新的流行趋势并融合于个性化的家具设计，如：新现代风格、奢华风格、仿生风格、乡村风格，这些拉手的新鲜创意设计为家具拉手增添了活力。图 5-29 所示为简洁纯粹的无拉手设计，一触即开。

#### 5.4.3.2　铰链

铰链主要用于各种家具门和箱盖的转动开合，在板式家具中应用普遍，图 5-30 是最大开启角度可达 270° 的单轴铰链。

家具铰链一般分为门类、柜类铰链，门类铰链主要是指合页，柜类（衣柜、橱柜、浴柜等）

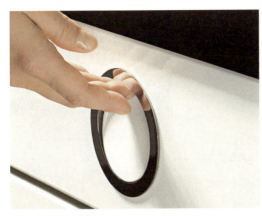

图 5-29　简洁纯粹的无拉手设计

图 5-30　单轴铰链

图 5-31　电动开启系统

图 5-32　集成阻尼铰链的应用

铰链中，又分普通型和加厚型，普通型铰链基座直径为 35mm，加厚型为 40mm。按开启效果又可以分为阻尼门铰链与反弹门铰链。几种新型的铰链简介如下：

① 单轴铰链：由压铸锌制成，质量好，稳定性高。超薄型的结构设计，安装方便，开启角度可达 270°，开启后，柜内所有物品一览无余，而且取放无障碍。

② 钥匙孔铰链：是一种迷你型铰链，专为板式家具设计。安装过程简单、可靠，使用寿命长，外观美观。浅铰杯设计可以确保轻巧而经济实用，适用于灵活的小门。

③ 隐藏式插尾铰链：浅铰杯设计，容易固定。结构紧凑、坚固，金属质感，运行精准。具备独立的覆盖调节系统。开启角度达 95°，适合各种型号的柜门。

④ 机械辅助开启系统：采用了通用型的推弹器，门板上无须拉手，只需用手轻触，门即自动打开。

⑤ 电动开启系统：只需轻触装有电动开启系统的前面板。控制系统集成在底板中，简洁的设计显然更为雅致且便利，如图 5-31 所示。

⑥ 集成阻尼铰链：具有集成阻尼功能，当门关闭至 35° 或门的开启角度小于 35° 时，门即可自动柔和地闭合，简单、优雅、安静，如图 5-32 所示。该铰链为快装铰链，安装和拆卸可以快捷、容易地进行，而且无须工具。

 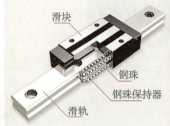 

图 5-33　滚轮滑轨　　　　图 5-34　钢珠滑轨及其应用

图 5-35　超承重滑轨及其应用

### 5.4.3.3　滑轨

滑轨也称滑道，主要用于家具的抽屉、移门等，可以使其开启和关闭时轻便灵活。因滑轨属于频繁使用的五金配件，在家具使用时非常重要，抽屉的使用功能和寿命在很多程度上取决于滑轨的品质。质量好的滑轨壁板较厚，做工精细，经久耐用，而质量低劣的滑轨的壁板较薄，做工粗糙，使用一段时间后会出现滑动不畅、噪声、损坏等问题。因此，选择性价比高的滑轨很重要。

滑轨的种类很多，几种常用的滑轨简介如下：

① 滚轮滑轨：也称轮式滑轨，其基本工作原理是通过轨道与轨道之间的滚轮滚动来实现伸缩。常用的滚轮滑轨为托底式，该滑轨可以隐藏在抽屉底部，安装好后基本上看不到配件，特别适用于实木抽屉。此滑轨在滑动时无摩擦，无噪声，安装简单、方便、快捷，是性价比较高的滑轨产品。滚轮滑轨如图 5-33 所示。

② 钢珠滑轨：也称滚珠滑轨，其基本工作原理是通过轨道与轨道之间的钢珠滚动来实现伸缩。钢珠滑轨的关键部件是钢珠，钢珠运行在滑轨轨道中，施加于滑轨上的载荷能够被分散到各个方向上，因此不仅能确保滑轨的侧向稳定性，还能提供轻松便捷的用户体验。图 5-34 所示为钢珠滑轨的结构及其应用。

钢珠滑轨有系列产品，可分为：部分拉出滑轨、全拉出滑轨和超全拉出滑轨。

钢珠滑轨具有滑动平顺，安装便捷，经久耐用的特点，其最大承重可达 60kg。该滑轨的特殊结构与精密钢珠配合保证了稳固性，它还可以直接装到侧板上，或插接式地安装入抽屉侧板的凹槽中。

③ 机械开启抽屉系统：选配了推弹器，一推即开，打开抽屉同样轻松自如。只要轻触前面板，抽屉就会自动轻轻打开。即使承载重量达到 50kg 时，抽屉也可顺畅地打开。在家具设计理念中，任何无拉手设计的面板外观都会显得非常典雅。

④ 配置电动开启系统：电动抽屉开启系统只需轻触抽屉面板的任意位置，抽屉即刻匀速、柔和地打开。电动开启系统可以让抽屉平稳、安静地打开，关上抽屉也同样简单。该系统配置的集成静音阻尼系统还可以提供静音关闭效果。

⑤ 隐藏式滑轨：隐藏式滑轨的工作原理同钢珠滑轨，只是安装的位置不同。该设计在家具中得到广泛的运用，四排独立的钢珠沿着钢制轨道精确运行，确保了抽屉耐久使用。此滑轨系列的承重范围为 25～50kg。承重为 50kg 的滑轨为超承重滑轨，该滑轨即使承载高达 50kg 的物品时，全拉出抽屉仍能毫不费力地进行开合，所以特别适合橱柜、餐柜的抽屉使用，如图 5-35 所示。另外，此滑轨还可以根据客户需要，选配静音阻尼系统。

## 本章小结

金属家具是以金属管材、板材等其他型材为主组成的构架或构件，配以木材、人造板、皮革、纺织面料、塑料、玻璃、石材等辅助材料制作零部件的家具，或全部由金属材料制作的家具。金属材料是制造金属家具的最主要的材料。这是由于它具有制造金属家具所需要的机械性能和物理、化学性能，并且可以采用较简单的工艺方法加工成型，亦即具有所需要的工艺性能。在金属家具制造中所用金属材料以合金为主，常用材料有碳钢、不锈钢、铸铁、铝合金、铜合金等，一些新型材料如钛合金、超导材料和形状记忆合金等在家具制作方法也有尝试。金属家具标准可以提供产品质量选择的依据。家具五金件使板式家具在生产的便捷性、使用的功能性和舒适性方面更理想。

## 思考题

1. 衡量金属材料力学性能的主要指标有哪几个？其含义是什么？由什么符号表示？
2. 随着含碳量的增加，碳钢的组织及性能会有哪些变化？
3. 低碳钢、不锈钢和铸铁在金属家具制造中的基本特点和用途是什么？
4. 铝合金、铜合金各有哪几种类型？
5. 钛合金、超导材料和形状记忆合金的特点是什么？在金属家具设计中有什么使用新材料的创意？
6. 衡量金属家具产品外观质量的标准主要有哪几项？
7. 家具五金件的常用品种是什么？

## 主题设计

以金属为主材，设计一款坐具。

## 推荐阅读

1. 参考书

2. 网站

（1）法国顶级户外铁艺家具品牌 Fermob  https://www.fermob.com/

（2）家具五金件公司海蒂诗  http://www.hettich.com/cn_ZH.html

# 第 6 章

# 玻　璃

[**本章提要**]　主要介绍玻璃的一些相关知识，如玻璃的组成、分类与性质。介绍作为家具材料使用的常用玻璃种类，特别是平板玻璃和装饰玻璃的使用，以及这些玻璃材料的加工工艺。此外介绍玻璃的一些特殊效果是如何进行加工制作的，这些工艺和技法都很简单实用，而且易于操作。本章最后还对一些新型玻璃作了介绍，可拓展相关知识。

6.1　玻璃的组成、基本特性与分类
6.2　家具常用玻璃
6.3　常用玻璃材料加工工艺
6.4　新型玻璃简介

3000多年前,一艘欧洲腓尼基人的商船,满载着晶体矿物"天然苏打",航行在地中海沿岸的贝鲁斯河上,由于海水落潮,商船搁浅了。于是船员们纷纷登上沙滩。有的船员还抬来大锅,搬来木柴,并用几块"天然苏打"作为大锅的支架,在沙滩上做起饭来。船员们吃完饭,潮水开始上涨了。他们正准备收拾一下登船继续航行时,突然有人高喊:"大家快来看啊,锅下面的沙地上有一些晶莹明亮、闪闪发光的东西!"船员们把这些闪烁光芒的东西,带到船上仔细研究起来。他们发现,这些亮晶晶的东西上粘有一些石英砂和融化的天然苏打。原来,这些闪光的东西,是他们做饭时用来做锅的支架的天然苏打,在火焰的作用下,与沙滩上的石英砂发生化学反应而产生的晶体,这就是最早的玻璃。

后来,腓尼基人把石英砂和天然苏打和在一起,然后用一种特制的炉子熔化,制成玻璃球,使腓尼基人发了一笔大财。大约在4世纪,罗马人开始把玻璃应用在门窗上。到1291年,意大利的玻璃制造技术已经非常发达。"我国的玻璃制造技术决不能泄露出去,把所有的制造玻璃的工匠都集中在一起生产玻璃!"就这样,意大利的玻璃工匠都被送到一个与世隔绝的孤岛上生产玻璃,他们在一生当中不准离开这座孤岛。1688年,一名叫纳夫的人发明了制作大块玻璃的工艺,从此,玻璃成了普通的物品。

上面这段描述的原始记载来自古罗马普林尼的《自然史》,根据其记载,公元前5000年人们就发现了玻璃。到了公元1世纪,人们开始学会吹制玻璃器皿。公元11世纪,德国人发明了制造平面玻璃的技术,就是吹制玻璃的时候,吹出一个又大又扁的"圆柱体",让其垂直下垂,然后切割去"圆柱体"的底部,这样就形成了一大块的平面玻璃,长宽分别可达3m和0.45m。这种技术后来被13世纪威尼斯工匠继承。从那以后,玻璃开始被用在建筑物的窗户上,最典型的就是中世纪教堂里的彩色玻璃。不过,那个时候玻璃很贵,只有非常有钱的人才能用得起。

谈到玻璃,首先会想到窗户、镜子还有各种玻璃器皿。作为家具材料,玻璃也常常被镶嵌在各种柜门上,或透明、或磨砂、或镶花、或者干脆就是一面镜子;都是利用了玻璃的一些基本特性,但也基本上都是作为木材、金属、塑料的表面装饰材料和辅助材料使用的。

随着科技的发展,玻璃的制造工艺提高很快,现在也出现了很多全部用玻璃制作的家具,拓展了玻璃的适用范围和玻璃家具的前景。

图6-1所示为德国设计师Sebastian Scherer设计的一系列名为"Isom"(等边)的六边形全玻璃桌,这些桌子完全用厚10mm的玻璃做成,颜色有蓝、灰、绿、青铜四种,每张桌子的桌面为一个六边形,通过三块长方形的玻璃板支撑。从上往下看时,这些桌子给人一种仿佛立方体的错觉,当把多张桌子拼到一起时,层叠的效果让桌子的立体感更强。

图6-2所示为著名意大利设计师Tonelli为某玻璃家具制造商设计的系列家具作品中的部分家具,包括一个梳妆台,一个写字台,一个衣帽架和一个凳子,所选用的玻璃具有朦胧和柔和的半透明的颜色,在造型和结构设计上有圆形的边角和独特的接角连接形式。

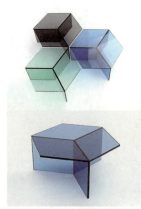
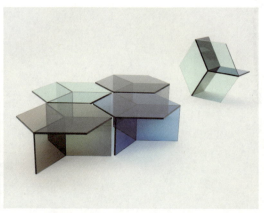

**图6-1 六边形全玻璃家具**

图 6-2 系列玻璃家具

## 6.1 玻璃的组成、基本特性与分类

### 6.1.1 玻璃的组成与基本特性

玻璃最主要的化学成分是二氧化硅，是一种无规则结构的非晶态固体，质地坚硬，无色透明；可以通过添加各种成分使其带有颜色。玻璃有很高的化学稳定性，可以抵抗除氢氟酸以外所有酸类的侵蚀，硅酸盐玻璃一般不耐碱。

玻璃遭受侵蚀性介质腐蚀，也能导致变质和破坏。大气对玻璃侵蚀作用实质上是水气、二氧化碳、二氧化硫等作用的总和。实践证明，水气比水具有更大的侵蚀性。普通窗玻璃长期使用后出现表面光泽消失，或表面晦暗，甚至出现斑点和油脂状薄膜等，就是由于玻璃中的碱性氧化物在潮湿空气中与二氧化碳反应生成碳酸盐造成的。这一现象称为玻璃发霉。

通过改变玻璃的化学成分，或对玻璃进行热处理及表面处理（可用酸浸泡发霉的玻璃表面，并加热至 400~450℃除去表面的斑点或薄膜），可以提高玻璃的化学稳定性。我们也常利用这样的方法来进行维护以及提高玻璃的相关性能。

图 6-3 全玻璃桌

玻璃除了具有稳定的化学性能以外,还具有很多物理特性需要了解,作为家具材料,关注的重点常放在相关的特性上,即主要是力、热、光学特性。

力学特性中,强度和硬度是关键:玻璃的抗拉强度较弱,抗压强度较强,且抗压性能远优于抗拉性能;硬度高,比一般金属硬,普通道具无法切割,但是和陶瓷一样,也是脆性材料。玻璃是热的不良导体,一般承受不了温度的急剧变化。

光学性能是玻璃这种高度透明的物质最主要的特性之一,普通平板玻璃能够透过可见光的 80%~90%,紫外线不能透过,但红外线较易通过;使用玻璃作为家具材料,往往也是看中它的通透感,当然,也包括由此产生的其他效果;这一点是其他家具材料所不及的。图 6-3 所示为国外设计师制作的美轮美奂的全玻璃桌,晶莹剔透的玻璃支撑部分显示了精湛的制造工艺技术。

### 6.1.2 玻璃的分类

玻璃有多种分类方法,依据不同,划分也有所区别:

① 按主要成分可分为:氧化物玻璃和非氧化物玻璃。非氧化物玻璃品种和数量很少,主要是硫系玻璃和卤化物玻璃;氧化物玻璃可分为硅酸盐玻璃、硼酸盐玻璃、磷酸盐玻璃等,按照玻璃中的二氧化硅与碱金属和碱金属氧化物的不同含量又可细分为石英玻璃、钠钙玻璃、铅玻璃、硼玻璃、铝玻璃、镁玻璃、磷酸盐玻璃等。

② 按原料、工艺和性能可分为:传统氧化物玻璃、特种玻璃、新型玻璃。传统氧化玻璃是我们日常生活中最常见的,如平板玻璃、器皿玻璃、照明玻璃、瓶罐玻璃、保温瓶玻璃等,其生产成本低,常用于制造耐热、化学稳定性没有特殊要求的玻璃制品;特种玻璃和新型玻璃都是经过特殊处理,满足特殊要求的高科技玻璃,如防弹防爆、保温隔热、抗电磁辐射干扰等。

③ 按用途可分为:日用玻璃、建筑玻璃、技术玻璃和玻璃纤维等。该分类方法最常用也最直观,从使用角度讲,也最便于选择和取舍。表 6-1 为按用途对玻璃进行的分类。

表 6-1 按用途进行玻璃的分类表

| 分 类 | | 用 途 |
| --- | --- | --- |
| 日用玻璃 | 瓶罐玻璃 | 用于制造啤酒、饮料、食品、试剂、化妆品等的瓶子 |
| | 器皿玻璃 | 玻璃杯、保温瓶、钢化器皿等 |
| | 工艺美术玻璃 | 晶制玻璃、刻花玻璃、光珠、玻璃球、各种饰品和工艺品 |
| 建筑玻璃 | 平板玻璃 | 普通平板玻璃和高级平板玻璃(浮法玻璃) |
| | 控制声光热玻璃 | 热反射镀膜玻璃、低辐射镀膜玻璃、导电镀膜玻璃、磨砂玻璃、喷砂玻璃、压花玻璃、中空玻璃、泡沫玻璃、玻璃砖等 |

(续)

| 分类 | | 用途 |
|---|---|---|
| 建筑玻璃 | 安全玻璃 | 夹丝玻璃、夹层玻璃、钢化玻璃 |
| | 装饰玻璃 | 彩色玻璃、压花玻璃、磨花玻璃、喷花玻璃、刻花玻璃、镜面玻璃、玻璃马赛克、玻璃大理石、镭射玻璃 |
| | 特种玻璃 | 防辐射玻璃（铅玻璃）、防盗玻璃、电热玻璃、防火玻璃等 |
| 技术玻璃 | 光学玻璃 | 镜头、反射镜、玻璃眼镜、滤片、紫外线用玻璃 |
| | 仪器和医疗玻璃 | 玻璃仪器、温度计、体温计、玻璃管、医疗用玻璃等 |
| | 电真空玻璃 | 灯泡、荧光灯管、水银灯、显像管、电子管、汽车灯、杀菌灯等 |
| | 照明器具玻璃 | 灯罩、反射器、信号灯、反射性微珠、感光玻璃等 |
| | 特种技术玻璃 | 半导体玻璃、导电玻璃、磁性玻璃、防辐射玻璃、耐高温玻璃、荧光玻璃、高介质玻璃、激光玻璃等 |
| 玻璃纤维及制品 | | 玻璃棉、毡、棉板、纤维纱、纤维带、纤维布、光纤光缆等 |

## 6.2 家具常用玻璃

家具中最常见的玻璃材料主要是平板玻璃和热弯玻璃两大类；平面部分用平板玻璃，曲面特殊造型部分用热弯玻璃；这两大类中，又根据不同需要进行特殊处理，再进行细分。本节将重点介绍这两大类玻璃在家具中的使用情况和加工工艺。

### 6.2.1 平板玻璃

平板玻璃是指未经其他加工的平板状玻璃制品，也称白片玻璃或净片玻璃。按生产方法不同，可分为普通平板玻璃和浮法玻璃。根据现行国家相关标准 GB 11614—2009《平板玻璃》，平板玻璃按颜色属性分为无色透明平板玻璃和本体着色平板玻璃，按外观质量分为优等品、一级品和合格品，按公称厚度分为 2、3、4、5、6、8、12、15、19、22、25mm。不同等级的平板玻璃外观评定指标及具体试验方法详见《平板玻璃》标准。

GB 11614—2009
平板玻璃

平板玻璃是建筑玻璃中生产量最大、使用最多的一种，用途有两个方面：3～5mm 的平板玻璃一般是直接用于门窗的采光、保温、隔声等，8～12mm 的平板玻璃可用于隔断、围护等；另外的一个重要用途是用作进一步加工成其他技术玻璃的原片，如钢化玻璃、磨砂玻璃、花纹玻璃等。

（1）普通平板玻璃

普通平板玻璃是指采用各种工艺生产的硅酸钠平板玻璃，又称窗玻璃，因其透光、隔热、降噪、耐磨、耐气候变化，而广泛用于门窗、墙面、室内装饰等；有的还具有保温、吸热、防辐射的特性。家具中使用普通平板玻璃主要是镶嵌于门体内、各种柜门、餐桌茶几的台面等。图 6-4 所示为金属架支座的普通平板玻璃台面茶几。图 6-5 所示为采用几块平板玻璃组构出的具有几何美的玻璃茶几。

（2）钢化玻璃

钢化玻璃又称强化玻璃，是平板玻璃的二次加工产品，其加工的工艺过程是将普通退火玻璃先切割成要求的尺寸后，加热至软化点，再快速均匀的冷却就制成钢化玻璃。

在我国现行国家标准 GB 15763.2—2005《建筑用安全玻璃 第 2 部分：钢化玻璃》中，对钢化玻璃的定义为：钢化玻璃是经过热处理工艺之后的玻璃，其特点是在玻璃表面形成压应力层，机械强度和耐热冲击强度得到提高，并具有特殊的碎片状态的玻璃。

经过钢化处理的玻璃，表面形成均匀的压应力，内部形成张应力，抗压强度可达 125MPa

图6-4 普通平板玻璃台面茶几　　　　　图6-5 具有几何美的玻璃茶几

以上,比普通玻璃大4~5倍;抗弯、抗冲击强度有很大提高,分别是普通玻璃4倍和5倍以上;用钢球法测定时,0.8kg的钢球从1.2m高度落下,玻璃可保持完好;热稳定性好,在受急冷急热时,不易发生炸裂是钢化玻璃的又一特点,这是因为钢化玻璃的压应力可抵消一部分因急冷急热产生的拉应力,其最大安全工作温度为288℃,能承受250~320℃的温度变化,这些都是普通玻璃所不具备的。

图6-6所示为钢化玻璃与普通玻璃在破碎后的形状对比,显然,钢化玻璃由于内部预埋了应力,一旦被破坏时,可即刻碎裂,形成无棱角的小碎片,能最大限度地避免对人体的伤害,因此,属于建筑安全玻璃。图6-7所示为在建筑中的应用的钢化玻璃落地窗,既能满足采光需要,又具有较高的强度。

钢化玻璃按形状可分为平面钢化玻璃和曲面钢化玻璃,这两种钢化玻璃均可用作家具材料,通常是用于餐桌、茶几的台面,也可用于钢化玻璃门或钢化玻璃的淋浴房隔断等。图6-8所示为在开放式厨房使用的钢化玻璃餐桌。图6-9所示为在民用客厅或酒店大堂常见的钢化玻璃茶几。图6-10所示为日裔美国设计师野口勇于1944年设计的玻璃茶几及应用场景,作品采用了实木桌脚(水曲柳或黑色涂饰原木),茶几面为厚度19mm的钢化玻璃。

图6-11所示为钢化玻璃的另类使用,是由破碎钢化玻璃与LED灯珠制成的灯。这盏灯由破碎的钢化玻璃做成,套在一个白色硅胶套里面,外围有一圈白色的LED灯。硅胶、玻璃的组合使这盏灯可以灵活变化成任何形状,放在地上、桌子上都行。

(a)钢化玻璃破碎后　　　　　　　　　　(b)普通玻璃破碎后

图6-6 钢化玻璃与普通玻璃破碎后的形状对比

图 6-7 钢化玻璃落地窗　　图 6-8 钢化玻璃餐桌

图 6-9 钢化玻璃茶几

图 6-10 野口勇的钢化玻璃茶几及应用

钢化玻璃质量评定详见 GB 15763.2—2005《建筑用安全玻璃 第 2 部分：钢化玻璃》。

（3）磨砂玻璃

磨砂玻璃，俗称毛玻璃、暗玻璃，采用普通平板玻璃、磨光玻璃、浮法玻璃经机械喷砂、手工研磨或化学腐蚀（氢氟酸溶蚀）等方法将表面处理成均匀的毛面，其粗糙的表面使光线发生漫反射，只能透过一部分光线而不能透视，透过的光线柔和不刺眼，常用于需要隐蔽的

GB 15763.2—2005
建筑用安全玻璃 第 2 部分：钢化玻璃

图 6-11 破碎的钢化玻璃制成的灯

图 6-12 磨砂玻璃在隔断中的应用

图 6-13 国外设计师的磨砂玻璃作品　　图 6-14 磨砂玻璃在柜门上的应用

图 6-15 压花玻璃

图 6-16 压花玻璃在大衣柜门上的应用

浴室、卫生间、办公室的门窗和隔断，使用时应将毛面向窗外。图 6-12 所示为将磨砂玻璃在卫生间隔断中的应用。图 6-13 所示为国外设计师的磨砂玻璃作品，可用于放置一些小物件。图 6-14 所示为磨砂玻璃在柜门上的应用。

（4）花纹玻璃

花纹玻璃是将平板玻璃经过压花、喷砂或者刻花处理后制成的，根据加工方法的不同可分为：压花玻璃、喷砂玻璃和刻花玻璃三种。

① 压花玻璃又称滚花玻璃，顾名思义，是在玻璃硬化前，用刻有花纹的滚筒，在玻璃面上压出深浅不同的花纹图案，花纹和图案可根据需要预先设计，并刻在滚筒上。由于花纹凹凸深浅不同，这种玻璃透光不透视，光的透过率降低为 60%～70%。图 6-15 所示为两种不同花纹的压花玻璃。图 6-16 所示为压花玻璃在大衣柜柜门上的应用。

压花玻璃的透视性，因距离、花纹的不同而各异。其透视性可分为近乎透明可见的，稍有透明可见的，几乎遮挡看不见的和完全遮挡看不见的。其类型分为：压花玻璃，压花真空镀铝玻璃、立体感压花玻璃、彩色膜压花玻璃等；还可分为菱形压花和方形压花。

压花玻璃的一般厚度为 3～5mm，常用于门窗、室内间隔、浴厕等处。安装时应注意将花纹面朝向内侧，可防脏污。

压花玻璃的质量指标详见我国行业标准 JC/T 511—2002《压花玻璃》。

② 喷砂玻璃是经自动水平喷砂机或立式喷砂机在玻璃上加工图案的玻璃产品；也可在图案上加上色彩，并与电脑刻花机配合使用制作喷绘玻璃，增加艺术气息，多应用于室内隔断、装饰、屏风、浴室、家具和门窗等处。图 6-17 所示为喷砂玻璃制品。图 6-18 所示为喷砂玻璃在货柜中的应用，半透明的雾面效果，有一种朦胧的美。

图 6-17 喷砂玻璃制品

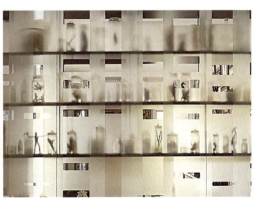

图 6-18 喷砂玻璃柜

图 6-19 刻花玻璃门

③ 刻花玻璃是用平板玻璃经过涂漆、雕刻、围蜡、耐蚀、研磨等一系列工序制成的，色彩更为丰富，可以实现不同风格的装饰效果。图 6-19 所示为刻花玻璃门。

花纹玻璃在性能上与磨砂玻璃很相似，尤其是喷砂玻璃，就是将平板玻璃改磨砂为喷砂，这种高科技工艺处理后的雾面效果具有朦胧的美感，在空间中界定而不封闭的区域使用最为适宜，如餐厅与客厅之间的屏风，卫生间中的淋浴房等。

### 6.2.2 热弯玻璃

热弯玻璃是为了满足现代建筑的高品质需求，由优质玻璃经过热弯软化，在模具中成型，

图 6-20 热弯玻璃茶几

图6-21　热弯玻璃洗手盆

再经退火制成的曲面玻璃。和钢化玻璃一样，热弯玻璃需要提前定制，根据需求提前切割好尺寸，再经过相应的加工处理，制成各种不规则的弯曲面。图6-20是四款不同形式的可移动热弯玻璃茶几。

随着工业水平的进步和人民生活水平的日益提高，热弯玻璃在建筑、民用场合的使用越来越多：主要用于建筑内外装饰、采光顶、观光电梯、拱形走廊等；民用热弯玻璃主要用作玻璃家具、玻璃水族馆、玻璃洗手盆、玻璃柜台、玻璃装饰品等。热弯玻璃在我国建筑上大面积使用始见于1989年，以后逐年增加。据统计，我国热弯玻璃企业有500余家，玻璃热弯炉有2000台左右，主要为建筑玻璃热弯炉。近年来，随着建筑装修市场的扩大，家具热弯玻璃也大大增加，洗手盆热弯炉、水族馆用玻璃热弯炉及玻璃热熔炉在全国各地相继兴起，热弯玻璃市场显得异常红火。图6-21所示为彩色热弯玻璃洗手盆。

热弯玻璃的质量评价标准详见JC/T 915—2003《热弯玻璃》。

JC/T 915—2003
热弯玻璃

## 6.3　常用玻璃材料加工工艺

玻璃的生产是经成型加工和二次加工等一系列工序完成的，从原料和辅料在熔炉内加热至熔融状态的玻璃液，到根据需要加工成具有一定尺寸和形状的玻璃制品，还需要进行淬火回火等热处理，以保证其强度和热稳定性方面的要求，表面有特殊要求的玻璃制品还要进行表面处理。

有关玻璃的生产和成型部分的知识，不是本书重点，有兴趣的同学可以自行查找相关资料进行学习；本节介绍的加工工艺，主要是玻璃制品的二次加工和一些特殊装饰效果的加工工艺，并对常见的艺术玻璃加工工艺进行分类和简介。

### 6.3.1　玻璃的二次加工

除了瓶罐和定制产品外，成型后的玻璃大都需要进行二次加工，改善表面性质、外观质量和效果等，以满足特殊需求。

玻璃制品的二次加工可分为冷、热两种：

（1）冷加工

是指在常温下使用专业设备和工具进行机械或手工的方法，研磨、抛光、切割、磨边、喷砂、刻花、钻孔等。

成型后的玻璃经过研磨，去除了表面缺陷和成型后残存的突出部分，从而获得所要求的准确性状、尺寸、平整度；再用抛光材料消除研磨后残存的瑕疵，就可获得光滑平整的表面。

将整块的玻璃进行分割就是切割加工，是用金刚石或硬质合金刀具将玻璃分型的加工过

图 6-22 喷砂毛面效果

图 6-23 玻璃画

程；切割后的玻璃一般需要磨边，磨除玻璃边缘的棱角和粗糙的截面。在玻璃上进行喷砂和刻花加工就可以得到前面提到的喷砂玻璃和刻花玻璃。喷砂是用喷枪借助压缩空气将研磨材料喷射到玻璃表面，以形成花纹、图案、文字或者纹理，图 6-22 是喷砂毛面效果。

若使用砂轮等工具在玻璃表面刻磨花纹就是刻花加工了，有手工刻花也有机器刻花：手工刻花使用一把垂直的金刚钻轮进行手工刻花加工，这需要多年的加工经验才能练就娴熟的刻花技术；使用机器刻花的，一般是进行直线和弧线刻花。

刻花加工后的磨砂表面效果还可以再抛光成光滑的表面，尤其是加工镜子，可以增加刻花细节使其增值，这种方法在透明玻璃上的使用效果不是很明显。

有的玻璃为配合后续的装配还需要预先钻孔，要用钻石钻头、硬质合金钻头或者超声波对玻璃制品进行开孔，尤其是钢化玻璃，开好孔再进行钢化处理。

随着计算机科学技术的发展，现在也有了使用计算机在玻璃上刻画的方式，比起手工和单纯的机械制作，使用计算机绘制和刻画纹样可以创造出更复杂、美观和精准的玻璃工艺品，如图 6-23 所示。

（2）热加工

主要用于形状复杂和要求特殊的玻璃制品，通过热加工最后成型，同时改善玻璃制品的性能和外观质量。与冷加工类似，热加工也包括切割、抛光、钻孔等，不同的是利用火焰高温加热完成相应的工作，除火焰切割、火抛光、钻孔外，还有锋利边缘的烧口、灯烧（常用于小批量玻璃加工，如玻璃勺、工艺品）。

灯烧玻璃更多地被用作进行小批量加工。在一般的手工造型步骤之前，还包含一个局部加热工程。因为火焰可以对准特定的部分，玻璃制造者能够进行精确控制，而这一点在吹制加工中是很难做到的。

灯烧工艺制作玻璃的技术最早可以追溯到古埃及时代。直到 20 世纪 20 年代前，碱石灰玻璃都一致是灯烧工艺的材料，而此后，随着更加有弹性的硼硅玻璃（光学玻璃）的发明，这种工艺又被赋予全新的生命。新的材料更加坚固，能够承受快速的加热和冷却，而且对外力冲击的抵抗性更好。

### 6.3.2 玻璃的表面工艺

用作家具材料的玻璃有时需要特殊的表面效果和装饰花纹，表面处理工艺包括光滑面和散光面的形成，如蚀刻、喷砂、彩绘等。以下介绍几种常见的装饰玻璃的表面工艺：

图 6-24 蚀刻玻璃隔断

（1）蚀刻

玻璃蚀刻是用化学试剂（氢氟酸）腐蚀玻璃，以获得不透明的表面效果。蚀刻工艺的方法很简单：首先是要将加工的玻璃表面涂抹石蜡和松节油作为保护层，再用氢氟酸溶液蚀刻露出的部分，完成后清洁玻璃上的保护层和氢氟酸就可达到蚀刻效果。这里还需要说明的是，涂抹保护层时要根据提前设计绘制好的花纹、图案、肌理、字体等进行，蚀刻的程度可以通过调节氢氟酸溶液的浓度和蚀刻时间来控制。采用蚀刻技术制作的玻璃隔断如图 6-24 所示。

（2）彩绘

彩绘是利用彩色的釉料在玻璃表面进行装饰的过程。有描绘、贴花、印花和喷花等方法，可以单独使用，也可结合应用；描绘是按照图案的设计，用笔将釉料绘制在玻璃表面，这个过程就像在绘画，有美术基础的，可以直接绘制，更有创作感；贴花是先用彩色釉料将图案印在特殊的纸或薄膜上，再将印有图案的纸或薄膜贴在玻璃表面，这个过程很像将带有图案的不干胶贴在玻璃上；印花是采用丝网印的方式在玻璃制品上进行花纹图案的印制过程；喷花就是将事先做好的花纹图案支撑镂空的型板贴在玻璃表面，再用喷枪将釉料喷射到镂空的玻璃表面。为了使图案平滑光亮鲜艳耐久，彩绘后的玻璃还要进行彩烧，以使釉料牢固的熔附在光滑的玻璃表面。

彩绘玻璃是应用广泛的高档玻璃品种，特殊颜料直接着墨于玻璃上，配合其他工艺，绘制的画面效果逼真，而且画膜附着力强，耐候性好，可进行擦洗。根据室内彩度的需要，选用彩绘玻璃，可将绘画、色彩、灯光融于一体，如在玻璃上绘制山水、风景、海滨丛林画等用于门厅、起居室等，将大自然的生机与活力带入室内，提高室内的艺术感和美观度，如图 6-25 所示。图 6-26 所示为位于中国现代文学馆入口处的彩绘玻璃镶嵌画（局部），由北京玻璃研究所制作，作品描绘了鲁迅先生笔下祥林嫂的形象。

值得一提的是，彩色玻璃在西方被大量用于教堂宗教场所的公共空间，被称为"上帝之瞳"，图 6-27 是彩绘玻璃在教堂中的应用。

（3）装饰薄膜

专用于玻璃表面装饰的塑性贴膜可以说是最快捷的表面装饰方法。随着生活节奏的加快，大众的需求也在变化，这种装饰薄膜能满足更多的需求，不但可以现场制作安装，还可以随

图 6-25 彩绘玻璃饰面的空间

图 6-26 彩绘玻璃镶嵌画

意更换和移除；图案可以随意切割，也便于设计师自由发挥；除了表面装饰功能以外，还具备防裂功能，橱窗、办公隔断、家具、门等都可以使用这种装饰方法。装饰过程和前面的贴花工艺类似，区别在于这种塑性薄膜是预先制作的成品，不需要彩色油料绘制，也不需要后期的彩烧处理。如图 6-28 所示。

（4）彩晶玻璃：彩晶玻璃是在玻璃表面涂抹一层带油墨涂层、一层树脂后，将塑料彩晶颗粒粘贴其上，干透后再涂一层保护层的装饰玻璃。与其他颜料直接暴露在空气中相比，这种玻璃不易褪色，也不会受到外界环境温度和湿度的影响，彩晶玻璃颜料封闭在保护层中的结构特点显现出了其耐气候的优越性。作为一种新型的装饰玻璃材料，彩晶玻璃被应用的越来越多了。图 6-29 所示为彩晶玻璃。

图 6-27　教堂里的彩绘玻璃画

几种常见玻璃装饰效果的制作简介如下：

① 冰裂玻璃：就是故意把钢化玻璃击破，产生如冰块碎裂的效果。如图 6-30 所示。

为了防止钢化玻璃碎片散失，在钢化玻璃碎裂前，要用两层玻璃把它夹起来。正规的加工方法是用三层钢化玻璃两层胶片，经热压机挤压全片后，把中间的钢化玻璃击破，这样做出来的玻璃质量好强度高，但成本较高。如果只是为了装饰，可以采用如下简单的加工方法。

首先定制一块钢化玻璃，跟加工厂讲明用途，加工厂会根据要求调整钢化参数，使钢化玻璃爆裂后的颗粒大小一致，再准备两块非钢化，比钢化玻璃在长宽尺寸上要各大 5mm，以便打玻璃胶；接下来在定制好的钢化玻璃的一角，用角磨机开一个槽，用作将来击碎玻璃的受力位置。

然后把三块玻璃洗净擦干，像夹心饼干一样将钢化玻璃居中重叠码放，用玻璃胶在除钢化玻璃开槽处外，四周打胶抹平。

图 6-28　贴膜玻璃的应用

等玻璃胶完全固化后，找一个刀刃小于钢化玻璃厚度的"一"字螺丝刀，然后，把刀刃垂直对准钢化玻璃所开的槽，用锤子敲击螺丝刀的手柄，把钢化玻璃打破，用力要恰到好处不宜过猛，以防刀刃滑动破坏非钢化玻璃，最后拿玻璃胶把开槽处封上即为成品。如果外层非钢化玻璃破损，要把玻璃破损面朝上平放，防止钢化玻璃碎片散失，用刀片把玻璃胶划开，换上新玻璃后，用玻璃胶重新封好，作为补救，如果两侧的非钢化玻璃都破损了，只能换新玻璃重做。

② 水珠玻璃：通过特殊工艺，使玻璃表面形成规律或不规律的如水珠似水痕般的肌理效果。其加工方法有两种：第一种是使用水珠漆作肌理；第二种是使用即时贴做肌理。这两种方法的共同点就是都要进行喷砂雕刻。有关喷砂雕刻，前面的章节已有介绍，这里就不再赘述了。使用水珠漆制作这种肌理效果的具体步骤，是将事先准备好的玻璃清洁干净后平放，用水珠漆按需要的效果挤在玻璃表面，自然晾干，如需水痕效果则将玻璃立起晾干，待完全干燥后进行喷砂雕刻就可完成水珠玻璃的制作。如果使用即时贴做这种效果也很简便，用即时粘贴在事先准备的干净玻璃表面，不要有气泡；再用刻刀按照预想的效果刻画水珠效果，然后撕掉不要的

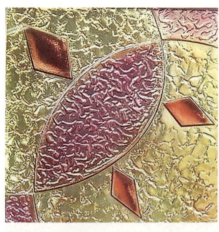
图 6-29　彩晶玻璃

图 6-30　冰裂玻璃

部分，接下来就是喷砂雕刻了，贴有即时贴的部分将被保护起来，裸露的部分将被喷砂雕刻。

### 6.3.3　其他加工工艺的分类简介

以上讲述的玻璃加工工艺基本都和玻璃作为家具材料关系密切，除了以上这些工艺以外，还有很多其他加工工艺，这里简单介绍如下。

艺术玻璃的加工工艺可分为三类：

综合类、冷加工类、热加工类。

（1）综合类

是指使用了不止一种冷加工工艺方法，或不止一种热加工工艺方法，或同时使用了冷和热加工工艺方法，制作艺术玻璃。

（2）冷加工玻璃的工艺可分为以下几类

①镶嵌玻璃：分传统镶嵌，英式镶嵌，金属焊接镶嵌；②化学蚀刻：分图案蒙砂，丝印图案蒙砂，图案凹蒙；③工具雕刻：包括各式砂轮，砂条雕刻，晶刚刻刀，电脑车花；④喷砂雕刻：包括手工刻胶纸掩模，机刻胶纸掩模，光刻掩模，漆料肌理掩模；⑤激光雕刻：计算机控制激光雕刻；⑥切割造型：分刀切割和水切割；⑦粘贴造型：分平面粘贴、空间粘贴、彩色玻璃和胶膜的粘贴，以及彩色珠、砂、条、件等的粘贴，还有多层叠粘、贴金等；⑧立线：分立线彩晶和立线漆浮雕造形；⑨彩绘：分为喷枪彩绘、画笔彩绘、丝印彩图等；⑩镀膜（镜）：包括镜画；⑪冰花：物理冰花，化学冰花；⑫夹层：花布，花纸，彩色胶膜，金属丝网等。

（3）热加工玻璃的工艺可分为以下几类

① 吹制：用管子蘸玻璃液珠后吹制，包括人工钢模/机制钢模吹制；人工自由造形又分吹、拉、滚、摔、粘、切等工艺；②铸造：把玻璃液压注或流入模中成形，包括钢模压铸玻璃砖，

图 6-31　热熔玻璃盘

图 6-32　热熔玻璃屏风

手工浇铸彩色玻砖，平面浇铸艺术玻璃等；③压制：把玻璃液引出，用轧辊压花或压彩色肌理和底纹的玻板，包括机制压花玻璃，手工压花艺术玻璃，机制玻璃马赛克等；④烧结：把玻璃粉在模中高温烧结成形，用于制作泡沫玻璃或微晶玻璃等的模烧工艺品；⑤熔凝：把玻璃全熔凝至玻液，并在其表面张力下凝聚，常用于制作玻璃手饰和工艺品；⑥彩釉：使用高温彩釉在玻璃表面上色或彩绘，分为彩釉色玻，彩釉彩绘；⑦叠烧：把叠层玻璃烧黏成一体，又分叠熔，叠烧；⑧熔模：把平板玻璃烧熔，凹陷入模成形，此工艺用于国内目前称为"热熔玻璃"的大部分产品；⑨热弯：将玻璃加温烧至呈现"自由"的软化状态，在设定好的框架上放置，软化后的玻璃可依据自身的重力形成热弯的曲面形状，主要用于生产曲面造型较多的"洗手盆"等。

图 6-31 所示为采用熔模法法制造的玻璃果盘。图 6-32 所示为采用熔模法制作的名为"碧罗烟"的玻璃屏风。图 6-33 所示为意大利家具品牌 REFLEX 综合使用多种玻璃加工工艺制作的精美玻璃家具。

图 6-33　精美玻璃家具

### 6.3.4 玻璃的热处理

玻璃材料比较特殊，在生产和加工过程中，要经受急剧和不均匀的温度变化，这就会导致玻璃内部产生热应力，相应的，热应力的存在致使玻璃结构变化的不均匀，这些因素进而导致玻璃的强度和热稳定性降低，造成在后续的加工、装配、搬运、存放、使用过程中破损；此外，内部结构变化的不均匀，还会造成玻璃制品光学性质的不均匀；因此，玻璃制品成型后为改善材料本身及其制品的各种性能，一般都需要进行热处理。

所谓热处理，就是根据不同的目的和需求，将玻璃加热到适宜的温度，再保温维持，然后在不同条件下冷却，从而改变玻璃内部结构或表面结构，达到所要求的性能的热加工方法。

常见的玻璃热处理主要有：退火和淬火两种工艺。

退火，就是减小或者消除玻璃中热应力的热处理过程；基本过程是将玻璃加热到应变点以上，保温一定时间，以使玻璃各部分均热，从而消除玻璃内部各部分的温度梯度，待玻璃结构发生黏滞流动，使永久应力松弛，然后缓慢冷却到室温。可以简单地概括为：加热、保温、慢冷、快冷四个阶段。这个选定的保温均热温度，称为退火温度，在退火温度下，由于黏度较大，所以内部应力虽然能够松弛，但不会发生可测得的变形。玻璃在某个温度下，保温 3min 可消除 95% 的应力，这个温度叫做退火上限温度，一般相当于退火点的温度；如在某个温度下，经 3min 保温只能消除 5% 的应力，这个温度叫做退火下限温度；二者之间称为退火范围。退火不但可减少和消除玻璃制品在成型和热加工后，由于冷却过程中内外温差而造成的永久应力，还可以降低玻璃脆性，并提高玻璃的光学均匀性。大批量生产的玻璃制品如平板玻璃、玻璃瓶罐，以及器皿玻璃等，通常在连续式隧道退火窑中进行退火，并按特定的退火温度曲线严格控制。小规模生产的玻璃制品，尤其是形状复杂或大型的特种制品，通常在间歇式退火窑中进行退火。经过退火的玻璃具有较高的热稳定性和机械强度，从而提高作为家居材料的适应能力和与其他材料的配合能力，但灯泡等薄壁制品和玻璃纤维在成型后，由于内热应力相对较小，可以适当的控制冷却温度，一般不再进行退火处理。

淬火，又称钢化，是将玻璃加热到接近软化点，然后用淬冷介质（空气、液体等）急速冷却，使玻璃表面层产生均匀分布的压应力的热处理过程。在淬火过程中，玻璃的内部和表层存在很大的温度梯度，但因玻璃的黏滞流动，使得由此产生的应力被松弛，造成有温度梯度而无应力的状态；冷却过程中，温度梯度逐渐消除，松弛的应力转化为永久应力，在玻璃表面形成均匀而有规律分布的压应力层，使玻璃制品的机械强度和热稳定性得以改善。一般认为，这种应力的大小与玻璃制品的厚度、冷却速度、膨胀系数等有很大关系：薄壁玻璃制品和具有低膨胀系数的玻璃，在淬火时，结构因素起主导作用，较难淬火；厚玻璃制品，是机械因素起主导作用，相对容易淬火。与普通玻璃相比，淬火后的玻璃在抗弯强度、抗冲击强度、热稳定性等方面都有很大提升，作为家具材料使用的玻璃，尤其是在抗压、防爆、热稳定性等方面有要求的，基本上都要经过淬火处理再使用。

除了退火和淬火处理以外，玻璃制品在从加热到冷却的过程中，还有很多微观层面的变化会影响其性质，这里简单介绍一些其他热处理工艺作为了解和知识的扩充：

① 消除玻璃热后效应处理：玻璃加热后，体积发生膨胀，但冷却到原来的状态时，玻璃的收缩却没有恢复到原有状态，如果再过一些时间，玻璃不仅收缩到原有状态，反而进一步收缩到比原来状态更小，这就是热后效应。由于热后效应，使玻璃温度计产生零点的永久提高和零点的降低（或称零点的衰退），影响了温度计的准确度。若将温度计在 400~500℃ 下保持数十小时，然后缓慢冷却到室温，使玻璃结构达到平衡，温度计下泡的体积减少到一固定值，再充感温液，玻璃的热后效应则降低到最小值，从而提高了温度计的准确度。

② 分相热处理：在加热过程中，使玻璃内部产生质点迁移，某些组分浓集而分成化学成

分不同的两个相，即分相。在微孔玻璃和高硅氧玻璃制造中，必须进行分相热处理，使钠硼硅酸盐玻璃分为富硅氧相和富钠硼相，然后用酸将钠硼相溶出，得到微孔玻璃；如再进行烧结，可制成高硅氧玻璃。

③ 晶化处理：使玻璃由非晶态转化为结晶态。玻璃的晶化处理通常分为两个阶段，即核化和晶化。前者是将玻璃加热到成核温度，保温一定时间，使玻璃中形成足够数量的晶核；后者是将玻璃从成核温度以一定升温速度加热到结晶温度，再保温一定时间，使玻璃中析出一定大小和数量的晶体。晶化处理是制造微晶玻璃的重要工序。

④ 离子扩散处理：热处理可使玻璃中的离子进行自扩散或与外界离子进行互扩散。因离子扩散时必须克服始态和终态的壁垒，要求提供一定能量才能进行。通常将玻璃加热到转变温度以上，或将玻璃浸入一定温度的扩散介质（如熔盐）中，保持一定的时间，以达到一定的离子交换速率和数量。离子扩散处理可获得具有一定表面性能的玻璃制品。热处理可使玻璃中溶解的金属原子（如金、银、铜等）聚集成一定大小的胶体粒子，从而使玻璃着色（称为加热显色）。其色调和纯度与玻璃加热的温度和加热时间有关。

## 6.4　新型玻璃简介

随着现代科学技术和玻璃加工技术的迅速发展，人民的生活水平提高很快，使用玻璃的目的不再只是单纯的采光，还有调节光线、保温隔热、节能防爆、抗干扰防辐射、艺术装饰等等。这一部分介绍的内容只作为知识的扩展加以了解。

（1）智能调光玻璃

是由平板玻璃与液晶胶片层和调光膜组成的，利用现有的夹层玻璃制造方法，将调光膜牢固粘结在两片普通浮法玻璃之间，通过在胶片上通电来调节液晶自身的排列和分布，从而起到调节光线的作用，如图 6-34 所示。

图 6-34　智能调光玻璃

图 6-35 智能调光玻璃在汽车中使用时的两种状态

智能调光玻璃也称为电控变色玻璃光阀,其工作特点"通电透明,断电不透明"主要源于调光膜中液晶的"电光效应":通电时,液晶排列有序均匀分布,玻璃变得透明,切断电源,液晶变得杂乱无章,光线被打乱散射,玻璃就变得模糊不透明了。智能调光玻璃还可以依据场合、心情、功能需求,通过控制电流的大小随意调节自由变换玻璃的通透性,使室内光线更加柔和,温度舒适怡人,又不失透光的作用。图 6-35 是智能调光玻璃在汽车中的使用情景。

调光玻璃中间的调光膜及胶片可以屏蔽 90% 以上的红外线及紫外线:屏蔽红外线减少热辐射及传递,而屏蔽紫外,可保护室内的陈设不因紫外辐照而出现退色、老化等情况,保护人员不受紫外线直射而引起的疾病。此外,这层调光膜和胶片还具有声音阻尼作用,可有效阻隔各类噪声。由于采用了夹层玻璃的制程,调光玻璃中的胶片将玻璃牢固黏结,在受到冲击破碎时,玻璃碎片粘在中间的胶片上,不会出现玻璃碎片飞溅伤人,安全性很高。

由于上述这些特性,调光玻璃可以作为隔断和幕布:不透明的情况下,可以在保证私密性的同时,替代成像幕布,商业名称叫做"智能玻璃投影屏";透明时,可增强空间的通透性,使狭小空间不再感觉憋闷压抑;尤其适合办公环境和会议室,打破了传统水泥墙面和普通办公隔断的功能垄断局面,并且实现多重作用:会议室空闲时,可调节为全光照透明状态;进行商务谈判时,只要轻轻一动,则可让整个谈判区从周围目光中彻底模糊掉。普通住宅也同样适合调光玻璃,阳台飘窗使用调光玻璃,可在楼宇林立人皆可窥的较差私密性上做出革命性改善。洗手间、淋浴间、室内空间隔断、家庭影院幕布,效果都是非常理想的。

智能调光玻璃应用在医疗机构可取代窗帘,起到屏蔽与隔断功能,坚实安全,隔音消杂,更有环保清洁不易污染的好处,为患者除去顾虑,为医生免去麻烦;用于银行、珠宝行及博物馆和展览业的柜台,在正常营业应用时保持透明状态,一旦遇到突发情况,则可利用远程遥控,瞬间达到模糊状态,使犯罪分子失去目标,可以最大程度保证人身及财产安全。另外,还可应用到商业娱乐、航空航海、铁路交通、店面橱窗、其他国家重点设施场所等领域。

(2)节能型玻璃

建筑物上广泛使用玻璃采光,但是随着建筑物门窗尺寸的加大,对门窗的保温隔热要求也相应地提高了,节能型玻璃就是能够满足这种要求,即节能又具备装饰效果的产品。节能

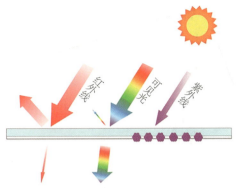

图 6-36　吸热玻璃的光学特点　　　　图 6-37　不同颜色的吸热玻璃

装饰型玻璃色彩丰富，对光和热的吸收、透射和反射能力都优于传统玻璃，已被广泛地应用于各种高级建筑物之上，节能效果显著。建筑上常用的节能装饰玻璃有吸热玻璃、热反射玻璃和中空玻璃等。

① 吸热玻璃：是能吸收大量红外线辐射能、并保持较高可见光透过率的平板玻璃。图 6-36 为吸热玻璃的光学特点示意图。

吸热玻璃有灰色、茶色、蓝色、绿色、古铜色、青铜色、粉红色和金黄色等，如图 6-37 所示。我国目前主要生产前三种颜色的吸热玻璃。厚度有 2、3、5、6mm 四种。吸热玻还可以进一步加工制成磨光、钢化、夹层或中空玻璃。吸热玻璃已广泛用于建筑物的门窗、外墙以及用作车、船挡风玻璃等，起到隔热、防眩、采光及装饰等作用。

② 热反射玻璃：是有较高的热反射能力而又保持良好透光性的平板玻璃。热反射玻璃也称镜面玻璃，有金色、茶色、灰色、紫色、褐色、青铜色和浅蓝等各色。

热反射玻璃的热反射率高，如 6mm 厚浮法玻璃的总反射热仅 16%，同样条件下，吸热玻璃的总反射热为 40%，而热反射玻璃则可高达 61%，因而常用它制成中空玻璃或夹层玻璃，以增加其绝热性能。镀金属膜的热反射玻璃还有单向透像的作用，图 6-38 所示为热反射玻璃在幕墙玻璃建筑中的应用，整栋建筑就是一幅流动的画面，随着一年四季整个山体的颜色变幻，也随着一天早晚的光线变化不停地流转。

图 6-38　热反射玻璃建筑

图 6-39 普通玻璃与低反射玻璃的使用对比

目前,我国建筑还在大量使用普通白玻璃、着色玻璃、镀膜玻璃等。普通白玻璃虽然采光好,但保温隔热和防辐射性能极差,无法满足节能需求;着色玻璃具有一定隔热性能,但光线透射性差;镀膜玻璃具有一定隔热性能,但会反射大量可见光,如果大量在城市里使用特别是在建筑群落中使用时容易造成"光污染"。

传统玻璃产品加剧了对资源的消耗。根据今年的最新统计数据,我国已成为世界第一大煤炭和第二大石油消费国。我国单位建筑面积能耗相当于气候条件相近的发达国家的2~3倍。根据我国签署的《京都议定书》,温室气体排放标准若不能得到有效控制,将会受到来自发达国家的制约,从而影响我国经济的发展。无疑,节能玻璃成为降低建筑能耗的首选,而这种需求也加快了我国玻璃企业的研发动力。

(3)低反射玻璃

低反射玻璃是一种光学干涉防反射玻璃,双面浸渍镀膜,使反射率降低到仅1%左右。如果在普通玻璃前后有强烈的亮度差别,通常很难从里面看清外面的物体。而在一些特殊场合是需要避免这些负面效果。低反射玻璃具有出色的视觉观察效果,能应用于像贵宾休息室、展示厅、陈列橱窗、全景餐厅、体育场以及其他许多领域。也可适用于汽车仪表盘玻璃、铁路站点指示器、计算机显示器与电视机屏幕、防眩目滤光片等很多领域,基本上可以用于会出现刺眼反射的任何地方。

低反射玻璃的特点主要有以下几个方面。①有效防反射:与未镀膜玻璃相比,低反射玻璃将反射率降低至1/8。在任何需要吸引人的透明度的地方都是绝佳的选择,图6-39所示为普通玻璃与低反射玻璃的使用对比。②多样的可加工性:低反射玻璃可以像常规玻璃一样,加工成钢化安全玻璃、夹层玻璃或曲面玻璃。③易清洁:如果处理恰当,它可以像普通玻璃一样进行清洁。即使是最顽固的污点也可以用合适的清洁剂清除。④可户外使用:由于具有出色的耐候性,可以用于抓点式外立面、结构幕墙或梁柱结构。

## 本章小结

玻璃是家具制造的常用材料之一,由于其自身的物理化学性质,在众多家具材料中是独特性非常强的。本章主要介绍了玻璃的组成、分类和特性,以及加工工艺,还介绍了一些新型玻璃和特殊效果。目的是了解和掌握相关知识,在进行设计、制造过程中能够,充分发挥玻璃材料的特性,物尽其用,有的放矢。

## 思考题

1. 玻璃的特性基本成分和分类有哪些?

2. 玻璃有哪些主要特性？

3. 常见的玻璃成型方法有哪些？

4. 选取几张玻璃制品的图片，尝试分析其成型工艺。

**推荐阅读**

1. 参考书

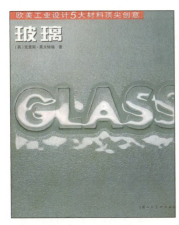  

2. 网站

（1）中国玻璃网 https://www.glass.com.cn/

（2）欧爱设计 http://www.oioidesign.com/material_glass_chui.htm

# 第 7 章
# 塑　料

[本章提要]　本章主要介绍塑料的一些相关知识，包括塑料的组成、分类与性质，作为家具材料使用的塑料有哪些，以及这些塑料的加工工艺。此外，还介绍了一些成功的塑料家具作品及其设计者。

7.1　塑料的分类及特性
7.2　塑料的组成
7.3　家具常用塑料品种
7.4　塑料家具的特点及塑料的成型

塑料是可塑性高分子材料的简称，是指以单体为原料，通过加聚或缩聚反应聚合而成的高分子化合物。

塑料的主要成分是合成树脂和各种化学添加剂（如填料、增塑剂、稳定剂、润滑剂、色料等）。合成树脂决定了塑料的类型（热固性或热塑性），影响着塑料的主要性质和基本性能，在塑料中占总量的40%~100%。有些塑料基本上是由合成树脂所组成，不含或少含添加剂，如有机玻璃等。添加剂（也称助剂）是为了改善塑料的使用性能和加工性能而添加的物质，不仅赋予塑料制品的外观形态、色泽，而且对提高塑料的使用性能、延缓老化、降低制品成本具有重要作用。

1907年，比利时裔美国化学家列奥·亨德里克·贝克兰发明了由苯酚和甲醛组合而成的聚合树脂，即酚醛树脂，这是人类制造的第一种全合成材料，贝克兰先生于当年7月14日注册了酚醛塑料的专利。其实早在1872年，德国化学家阿道夫·冯·拜尔就发现苯酚和甲醛反应后，玻璃管底部有些顽固的残留物，不过拜尔的眼光在合成染料上而不是绝缘材料上，对他来说，这种黏糊糊的不溶解物质是条死胡同。但对贝克兰等人来说，这种东西却是光明的路标。从1904年开始，贝克兰开始研究这种反应现象，最初得到的是一种液体——苯酚—甲醛虫胶，3年后，他得到一种糊状的黏性物，模压后成为半透明的硬塑料——酚醛塑料。贝克兰将它用自己的名字命名为"*Bakelite*"（贝克莱特）。图7-1所示为美国化学家贝克兰博士。

1909年2月8日，贝克兰在美国化学协会纽约分会的一次会议上公开了这种塑料，与赛璐珞不同，酚醛塑料是不含天然胶棉以及其他天然纤维素的材料。随后，被贝克兰称为"千用材料"的酚醛塑料，凭借其绝缘、稳定、耐热、耐腐蚀、不可燃等特性得到广泛应用，特别是在当时迅速发展的汽车、无线电和电力工业中，在家庭生活中的应用也十分普遍。有人称这是20世纪的"炼金术"，从煤焦油那样的廉价产物中，得到用途如此广泛的材料。以至于1924年《时代》周刊的一则封面故事称：那些熟悉酚醛塑料潜力的人表示，数年后它将出现在现代文明的每一种机械设备里。1940年5月20日的《时代》周刊则将贝克兰称为"塑料之父"。当然，酚醛塑料也有自己的缺点，如受热变暗、比较脆等。

如今，塑料家族的品种繁多，价格便宜，性能优越，是非常重要的原材料，对于现代社会来说，没有塑料是难以想象的。目前，世界上塑料的品种达到15000多种，其中大批量生产的塑料产品已有二十多大类。

塑料在家具中的应用十分广泛，原因在于其材料自身特有的基本特性、装饰效果和易塑性成型。图7-2所示为荷兰设计师Joris Laarman设计的"骨骼"扶手椅，这种造型结构是其他材料难以成型制造的。图7-3所示为在2017年米兰家具展上的现身的塑料家具。图7-4所示为采用3D打印机打印出的塑料家具，代表了未来家具制作方法的一个发展方向。

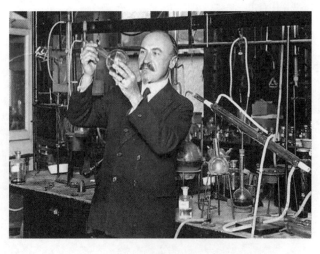

图7-1　美国化学家贝克兰在实验室

图 7-2 "骨骼"扶手椅

图 7-3 米兰家具展上的塑料家具

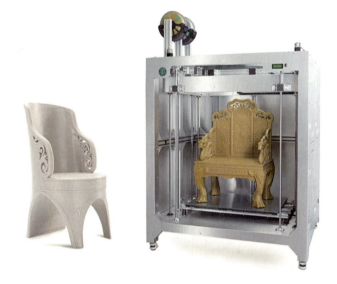

图 7-4 采用 3D 打印机制作的塑料家具

## 7.1 塑料的分类及特性

塑料种类繁多，不同塑料的性能和用途也有所区别，但相互之间总有相似和共同的因素将不同种类的塑料联系在一起，构成庞大的塑料家族。

依据不同的划分标准，塑料有多种分类方法：根据受热成型方式的不同可分为热塑性塑料和热固性塑料；按照塑料中树脂合成的反应类型又可以分为聚合类塑料和缩聚类塑料；如果按照树脂大分子的有序状态作为分类标准还可分为无定形塑料和结晶性塑料；此外，还有按照加工方法分类的，但是人们日常生活中按照性能特点和应用范围，将塑料分为通用塑料、工程塑料和特种塑料的分类方法更为普遍和容易理解接受。

### 7.1.1 按照受热成型的理化特性分类

根据塑料在受热成型时的不同的理化特性，可以把塑料分为热塑料性塑料和热固性塑料两种类型。

(1) 热塑性塑料及特性

热塑性塑料指受热时会变软，持续加热后会熔化以至熔融流动，冷却时凝固变硬，再加热后又会熔化的塑料。这种过程是可逆的，可以反复进行，工艺上具有多次重复加工性；即通过加热和冷却，使其产生固—液态的可逆变化。这对塑料制品的再生很有意义。聚烯烃类、聚乙烯基类、聚苯乙烯类、聚酰胺类、聚丙烯酸酯类、聚甲醛、聚碳酸酯、聚苯醚等，都属于热塑性塑料。热塑料性塑料又分烃类、含极性基因的乙烯基类、工程类、纤维素类等多种类型。热塑性塑料占塑料总产量的 75% 以上，其中产量较大、应用较广的是聚乙烯（PE）、聚丙烯（PP）、聚氯乙烯（PVC）和聚苯乙烯（PS），这四种产品被称为通用热塑性材料，占热塑性材料总产量的 80% 以上。

受热时变软，冷却时变硬，能反复软化和硬化并保持一定的形状，可溶于一定的溶剂，具有可熔和可溶的性质，这是热塑性塑料的共有特性，此外还具有优良的电绝缘性，特别是聚四氟乙烯（PTFE）、聚苯乙烯、聚乙烯、聚丙烯都具有极低的介电常数和介质损耗，宜于作高频和高电压绝缘材料。热塑性塑料易于成型加工，但耐热性较低，易于蠕变，其蠕变程度随承受负荷、环境温度、溶剂、湿度而变化。

(2) 热固性塑料

热固性塑料在第一次加热时可以软化流动，加热到一定温度发生化学反应，交联固化变硬，这一固化过程是不可逆的，再次加热不能变软的塑料，工艺上不具备重复加工性。酚醛、脲醛、环氧、有机硅、三聚氰胺、不饱和聚酯、呋喃、聚硅醚等，都属于典型的热固性塑料，此外，还有较新的聚苯二甲酸二丙烯酯塑料等。热固性塑料还可分为甲醛交联型和其他交联型两种类型。

热固性塑料的树脂成分的结构在固化前是线型或带支链的，固化后分子链之间形成化学键，成为三度的网状结构，不仅不能再熔融，在溶剂中也不能溶解；因此热固性塑料具有耐热性高、受热不易变形的优点，在隔热、耐磨、绝缘、耐高压电等恶劣环境中使用的塑料，大部分是热固性塑料，最常见的应用实例是炒锅的把手和高低压电器；最主要的缺点是机械强度一般不高，但可以通过添加填料，制成层压材料或模压材料来提高其机械强度。

### 7.1.2 按塑料中树脂合成的反应类型分类

将塑料中的树脂合成反应类型作为划分依据，可将塑料分为聚合类塑料和缩聚类塑料。

(1) 聚合类塑料

塑料中的树脂是由含有不饱和键的单体，在催化剂的作用下，进行聚合反应形成的。聚合类塑料绝大多数都是热塑性塑料，因此其特性也相同，包括聚烯烃、聚乙烯基类、聚苯乙烯等。氟塑料、聚甲醛、氯化聚醚、丙烯酸酯类，也是聚合类塑料。

(2) 缩聚类塑料

塑料中的树脂是由单体通过缩聚反应形成的，在此过程中有低分子副产物生成。聚酰胺类、聚碳酸酯、聚砜类、聚苯醚、聚苯硫醚、聚酰亚胺类等热塑性塑料和所有热固性塑料都是缩聚型塑料。

### 7.1.3 按照塑料中树脂大分子的有序状态分类

将塑料中的树脂大分子的有序状态作为划分的标准，可将塑料划分为结晶型塑料和无定形塑料。

(1) 结晶型塑料

塑料中的树脂大分子链排列有序，有规律的折叠，整齐紧密的堆砌。结晶性塑料不透明，在链排列方向及垂直排列方向的物理性质不均匀，各向异性，有比较明确的熔点，或者具有温度范围比较狭窄的熔程；聚乙烯、聚丙烯、聚甲醛、聚四氟乙烯等都是典型的结晶型塑料。

（2）无定形塑料

塑料中的树脂大分子链杂乱无章的排列，没有明确固定的熔点，其软话以至熔化流动的过程的温度范围为一很宽泛的区域，多具透明外观，各方向性质差异不大，物理性质较为均匀；聚苯乙烯类、聚砜类、丙烯酸酯类、聚苯醚等都是典型的无定形塑料。

### 7.1.4 按照性能特点和应用范围分类

在人们日常生活和实际生产中，按照塑料的性能特点和应用范围进行分类更为普及，以此为依据，大致可将现有的塑料分为通用塑料、工程塑料和特种塑料；但需要注意的是，这种分类方式并不十分严格，随着科技的进步，某些塑料的性能和应用范围得到提升和拓展，已经与传统的认识不同，比如通过改性或合金化以后的通用塑料，甚至可以在某些领域代替工程塑料。

（1）通用塑料

是指产量大、用途广、价格低、力学性能一般但综合性能较好的塑料，主要作非结构材料使用的塑料。通用塑料有五大品种，即聚乙烯、聚丙烯、聚氯乙烯、聚苯乙烯及 ABS。它们都是热塑性塑料。聚烯烃、乙烯基塑料、丙烯酸塑料和氨基塑料也都属于通用塑料。

（2）工程塑料

力学性能和热性能好，能在较宽的温度范围和苛刻环境下使用，常被用做工业零件或外壳材料，是强度、耐冲击性、耐热性、硬度及抗老化性均优的塑料。工程塑料可以作为结构材料，有良好的机械性能和尺寸稳定性，在高、低温下仍能保持其优良性能，但价格较昂贵。

## 7.2 塑料的组成

塑料的主要成分是高分子聚合物（或称合成树脂）和各种添加剂，通常，合成树脂是指尚未和添加剂混合的高分子化合物原料，塑料则是指合成树脂与各种助剂混合后被加工成型的制品。

### 7.2.1 合成树脂

合成树脂是塑料的最主要成分，是由人工合成的一类高分子聚合物，一般呈黏稠液体或加热可软化的固体，受热时通常有熔融或软化的温度范围，在外力作用下可呈塑性流动状态，某些性质与天然树脂相似。

由于其在塑料中的含量大，一般在 40%～100%，而且树脂的性质常常决定了塑料的基本性质，所以人们常把树脂看成是塑料的同义词。但实际上合成树脂是塑料中起黏结作用的粘料，使塑料具有成型性能。而生产实践中，人工合成树脂时也要加入一些添加剂，与塑料的加工过程类似，同时，某些树脂加工过程未加入任何添加剂也可称为塑料制品，因此，基本上约定俗成不严格区分二者。如聚乙烯是合成树脂的名称，但聚乙烯塑料一般也简称为聚乙烯；再如常把聚氯乙烯树脂与聚氯乙烯塑料、酚醛树脂与酚醛塑料混为一谈。

其实树脂与塑料是两个不同的概念。树脂是一种未加工的原始聚合物，它不仅用于制造塑料，而且还是涂料、胶黏剂以及合成纤维的原料。而塑料除了极少一部分含 100% 的树脂外，绝大多数的塑料除了主要组分树脂外，还需要加入其他物质，其性能除了由树脂成分决定以外，还受到添加剂的影响，因此，作为知识点的掌握，对合成树脂和塑料的概念还是应该有所区分的。

合成树脂最重要的应用是制造塑料，此外还是制造合成纤维、涂料、胶黏剂、绝缘材料等的基础原料。合成树脂种类繁多：按主链结构分为碳链、杂链和非碳链合成树脂；按合成反应特征分为加聚型和缩聚型合成树脂；实际应用中，常按其热行为分为热塑性树脂和热固性树脂，其中，热塑性树脂有聚乙烯、聚丙烯、聚苯乙烯、聚氯乙烯等，热固性树脂有酚醛树脂和脲醛树脂，环氧树脂，氟树脂，不饱和聚酯和聚氨酯等。生产合成树脂的原料来源丰富，早期以煤焦油产品和电石碳化钙为主，现多以石油和天然气的产品为主，如乙烯、丙烯、苯、甲醛及尿素等。

### 7.2.2　添加剂

添加剂是塑料配混时，添加到合成树脂或其配混料中，以改善成型加工、调节或赋予制品某种性能的化学物质。这类物质分散在合成树脂或其配混料中，并不影响合成树脂的分子结构。以同一树脂为基础，添加剂的种类和数量不同，所生成的塑料其性能也会有很大差别，这就使得塑料的品种、等级出现了性能的多样化和应用的广泛性。

塑料的添加剂种类很多，按其特定功能可分为七大类：包括用来降低塑料成本的添加剂，如增量剂、填充剂等；用以改善机械加工性能的添加剂，如增塑剂、增韧剂等；改善加工性能的添加剂，如热稳定剂、润滑剂等；改善表面性能的添加剂，如抗静电剂、偶联剂等；改善光学性能的添加剂，如着色剂等；改善老化性能的添加剂，如抗氧剂、光稳定剂等；以及为了赋予其他特定效果的添加剂，如发泡剂、阻燃剂、防霉剂等。

下面对常用的添加剂加以介绍：

① 增强剂和填充剂：加入增强剂的目的是提高塑料制品的强度和刚性，可加入纤维状材料作为增强剂，如玻璃纤维、石棉纤维、石墨纤维、碳纤维及钢纤维等。填充剂又称填料，其主要功能是降低成本和制品的收缩率，也有改善塑料某些性能的作用。填料的种类一般是相对呈化学惰性的粉状材料或纤维状材料，如石墨、硅石、碳酸盐等。增强剂和填料的用量一般为 20%～50%。

② 增塑剂：用以提高树脂的可塑性和柔软性，降低其刚性和脆性，使高分子材料具有更好的弹性和韧性，更易于塑料制品的成型。增塑剂一般为沸点较高、不易挥发、与聚合物能很好混溶的低分子油状物。常用的增塑剂有邻苯二甲酸二辛酯（DOP）、邻苯二甲酸二丁酯（DBP）、环氧类、磷酸酯类、樟脑等。工业上 80% 左右的增塑剂是用于聚氯乙烯塑料、聚醋酸乙烯基纤维素塑料的。

特别值得指出的是，增塑剂是迄今为止产量和消费量最大的塑料助剂，其中以邻苯二甲酸酯类增塑剂的使用最为广泛。除了应用于塑料玩具和儿童用品外，它还被广泛用于食品包装、PVC 建筑材料、医疗器械以及服装等。

现有研究结果已经证实，增塑剂会引发婴儿生殖器畸形和男性不育。自 2007 年 1 月 16 日起，所有 25 个欧盟成员国都开始执行了欧盟颁布的关于禁止在儿童玩具中添加邻苯二甲酸酯类增塑剂的禁令。鉴于增塑剂对人体健康可能造成的隐患，我国已颁布了相关的强制标准，即 GB 28481—2012《塑料家具中有害物质限量》，明确规定了增塑剂的使用限量。

③ 润滑剂：是指在塑料加工中，能降低塑料粒子之间的摩擦、塑料大分子之间的摩擦、塑料对加工设备金属表面的黏附性，以及改善塑料熔体流动性的添加剂，从而提高塑料在成型加工过程中的流动性和脱模性，防止黏模，在提高加工效率的同时，还可以使塑料制品的表面光亮美观。

尤其在聚氯乙烯加工中，润滑剂是必不可少的添加剂。其作用可分为两类：熔化前在塑料粒子之间以及熔化后在塑料熔体与加工设备金属表面之间所起的作用，称为外润滑作用；熔化后在塑料大分子之间所起的作用，称为内润滑作用。最常用的内润滑剂是相对分子量低的聚乙烯。有些润滑剂的作用介于两者之间。几乎所有润滑剂的作用方式，都随塑料的其他组分的改变而改变。润滑剂的化学结构是决定其作用方式的首要因素。通常，润滑剂的碳链

GB 28481—2012
塑料家具中有害物质限量

越短，极性越强，其内润滑作用越大；碳链越长，则外润滑作用越大。一种润滑剂一般难于满足全面的要求，生产中常将几种润滑剂并用，所以复配型润滑剂发展很快。

④ 抗静电剂：又称静电消除剂，是混入塑料中或涂覆于塑料制品表面，能降低表面电阻，适度赋予导电性，从而消除或防止静电荷积累所产生的危害的添加剂。抗静电剂大多属离子型和非离子型表面活性剂。抗静电剂按使用方法可分为涂覆型和内加型两类，涂覆型抗静电剂可用各种涂覆方法涂饰于制品表面，见效快，适应面广，但易因摩擦和洗涤而损失，因此只有短期抗静电效果；内加型抗静电剂可直接混入塑料中，均匀分散后，有持久性抗静电效果，采用更普遍。

⑤ 着色剂：着色剂赋予塑料制品各种色泽，具体可分为染料和颜料。染料能溶于水、油或有机溶剂中，一般为有机化合物，主要用在光学塑料制品中，以增加透明塑料的透明度。颜料不能溶于水、油或有机溶剂中，因此只能以细粉状掺混到材料中。颜料可分为有机和无机化合物两类，是塑料制品的主要着色剂。无机颜料的耐热性、耐水溶性好，价格也较低。有机颜料在塑料中的分散性好，制品色泽鲜艳。

⑥ 抗氧化剂：能抑制或延缓塑料在制造、加工、应用和贮存中，因受光、热、机械应力、电场、辐射及添加剂中所含重金属离子等因素所引起的塑料及制品外观和内在性能的劣化，如发黄、开裂等。抗氧化剂种类繁多，按化学成分可分为酚类、胺类、含磷化合物、含硫化合物和有机金属盐等五大类；根据不同的作用机理，酚类和胺类又称为主抗氧剂，含磷和硫的化合物又称为辅抗氧剂。主抗氧剂的作用是捕获氧化降解中产生的活泼自由基，从而中断链式降解反应，达到抗氧化目的；辅助抗氧剂的作用是将氧化降解的中间产物分解为非自由基产物。通常，主、辅抗氧剂并用，以达到最佳的抗氧化效果。抗氧剂研究的主要方向是提高抗氧效率、持久性和相容性。此外，还有反应型抗氧剂，能在塑料制造和加工过程与合成树脂组分发生化学反应，有永久性抗氧剂之称。

⑦ 光稳定剂：在塑料配混中混入光稳定剂，能抑制或减弱塑料因吸收紫外光而导致的光降解或光老化作用，延长塑料制品使用及贮存寿命的添加剂。其机理在于屏蔽光辐射源，吸收并消散能引发塑料降解的紫外光辐射，或消散塑料分子上的激发态能量。常用的光稳定剂有：水杨酸酯类、二苯甲酮类、苯并三唑类、取代丙烯腈类、三嗪类和有机络合物类，常用的紫外线吸收剂为炭黑。

⑧ 发泡剂：能在特定条件下产生大量气体，使塑料形成连续或不连续微孔型结构的添加剂。具有这种微孔结构的塑料，称为泡沫塑料或微孔塑料。发泡剂是指制备泡沫塑料的重要助剂之一，通常应具备的条件包括：加热后短时间可释放出气体而且放气速度可调，分解出的气体无毒无害，分解温度适当，分解发热量不大，在塑料中容易分散。

根据产生气体的方式，发泡剂可分为物理发泡剂和化学发泡剂两大类：

物理发泡剂一般是无味、无毒的惰性气体，或稳定性良好、沸点低的不燃性液体。工业生产常用惰性气体有氮气和二氧化碳，常用低沸点液体有四氯乙烷、氯甲烷和戊烷等。此外，可溶出性固体化合物（如食盐）也是常用的物理发泡剂。物理发泡剂适用于聚苯乙烯、聚乙烯、聚丙烯、聚氯乙烯等的发泡。

化学发泡剂是在室温下稳定，而在塑料加工温度下能分解释出大量气体的化合物。在泡沫塑料制造中应用很普遍。工业上常用的化学发泡剂大多是释放氮为主要气相成分的有机化合物，和能分解并分别释放氨或二氧化碳的碳酸氢铵和碳酸氢钠。化学发泡剂多适用于各种热塑性塑料的发泡。为了降低化学发泡剂的分解温度，改善其分散性和提高发泡量，也常使用一种能活化化学发泡剂的发泡促进剂，或称助发泡剂，如水杨酸、尿素等。

⑨ 阻燃剂：能阻止塑料引燃、自燃或抑制火焰蔓延的添加剂。目前比较成熟的阻燃剂多为含卤素、磷、锑、硼、铝等元素的无机物或磷酸酯类和含溴化合物等有机化合物。阻燃剂按其使用方式，可分为反应型和添加型两大类，反应型阻燃剂作为单体参与合成树脂的聚合反应，对塑料性能影响较小；添加型阻燃剂则在塑料配混过程中，以一般方法混入合成树脂，

使用方便，适应性强，但常会影响塑料性能。常用品种有三氧化二锑（锑白）、三水合氧化铝、硼酸锌、偏硼酸锌、四溴丁烷、六溴联苯、磷酸（2，3-二氯丙基）三酯等。大多数阻燃剂按多种机理发挥其功能，因此，常同时使用几种阻燃剂以求达到最佳的协同效应。

由于塑料在建筑、汽车、飞机等工业领域中应用日益广泛，对阻燃要求日趋严格，所以阻燃剂的增效性配方研究成为实用研究的重要课题。此外，塑料燃烧生成的烟雾和毒性气体所引起的生理效应日益受到重视，所以，开发不具挥发性的阻燃剂，以增大表面结焦层及其稳定性，减少燃烧时毒性气体的逸散，也是当代阻燃剂研究的重点课题之一。

## 7.3 家具常用塑料品种

### 7.3.1 聚乙烯（PE）

聚乙烯（polyethylene，简称PE）是由单体乙烯通过聚合生成的聚合物，可以通过裂解石油得到，属热塑性塑料，易于加工成型，呈半透明的乳白色蜡状，无毒无味，比水轻，耐热性不好，但耐低温性好，电绝缘性好，可做高压绝缘材料，化学性能稳定，在常温下不与酸碱反应，机械强度不高，但抗冲击性能好，软而韧，适宜制造家具、玩具、家电、塑料薄膜、塑料瓶、电线保护层和电缆绝缘护套等。根据密度不同可分为：低密度聚乙烯、高密度聚乙烯、线形低密度聚乙烯和超高分子量聚乙烯。

由于聚乙烯材料韧性好，具有较高的抗冲击性能和抗腐蚀性，且易于附着丰富的颜色，非常适宜制造座椅类家具，尤其适合公共场所。图7-5所示为荷兰设计师设计、已在美国量产的 *Flux* 折叠椅，由聚乙烯材料制成，可承受160kg以下的质量。可以像手提袋一样的提上，需要用到的时候，利用10s就可以变成个性的椅子了，也可以节省家庭空间，悬挂于墙上。图7-6所示为以塑料制造起家的意大利著名家具设计公司MAGIS为儿童打造的两款家具，该公司始终坚持以高品质聚乙烯为原料，选用无毒的染料，全部产品均在意大利本国制造。

### 7.3.2 聚氯乙烯（PVC）

聚氯乙烯是氯乙烯单体在光、热作用下，或者在过氧化物、偶氮化合物等引发剂作用下

图7-5 *Flux* 折叠椅

图 7-6　意大利 MAGIS 公司的儿童家具

聚合而成的聚合物，属热塑性塑料；热稳定性差，绝缘性好，但仅适合用于低频绝缘材料，化学性能稳定，能耐大多数酸（浓硫酸、浓硝酸除外）、碱、盐溶液和很多有机溶剂，适合作为防腐材料；但是，由于氯乙烯单体含有毒物质，在遇水、酸、酒精、油脂等会溶出，从而造成污染，因此，在设计选材时应加以注意，以免造成食物的污染。

根据加入增塑剂的用量多少，聚氯乙烯可分为硬质和软质两类聚氯乙烯：硬质聚氯乙烯强度、刚性、硬度都较高，但韧性差，抗冲击性差；软质聚氯乙烯坚韧柔软、有弹性。总的来讲，聚氯乙烯是脆性材料，温度对冲击强度的影响很大，低温下韧性差。

图 7-7　聚氯乙烯儿童座椅

从建筑到生活，聚氯乙烯的应用范围极为广泛：建筑领域的各种管材、板材、窗帘、壁纸等，电子电器领域的绝缘材料，日用领域的防雨布、旅行包、办公用品、家具等，车船飞机等交通工具的内饰及座椅面料，真空包装和薄膜等。

聚氯乙烯被大量用于家具制造，不但可以是以实体形式，也常用于人造板材的封边，以及充气家具的制造。图 7-7 所示为聚氯乙烯儿童座椅。

## 7.3.3　聚丙烯（PP）

聚丙烯是丙烯单体经多种工艺方法聚合而成的高聚物，呈白色蜡状，光泽度高、着色性好，耐热性好，加热至 150℃ 不变形，适于做绝热保温材料，但是低温脆性大，易燃，属于热塑性塑料，加工性能好，可采用多种工艺加工成型，相对密度比较小而机械强度、刚度和硬度在通用塑料中较高，具有优良的抗弯曲疲劳性，电绝缘性也很优异，但是耐候性差，易老化。

聚丙烯的发展速度非常快，其产量仅次于聚乙烯和聚氯乙烯，用途非常广泛：包装领域的聚丙烯薄膜、注塑和吹塑的包装产品等；汽车的方向盘、座椅靠背、行李架、窗框灯罩等，是汽车塑料制品中使用量最多的材料；电子电器领域的家电外壳、电气设备零件；建筑

图 7-8 潘顿椅

领域的饮水管、暖气管等；日常生活中的塑料家具、玩具、餐具、灯具等；还是制作新兴的纺织品聚丙烯无纺布的主要材料，可用于桌布窗帘等室内装制品，一次性手术衣、口罩等医疗用品。

图 7-8 所示的潘顿椅（Panton Chair）就是由聚丙烯为主要材料制成的。维尔纳·潘顿（Verner Panton，1926—1998）是丹麦极负盛名的设计大师，于 1960 年为德国家具制造商 Vitra 品牌设计了这款以他为名的潘顿椅，并于 1967 年率先实验成功，成为全世界第一把采用一次成型工艺制成的塑料椅。潘顿椅的外观时尚大方，有种流畅大气的曲线美和雕塑感，悬臂梁式的结构底座符合人体构造，提供使用时的舒适感，其舒适典雅的造型，配以亮丽丰富的色彩，绝对是件值得收藏的设计精品和艺术品，可叠加式设计，也为搬运和收纳提供便利。在国际间赢得无数奖项的潘顿椅被世界许多博物馆收藏，可说是 20 世纪中最具代表性的经典设计家具。

### 7.3.4 聚苯乙烯（PS）

苯乙烯单体通过自由基采用本体聚合、悬浮聚合、溶液聚合、乳液聚合等聚合方法生成的聚合物就是聚苯乙烯，包括通用型聚苯乙烯和可发性聚苯乙烯（即聚苯乙烯泡沫），是成本很低而用途极广的热塑性塑料之一。

聚苯乙烯无毒、无味、表面有光泽、易着色，相对密度小，常温下呈透明坚硬的固体，透光率高达 88%～90%，脆性大、无延展性、易出现应力开裂现象，具有良好的绝缘性，但易产生静电，导热率小、受温度影响不明显，是良好的绝热保温材料，可在很宽泛的温度范围内加工成型，是通用塑料中最容易加工的品种之一，化学稳定性比较好，耐各种碱和一般的酸、盐、矿物油等，但是耐氧化性差，不耐氧化酸，耐候性不好，长期暴露在日光下会变色变脆。

聚苯乙烯的特性使得其应用范围很广：由于其透光率高，透明度好，可用于制作光学仪器及透明模型，以及汽车灯罩、仪器仪表罩等；可发泡作填充物，是目前广泛使用的绝热减震材料，泡沫制品也是聚苯乙烯的用途之一。

如图 7-9 所示即为聚苯乙烯泡沫塑料作为填充物制成的豆袋沙发，又称"懒骨头"。设计师盖蒂、鲍里尼和泰澳多罗试图设计出一种软体沙发既舒适又能满足当时青年求变的兴趣，

图 7-9 豆袋沙发"懒骨头"

他们从倾倒塑料垃圾的袋子中找到了灵感,从而制作出懒人沙发(豆袋椅)的雏形。

最初制成的懒人沙发(豆袋椅)由 1200 万个聚苯乙烯小塑料球组成,成本低,用途多,并且能够满足"任何形体、任何地点、任何地表"的需求。1970 年,懒人沙发(豆袋椅)在伦敦维多利亚和阿尔伯特博物馆举办的"1918—1970 年现代椅子展览会"展出,获得极大成功,并被收藏。

尽管设计师一开始并非有意创作出让人顶礼膜拜的作品,但是优雅而舒适的豆袋沙发,自此之后开始流行,成为那个时代的象征。2001 年,豆袋家具以"懒骨头""豆袋"之名进入中国,并以一种俏皮而懒散的形式让年轻人喜爱,经过改良的豆袋家具是对舒服和安逸的设计进行全新诠释的结果。

### 7.3.5 ABS 树脂

ABS 是丙烯腈、丁二烯和苯乙烯三元共聚物,是五大合成树脂之一,无毒、无味、不透水,呈浅象牙色、不透明,光泽度好,易涂装、着色,其抗冲击性、耐热性、耐低温性、耐化学药品性及电气性能优良,还具有易加工、制品尺寸稳定、表面光泽性好等特点,还可以进行表面喷镀金属、电镀、焊接、热压和黏接等二次加工,是极好的非金属电镀材料,但是耐候性差,在紫外线和热的作用下易氧化降解。

ABS 是一种用途极广的热塑性塑料,由于使用广泛,目前已将其由原来的工程塑料类,变为通用塑料,广泛应用于机械、汽车、电子电器、仪器仪表、纺织和建筑等工业领域,还可以用于制造文具、乐器、家具等。

如图 7-10 所示为埃菲尔塑料餐椅,椅身就是由 ABS 为材料压模制成的。美国夫妻设计师 Charles(1907—1978)及 Ray Eames(1912—1988)是 20 世纪最有影响力的先锋设计师,涉足建筑、家具和工业设计等现代设计领域。"Design is for living"是在 1940—1950 年中设计界所风行的一句格言。机能形态的革命与刺激的视觉语言,暗示着新世代的兴起,而其中主要的推动者便是伊姆斯夫妇,他们协力将家具设计带起一股新风潮,摩登时髦、雅致简洁、兼顾功能性的造型美感,不仅满足使用者的需求与便利性,更希望为使用者带来愉悦的体验。他们的设计作品,总是清清楚楚地告诉人们简明的结构及品质。1951 年,他们设计出这款名为"埃菲尔"的塑料椅子,既经济,又轻便、坚固,同时又透着高品质,其灵感来自法国埃菲尔铁塔,优美的外形和实用功能使埃菲尔餐椅立即大受欢迎,流行至今。

图 7-10 "埃菲尔"塑料椅

### 7.3.6 酚醛树脂（PF）

酚醛树脂是酚类化合物和醛类化合物缩聚而成，其中以苯酚和甲醛聚合物最为重要和普遍使用，是最早实现工业化的一类热固性树脂。酚醛树脂原为无色或黄褐色透明物，市场销售往往加着色剂而呈红、黄、黑、绿、棕、蓝等颜色，有颗粒、粉末状。该树脂耐弱酸和弱碱，遇强酸发生分解，遇强碱发生腐蚀。不溶于水，溶于丙酮、酒精等有机溶剂中。具有耐热、耐磨、耐蚀的优良特性，尤其是绝缘性良好，固化后的酚醛树脂是理想的电绝缘材料，因此俗称电木。

酚醛树脂广泛应用于防腐蚀工程、胶黏剂、阻燃材料、砂轮片制造等行业，适宜生产压塑粉、层压塑料，制造清漆或绝缘、耐腐蚀涂料，制造日用品、装饰品、隔音、隔热材料等。常见的高压电插座、家具的面板、塑料把手等等很多都是酚醛树脂制成的，就是因为其耐高温的特性，即使在非常高的温度下，也能保持其结构的整体性和尺寸的稳定性；作为黏结剂是酚醛树脂一个重要的应用，它与各种各样的有机和无机填料都能相容，交联后可以为磨具、耐火材料，摩擦材料以及电木粉提供所需要的机械强度、耐热性能和电性能，水溶性酚醛树脂或醇溶性酚醛树脂常被用来浸渍纸、棉布、玻璃、石棉和其他类似的物质为它们提供机械强度、电性能等。典型的例子包括电绝缘和机械层压制造，离合器片和汽车滤清器用滤纸，建筑及装饰用的隔断、板材等。

酚醛树脂是常用的户外用胶合板用胶。图 7-11 所示为 2009 年米兰家具展中，奥地利设计师 Marco Dessi 为德国 Richard Lampert 公司设计的一把名为 *Prater* 的椅子，设计灵感来源于传统的维也纳式椅子，其主要材料是胶合板，木头夹层之间的黑色部分使用的就是酚醛树脂胶。

### 7.3.7 聚氨酯（PU）

聚氨酯是聚氨基甲酸酯的简称，是主链上含有重复氨基甲酸酯基团的大分子化合物的统称，根据其组成的不同，可制成线型分子的热塑性聚氨酯，用来制造弹性体，还可以生成体型分子的热固性聚氨酯，用于制造各种从柔软到坚硬泡沫塑料。

聚氨酯弹性体可在较宽的硬度范围具有较高的弹性及强度、优异的耐磨性、耐油性、耐疲劳性及抗震动性，弹性介于橡胶和塑料之间，耐撕裂强度要优于一般橡胶，具有"耐磨橡胶"之称。聚氨酯弹性体在聚氨酯产品中产量相对较小，但其优异的综合性能，令其广泛用于冶金、石油、汽车、选矿、水利、纺织、印刷、医疗、体育、粮食加工、建筑等工业部门，汽车保险杠、飞机起落架、棒球、高尔夫球、足球、滑雪运动鞋的鞋底材料等都是很好的应

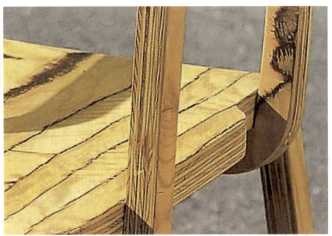

图 7-11 *Prater* 椅子

用案例，最新研制的聚氨酯装饰地板，不但耐磨，而且光泽度好，色彩立体感强，为室内装饰提供了更多选择。

聚氨酯泡沫材料是聚氨酯的主要产品，软质泡沫就是通常所说的海绵，韧性好、回弹快、吸声性好，是最普遍的缓冲、减震包装和吸音材料，用于制作车辆和家具的座椅、玩具空气过滤器等；半硬质的泡沫具有类似橡胶的耐磨性，还能隔热、吸声、减震；硬质泡沫被称为聚氨酯合成木材，可刨、可锯、可钉，加工成型方便，是隔音和装饰兼顾的建筑材料。

图 7-12 所示为国际著名建筑设计师和家具设计师芬兰的艾洛·阿尼奥（Eero Aarnio）在 20 世纪 70 年代的设计作品——小马椅（*Pony Chair*）。这是一件成熟的产品，至今仍有销售，由柔韧的聚酯冷凝泡沫包在金属骨架外面构成，而表面材料则是当时流行的丝绒。小马椅的设计初衷是为成年人设计一张能让他们找回童趣的家具，椅子的每个细节都展现出设计师超现代的设计风格，它是一张椅子，也是一件玩偶，不但是小朋友的最爱，也会让成年人童心大起。艾洛·阿尼奥的设计特点鲜明、个性强烈，许多作品具有享誉全球的国际知名度，并获得许多工业设计奖项。

设计大师艾洛·阿尼奥

## 7.3.8 有机玻璃（PMMA）

以丙烯酸及其酯类聚合所得到的聚合物，统称丙烯酸类树脂，相应的塑料统称聚丙烯酸类塑料，其中以聚甲基丙烯酸甲酯应用最广泛。聚甲基丙烯酸甲酯缩写代号为 PMMA，俗称有机

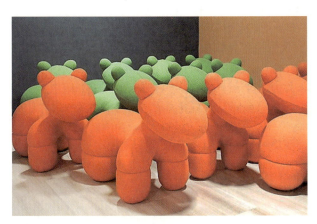

图 7-12 艾洛·阿尼奥设计的小马椅

图 7-13　看不见的桌子

图 7-14　冰川桌

玻璃或亚克力,亚克力的名字源自英文 acrylic(丙烯酸塑料)。有机玻璃是迄今为止合成透明材料中透光性最好的,可透过 90% 以上的阳光,可以和普通硅酸盐无机玻璃比拟。此外,有机玻璃还具有质量轻、力学性能好、绝缘性好和耐候性好的特点,适宜做高频绝缘材料和长期户外使用,但是该材料的耐热性差、易燃、质地较脆、易开裂、表面硬度低,而且价格较高。

有机玻璃应用广泛,不仅在商业、轻工、建筑、化工等方面,用来制造具有一定透明度和强度的零件,如透明管道、窥镜、设备标牌、油标、仪表玻璃等,还可以用来制造日用领域的文具、餐具等生活用品;此外,利用有机玻璃的透明特性,在广告装潢、沙盘模型上应用十分广泛,如:标牌,广告牌,灯箱的面板和中英字母面板等。

图 7-13 所示为来自丹麦设计师的"看不见的桌子",完全手工制作,整个桌子都是采用有机玻璃材料,既突出的材料的透光性,又利用了有机玻璃良好的力学性能;通透感和趣味性很好的结合在一起,但是表面易划伤是材料本身的弱点,而且价格不菲。

采用亚克力为载体创作家具的还有被称为建筑设计界"女魔头"的 Zaha Hadid(扎哈·哈迪德),图 7-14 所示为她的流体冰川桌,模仿了两股互相缠绕的水洼,三个清澈的水柱从水洼中留下,凝结成冰,变成支撑桌面的桌腿。这个设计巧妙地捕捉了水的涟漪,用类似玻璃的丙烯酸材料创作出微妙的质感,对周围世界产生了梦幻般的折射效果。

### 7.3.9　木塑复合材料

木塑复合材料是利用塑料混合超过体积比 50% 以上的木粉、稻壳、秸秆等废植物纤维,经过挤出、模压、注塑等塑料加工工艺得到的型材、板材,是在家居领域中代替传统木材最成熟的材料之一。

木塑复合材料兼具木材与塑料的综合优点,相对传统木材更加耐虫蛀、耐腐蚀、耐潮湿,且尺寸稳定性更高。木塑复合材料在外观上和手感上,能够与实木相似,符合大众审美要求。由于木塑复合材料能够利用废旧植物纤维,并对废旧植物纤维质量要求不高,使得可以充分利用不同类型废料,显著减少天然木材的砍伐量,同时由于木塑复合材料寿命长、抗老化的优点,成本远低于实木材料。塑料多样的成型工艺也促使其家具设计更加多样化,另外其生产和组装成本较低,是目前十分流行的家具环保材料。

木塑复合材料因其丰富的外观和优良的综合性能,能够适用于绝大多数室内外家具。目前,木塑复合材料主要应用在园林景观的铺板、栅栏、凉亭等设施上;在户外场所可应用于长椅、餐桌、垃圾桶、花箱等;室内家具方面则多应用在卫浴、橱柜、桌凳等家具上。如图7-15为采用木塑复合材料制作的户外景观椅、地板和栏杆。

### 7.3.10 聚碳酸酯(PC)

聚碳酸酯(Polycarbonate,PC)是几乎无色的玻璃态无定型聚合物,无色、无味、无毒,抗冲击强度是热塑性塑料中最好的,还具有突出的光学性、透明度、阻燃性、气密性、防潮性、耐寒性、耐热性和耐候性,与性能相近的亚克力相比,聚碳酸酯的抗冲击性能更好,折射率高,加工性能好,阻燃性能优越,缺点是磨耗系数大。

图7-15 木塑材料制作的户外景观椅、地板和栏杆

图7-16 *Louis Ghost* 扶手椅

聚碳酸酯虽然早在 20 世纪 50 年代就实现了工业化生产，但直到 21 世纪才开始应用于家具制品。许多世界著名设计师运用聚碳酸酯材料设计出众多经典的家具产品。如法国设计师 Philippe Starck 为意大利著名家具品牌 Kartell 设计的 *Louis Ghost* 扶手椅，如图 7-16 所示。巴洛克式的造型外观，外观纤细轻巧但坚固耐用，透明如水晶。采用单片聚碳酸酯一体成型，椅子从头到脚无任何接点，圆形的背面和扶手体现了极高的工艺难度。据悉，这是 Kartell 卖得最好的个人单椅，年销售 30 万～40 万把。

## 7.4 塑料家具的特点及塑料的成型

### 7.4.1 塑料家具的特点

塑料家具的特点是由塑料特性决定的，作为家具材料，塑料与石、木、金属、玻璃等相比，特点非常鲜明，而且塑料品种繁多，不同的品种具有不同的理化和机械性能，总体来说，塑料家具有如下特点：

① 质量轻、强度高：塑料的密度比金属小，大约是钢材的 1/6，铝材的 1/2 左右，而其强度又非常高，若按比强度来衡量塑料的性能，并不逊色于金属；对于有一定强度要求的家具而言，如果能够以更轻质的塑料来实现，是非常具有现实意义和实用性的。

② 多种防护功能：塑料一般都具有较好的化学稳定性和电绝缘性，耐酸碱、防腐蚀、防水、防潮、防虫、防霉，在减震消音、防辐射等方面也都有优异的表现，此外，塑料还具有优良的耐磨性、减摩性和自润滑性，而且不同品种的塑料也有各自的差异，为材料的选择提供了更大的空间。

③ 优异的光学性能和丰富的表面效果：塑料的透光性好，且具有很好的光泽，堪比玻璃，而且由于比强度大又具有一定的韧性，所以不易碎，在一般情况下比玻璃安全，减少了意外的发生；此外塑料的表面效果丰富多样，色彩亮丽，即可制作光滑如镜的效果，也能呈现哑光或粗糙的质感，而且凭借优异的喷涂和电镀性能，更可展示和模仿多种其他材质的表面肌理，这是其他材质不能兼备的特性。

④ 成型工艺多样、加工成本低廉：塑料的成型方法多，可塑性强大，配置和可调节性非常高，加工方便，适宜塑造复杂曲面效果，而且可以单独或配合其他材料和部件一次成型，从原料的获取到成品制作整个生产过程都十分经济简便，非常适宜大批量生产制造，经济耐用的产品是最受百姓欢迎的产品，应用范围比较广泛，这也是塑料得到迅速发展应用重要原因之一。

当然，除了以上优异特性之外，塑料也存在自身不足，如何解决蠕变、老化、带静电、回收降解等问题，需要进一步的对塑料制品的成型加工进行研究，提高塑料制品的质量。同时，随着国家对绿色环保的不断重视，也对塑料制品进行了规范与约束，要求塑料制品对环境不会产生危害，这也对生产提出了更高的要求，加强对塑料加工研究的投入，这些问题也都是需要在进行设计之初就应予以充分考虑的。

### 7.4.2 塑料的成型

塑料的成型是将原料制成具有一定形状制品的工艺过程。随着塑料产品的使用领域不断扩大和需求的增加，同时也为满足塑料产品在外形、性能等方面不同使用目的的要求，可供选择的成型方法越来越多，而且技术也越来越成熟，常用的塑料成型工艺有：注塑成型、挤出成型、压制成型、压延成型、吹塑成型、热成型、传递模塑成型、浇注成型、缠绕成型、喷射成型、蘸涂成型、拉拔成型、发泡成型、3D 打印，等等。

塑料的不同成型方法因材料及成品的不同而存在极大差异，选择成型方法的主要依据包括产品的外观、形状、尺寸精度、成本、生产批量等要求，此外还应注意交货期限、使用材

## 拓展阅读：意大利著名家具企业 Kartell 简介

塑料给人的印象貌似材质廉价，但意大利品牌 Kartell 却完全颠覆了这种传统印象，打造出代表时尚的塑料家具。

意大利 Kartell 公司是塑料家具领域首屈一指的制造商。该公司经常邀请世界知名的设计师与公司合作，设计师们天马行空的想象力，将塑料可塑性强的特点发挥到了极致，同时也让 Kartell 塑料家具大大升值，图 7-17 和图 7-18 分别所示的是 Kartell 采用聚碳酸酯材料制作的"大师椅""隐形的桌子"以及茶几。

让 Kartell 特立独行的是，它始终坚持初创时树立的"塑料"品质，这并非意味着止步不前，而是意味着不断开发新材料和新技术。时至今日，仿佛一提起塑料就与环保相悖，但 Kartell 的"塑料"主线仍然不动摇。现任总裁说："如果一件物品可以用很久，这本身就是一种环保。当然，也许未来的塑料会从其他天然材料里获得。"

本着一丝不苟的作风，追求新材料和形态的研发，Kartell 独创的一次成型技术开创了家具生产工艺的先河，每件产品自有独立的模具，这使得产品从一开始就具有明确且清晰的辨识度。

绚丽、大胆、简约、时尚，意大利的 Kartell 家具让人在明快通透的色彩中放松身心，且功能多样、方便耐用、魅力惊人。不论出现在哪儿，它都是绝对的明星。图 7-19 所示为 Kartell 设计制作的三款不同风格的聚碳酸酯家具。

图 7-17　Kartell 公司的"大师椅"和"隐形的桌子"　　图 7-18　Kartell 公司的茶几

图 7-19　Kartell 的聚碳酸酯家具作品

料、模具制作时间等因素，综合考虑众多影响因素之后，再选择适合的成型方法才能节约成本，提高生产效率。

下面对塑料产品的生产制造中常见的几种成型方法做简单介绍。

① 注塑成型：也叫注射成型，几乎适用于所有的热塑性塑料和某些热固性塑料。其原理是将颗粒状或粉状塑料从注射机的料斗送进加热的料筒中，经过加热熔融塑化成为黏流态熔体。图7-20所示为一塑料桶的注塑成型原理示意图。

注射成型能将外形复杂、尺寸精确、带有嵌件的制件一次成型，生产性能好，原料损耗小，成型周期短，可实现自动化或半自动化作业，成型的同时可获得着色鲜艳的外观，非常适合大批量生产规格、形状、性能完全相同的产品，但是，用于注塑成型的模具开发费用较高，因此，小批量生产时，经济性差。

② 挤出成型：又称挤压模塑或挤塑成型，是物料在挤出机中经过加热加压，使其以流动状态，从具有一定截面形状的机头中挤出，然后再经过定型冷却，固化成所需截面形状的产品。这种成型方法具有较强的适应性，可连续生产尺寸较长的管材、板材、薄膜、棒材、单丝、扁带、网、中空容器、门窗的框架以及其他异型材，主要适用于热塑性塑料的成型加工，也适合部分流动性较好的热固性和增强塑料的成型，如图7-21所示。

挤出成型的设备占地小、成本低、工作环境和劳动条件好，操作简单，易控制，以实现连续自动化作业，生产效率高，残品质量均匀致密，通过改换机头模口可生产不同截面形状的产品或半成品，并且可以与注塑等其他成像方式并用；但是，复杂截面形状的模具费用较高，而且挤出后的制品由于冷却、受力等各种因素影响，截面形状与模具会有一定的偏差，制件的尺寸精度不够高。

③ 模压成型：又称压缩成型，是热固性塑料和增强塑料的主要成型方法。基本工艺过程是将原料在型腔内加热到一定温度，使其达到熔融流动的状态，在加热加压的条件下均匀充满型腔，物料经过一定时间固化成制品，如图7-22所示。

模压产生的制品质地均匀致密、稳定性好、外观平整光洁、无浇口痕迹、尺寸精确，但

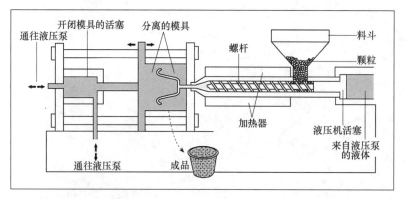

图7-20　注塑成型原理示意图

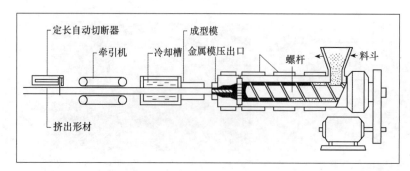

图7-21　挤出成型原理示意图

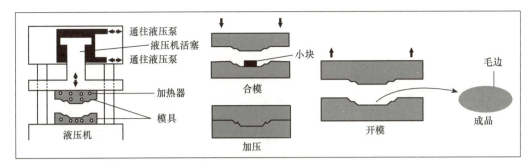

图 7-22 模压成型原理示意图

是制件的形态和品质完全由模具决定，一般通过液压装置控制阴阳模的开合，整套模具的费用较高，不适宜小批量生产。

需要指出的是，模压法是许多家具设计大师喜欢采用的家具成型制作方法，因为此类家具作品的表面平滑，无接缝，整体视觉效果非常理想。而且由于模具设计也是家具制造过程的一个重要组成部分，体现了家具设计师对材料语言的把握能力以及对材料性质的驾驭能力，更能体现一个家具设计师的水平，所以很多家具设计大师均乐于采用模压法体现自己的家具作品。图 7-23 所示为美国设计师在 1957 年采用模压法制作的椅子。

④ 压延成型：是将物料经过一系列加热的压辊，挤压、延展，形成薄膜或片材的成型方法，原料主要是聚氯乙烯等热塑性塑料，多用于生产 PVC 软质薄膜、薄板、片材、人造革、壁纸、地板革等。产品质量好、生产力大、可连续自动化生产，但是整套设备比较庞大、精度要求高、辅助设备多制品幅面尺寸受压延机辊筒长度的限制。压延薄膜可以用来制作充气家具。图 7-24 所示为国外某设计师在她的毕业设计中设计的 *Anda* 充气扶手椅，把实木和塑料薄膜两种材料融合到一起，设计灵感源于采用扁平包装的家具。

⑤ 滚塑成型：又称旋转成型或回转成型，基本工艺过程是将原料加入到模具型腔内，封闭的模具在空间不断转动的同时持续为物料加热，在重力和热的作用下，物料均匀涂布、熔融黏附在模具整个型腔内表面上，生成模具内腔形状，经过冷却定型得到最终产品。

滚塑成型所需模具和设备比较经济，制品的质地均匀，表面肌理效果较好，可以同时生产多个制件，但生产周期长、效率较低，适于少量生产，且无法生产造型太过复杂制件产品。图 7-25 所示为希腊设计师 Yannis Georgaras 的作品 *Tetra* 凳，不但外形流畅、曲线优美、结实环保，而且功能性强，凳子的各面均可作为坐面使用，最主要的创新之处在于生产工艺上采

图 7-23 模压法制造的塑料椅

图 7-24 *Anda* 充气扶手椅

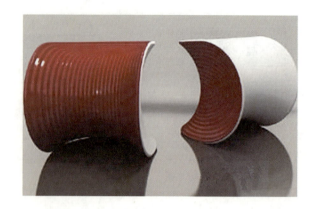

图 7-25  *Tetra* 凳

用了滚塑成型技术，经过反复多次的试验，最终才得以利用再生聚乙烯制造出来，作品获得了 2008 年德国红点产品设计奖。

⑥ 3D 打印：用 3D 打印技术来打印家具，是一种区别于传统减材或等材制造家具的制造技术，其本质是增材制造。其制造原理是在三维数据模型基础上，利用材料累加的原理，从无到有地制造家具实体。主要的 3D 打印技术有以下几种：光固化（SLA）、分层实体制造（LOM）、选择性激光烧结（SLS）、选择性激光熔化（SLM）、熔融沉积制造（FDM）以及三维打印（3GP）等。用于家具制造的打印技术，以光固化（SLA）、选择性激光烧结（SLS）、选择性激光熔化（SLM）、熔融沉积制造（FDM）为主。

3D 打印家具充分运用了计算机辅助技术的运算和生成能力，在材料、结构、形态上也有了更多的扩展性，也使计算机辅助技术对家具制造起到了推动作用，从虚拟世界发展到现实世界。

2004 年，法国设计师 Patrick Jouin（帕特里克·乔安）与比利时玛瑞斯公司的工业设计部合作打造了如图 7-26 所示的 C2 椅（*Solid C2*），作为第一款用选择性激光烧结（SLS）技术制作的家具，被荷兰阿姆斯特丹市立博物馆收藏。值得提出的是，法国设计师 Patrick Jouin 在设计创新领域取得了很多标志性的成果，他的名字也许长期以来一直被掩盖在他的导师 Philippe Starck（菲利普·斯塔克）的光芒之下，但在过去的十年内，Patrick Jouin 的名字逐渐从导师的学生的标签下浮现出来。Patrick Jouin 的作品在时尚背后隐藏着优雅，时而反复无常，但又都表现出令人愉悦的美感。

图 7-26  *Solid C2*

⑦ 模内层压：首先在模具型腔内嵌入织物、皮革等层压材料（覆盖层），随后在嵌件的内侧注入塑料熔体，熔体在成型中与层压材料接触并熔合在一起，这样层压材料便牢固地附着在成型制品的表面，可以生产出由层压材料做表面装饰的塑料制品。模内层压工艺只需一次成型，因而具有很高的加工效率，并可节省高达 15%～30% 的成本，属于环保型工艺。

在模内贴合的过程中不需要添加任何黏接剂，使用中不会释放挥发性溶剂，同时模内层压后的表面装饰能够与模塑件之间产生很强的黏附力，使用中决不会脱落或开裂，并具有很好的表面耐磨性。模内层压工艺与传统的注射成型工艺有很大的不同，由于型腔表面覆盖了 PVC 皮、真皮、布或地毯条等，需要考虑更为复杂的因素，对注射压力、注射速率、注射料温等工艺参数的要求更加严格。同时，由于适用于模内层压的专用注射机完全依赖进口且价格昂贵，目前多用于生产汽车内饰等部件。

## 本章小结

塑料是常用的家具制造材料之一，由于其自身的物理化学性质，可以呈现多变复杂的造型和缤纷亮丽的表面效果，在众多家具材料中有很强的适应性。本章主要介绍了塑料的组成、分类和特性，以及不同塑料的加工工艺。目的是使读者能够充分熟悉和理解塑料的相关常识和成型加工方法，在进行设计、制造过程中能够，充分发挥塑料的各项特性，为设计师能自由的发挥设计构想提供帮助。

## 思考题

1. 塑料有哪些主要特性？
2. 如何区分热塑性塑料和热固性塑料？
3. 常用的家具用塑料品种有哪些？各自的特点是什么？
4. 常见的塑料成型方法有哪些？
5. 选取几件塑料制品，尝试分析其成型工艺。

## 推荐阅读

1. 参考书

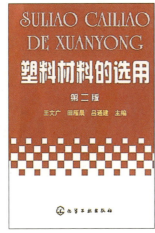

2. 网站

（1）http://www.kartell.com/wx

（2）http://www.magisdesign.com/

# 第 8 章
# 纺织品与皮革

[本章提要] 纺织品与皮革是重要的家具覆面材料,在软体家具中应用普遍。本章主要介绍纺织品常用纤维的种类、特点、装饰方法和用途,对家具常用的纺织品覆面材料的种类及特点进行较为详细的介绍。对家具覆面用皮革进行简单介绍。

8.1　纤维基础知识
8.2　常用家具覆面纺织品
8.3　家具覆面用皮革

图 8-1　新型面料的沙发

图 8-2　丹麦设计师 Finn Juhl 设计的"酋长椅"

纺织品（即纺织纤维装饰制品）和皮革均属于家具的软质覆面材料，在软体家具（包括：沙发、软椅、床垫等）中应用普遍。图 8-1 所示为法国 ROSET 公司旗下的品牌 LIGNE ROSET 设计制作的沙发，采用了新型家具面料，产品以低调奢华的艺术气息与浪漫和谐的现代风格打动着国内外的高端消费群体。

家具覆面材料的品种很多，在传统实木家具中，常用棕绳绷、藤皮席子、草席等作覆面用，如座椅或坐凳常用棕垫、草席或皮革进行覆面，如图 8-2 所示。现代家具制造中，常用纺织品、皮革、丝绒、绸缎等作为床、椅子、沙发、凳子的覆面。

不同质地的家具覆面材料质感相差很多，但通常具有五光十色、光滑柔软、形式美观的表面装饰效果，使用软体覆面材料的家具制品温暖、舒适，给人以美的享受。另一方面，利用覆面材料鲜艳的色彩，还有助于掩饰一些家具基材的表面缺陷，提高家具产品的档次，扩大使用范围。

纺织品及皮革的应用已有悠久的历史，目前，这两种材料依然是家具覆面装饰与保护的重要材料。合理巧妙地选择纺织纤维装饰制品和皮革制品，不但可以美化家具及室内环境，给人们的生活创造出温暖和舒适的室内氛围，还可以增加家具的视觉美感、舒适感和豪华气派感。

在全屋定制的家居装修大趋势下，家具制品与室内装饰风格的和谐统一显得尤为重要，图 8-3 所示为与卧室的浪漫情调相贴切的床具及饰面装饰。应该说，软体家具是民用住宅以及室内公共空间的一道亮丽风景线。图 8-4 和图 8-5 分别是软体家具在民居客厅中的应用和在室内公共空间的应用。

通常，纺织纤维制品指包括各种植物纤维及化学合成纤维织造而成的产品，皮革和人造革一般指采用动物毛皮制成的真皮制品或由合成树脂仿制的仿皮制品。利用这些制品对家具

图 8-3　与室内风格相贴切的床及饰面装饰　　图 8-4　软体家具在客厅中的应用　　图 8-5　软体家具在公共空间的应用

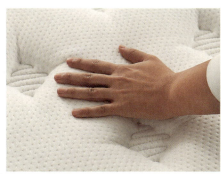 

图 8-6　软体家具床

图 8-7　米兰家具展上用亚麻覆面的床和用纯棉纤维覆面的沙发

　　进行覆面装饰，所得产品具有的主要特点是：色彩鲜艳美丽、图案变化丰富，装饰效果自然亲切，质地柔软，富有弹性；吸音；保温性能好；吸尘。

　　纺织品或皮革的质量对提高软体家具的装饰效果及使用时的舒适度有重要作用。都说人的一生有三分之一的时间是在床上度过的，因此，一张高品质的床是每个人都期望得到的。图 8-6 所示为给人温馨、温暖、温情之感的床及使用情景。图 8-7 所示为近年意大利米兰家具展上的以亚麻面料饰面的床和以纯棉面料饰面的沙发。

## 8.1　纤维基础知识

　　装饰织物用纤维主要为天然纤维和化学纤维两大类。

### 8.1.1 天然纤维

（1）棉纤维

棉纤维按棉花的品种分为细绒棉（又称陆地棉）和长绒棉（又称海岛棉）：前者纤维线密度和长度中等，一般长度为 25～35mm，我国目前种植的棉花大多属于此类；后者纤维细而长，一般长度在 33mm 以上，除新疆长绒棉以外，我国种植较少。

棉纤维的主要成分是纤维素，聚合度为 6000～11000。棉纤维是多孔性物质，而且其纤维素大分子上存在许多具有亲水性的羟基（—OH），所以吸湿性较好，一般大气条件下，棉纤维的回潮率可达 8.5% 左右。经过经脱脂处理后的棉制品吸湿性增加，吸水能力可达本身质量的 23～24 倍。

棉纤维长度是指纤维伸直时两端间的距离，是棉纤维的重要物理性质之一。棉纤维长度与成纱质量和纺纱工艺关系密切。棉纤维的强度是纤维具有纺纱性能和使用价值的必要条件之一，纤维强度高，则成纱强度也高。棉纤维的强度常采用断裂强力和断裂长度表示。棉纤维的断裂伸长率为 3%～7%，弹性较差。

棉纤维制品的特点是柔软、手感好，透气、吸湿。但弹性较差，易皱易脏。实际使用时，棉纤维常与其他纤维搭配使用，以提高使用性能。

以棉纱或棉与棉型化纤混纺纱线织成的织品被称为棉型织物，具有以下特点：

① 吸湿性强，缩水率较大，为 4%～10%；

② 耐碱不耐酸，棉布对无机酸极不稳定，即使浓度很低的硫酸也会使其破坏。但有机酸对棉型织物的作用微弱，几乎不起破坏作用。棉布较耐碱，常温的一般稀碱对棉布不发生作用，但在强碱作用下，棉布强度会下降。

③ 耐光性、耐热性一般，在阳光与大气中，棉布会缓慢氧化，强度下降。长期高温作用会使棉布遭受破坏，但可耐受 125～150℃ 短暂高温处理。

④ 微生物对棉织物有破坏作用，表现在产品不耐真菌。

⑤ 卫生性：棉纤维是天然纤维，纯棉织物经多方面查验和实践，织品与肌肤接触无任何刺激，无副作用，对人体有益无害，卫生性能良好。

（2）羊毛纤维

羊毛纤维是天然蛋白质纤维，主要成分为角朊细胞，含量占 97%，无机物 1%～3%，羊毛角朊的主要元素是 C、O、N、H、S。羊毛纤维精细、柔软，温暖有弹性，保暖性极佳，色彩柔和，耐磨损，易清洗，可染成各种悦目而自然的颜色，制品经久耐用。但羊毛易受虫蛀和发霉，价格也偏高。

羊毛纤维的物理性质如下：

① 吸湿性，回潮率 15%～17%，最高可达 40%，吸湿性优于棉纤维。

② 缩绒性：所谓缩绒性是指羊毛纤维及其织品在湿热条件下，经机械力作用，使羊毛集合体逐渐收缩紧密，并相互穿插纠缠、交编毡化的性质。缩绒性是羊毛重要特性之一，毛织物通过缩绒，可提高织物厚度和紧度，产生整齐的绒面，外观优美，手感丰满，提高保暖性。但有些品种如精纺织物及羊毛衫等，要求纹路清晰，形状稳定，须采用特殊方法破坏缩绒性。

③ 可塑性：羊毛纤维在湿热条件下膨化，失去弹性，在外力作用下，压成各种形状并迅速冷却，解除外力后，已压成的形状可很久不变，这种性能称可塑性。

④ 弹性好，是天然纤维中弹性恢复性最好的纤维。

⑤ 相对密度在 1.28～1.33 之间。

⑥ 保温性好，是热的不良导体。

⑦ 较其他纤维粗，并有较高的断裂伸长率和优良的弹性，所以在使用中，羊毛织品较其他天然纤维织品坚牢。

图 8-8 羊毛织物饰面的家具

根据实际用途的不同，羊毛纤维织品的原料选择也有差异：粗纺毛织品需要织物表面绒毛丰满，手感好，强度高，因此要求粗纺毛纱松软、强度大，一般在原料中选择强卷曲的纤维；精纺毛织品要求纹路清晰，光泽柔和，形状规则，因此需要毛纱具有光滑、均匀、紧密的特点，通常选用正常卷曲且卷曲度密的羊毛纤维。

图 8-8 所示为采用羊毛纤维织物进行饰面的家具。这款由荷兰设计师 Richard Hutten 与丹麦 Kvadra 品牌合作打造的一款造型独特的彩色云团座椅，由 Divina 面料（羊毛）覆面制作而成。每相邻两层面料均是通过不同颜色进行匹配，整把座椅共计出现了百种颜色。色彩变换层次清晰鲜明，而且秩序井然，充满视觉美感，被称为 2014 年米兰家具展上色彩应用最美产品。此家具最初的设计灵感源于设计师早年设计的不锈钢云团椅（详见图 5-19），此次只不过使用了面积达 840m$^2$ 色彩各异的羊毛面料，立时让这款作品令人耳目一新。

（3）蚕丝纤维

蚕丝是熟蚕结茧时，分泌丝液凝固而成的连续长纤维，也称"天然丝"。根据食物的不同，又分桑蚕、柞蚕等。桑蚕所吐之丝全长可达 1000m 以上。蚕丝纤维为蛋白质纤维，丝胶和丝素是其主要组成部分，其中丝素约占 3/4，丝胶约占 1/4。丝胶和丝素由 18 种氨基酸组成，约含 97% 的纯蛋白质，丝胶和丝素的氨基酸组成不同，丝素为纤蛋白，丝胶为球蛋白。

以桑蚕丝为原料，将若干根茧丝抱合胶着缫制而成的长丝被称为真丝。由于桑蚕丝从栽桑养蚕至缫丝织绸的生产过程中未受到污染，因此是世界推崇的绿色产品，又因其为蛋白质纤维，属多孔性物质，透气性好，吸湿性极佳，而被世人誉为"纤维皇后"。

实际使用中的丝织制品通常都具有柔韧、滑润，半透明，易上色，色泽光亮柔和的特点。天然的柔光感觉很华贵，皮肤触感很好，弹性和吸湿性比棉好。缺点是易脏，污渍难处理。

图 8-9 所示为一系列色彩缤纷得让人心情阳光满满的椅子和凳子，利用了回收的纱丽制作的丝绸边角料。设计师 Meb Rure 认为，色彩美丽、质地柔和、散发着异国情调的丝绸使人着迷。她在长达一年半的反复设计实践后，使这个非工业化的手工精细制作的家具系列就此诞生。设计师的巧手转化，使椅子民族风十足，散发出欢快的味道。美丽缤纷的纱丽小球里面填充了海绵，坐上去相当舒适。椅身支撑部分的白橡木采用可拆卸设计，减少了包装体积，可提高运输效率。

（4）麻纤维

麻纤维是指从各种麻类植物中取得的纤维的总称。麻纤维品种繁多，包括韧皮纤维和叶纤维。韧皮纤维作物主要有苎麻、黄麻、青麻、大麻（汉麻）、亚麻、罗布麻和槿麻等。其中苎麻、亚麻、罗布麻等胞壁不木质化，纤维的粗细长短同棉相近，可作纺织原料，织成各种凉爽的细麻布、夏布，也可与棉、毛、丝或化纤混纺，用于布艺家具的覆面；黄麻、槿麻等韧皮纤维胞壁木质化，纤维短，只适宜纺制绳索和包装用麻袋等。叶纤维比韧皮纤维粗硬，只能制作绳索等。

图 8-9　丝织品饰面的椅子和凳子

所有麻纤维均为纤维素纤维，基本化学成分是纤维素，其他还有果胶质、半纤维素、木素、脂肪蜡质等非纤维物质（统称为"胶质"），它们与纤维素伴生在一起，要取出可用的纤维，首先要将其和这些胶质分离（脱胶）。各种麻纤维的化学成分中纤维素含量均在75%左右，和蚕丝纤维中纤维含量的比例相仿。

麻纤维的特点是强度高，耐磨，制品挺括，价格较高，织品较粗糙，吸潮、透气、不变形。色彩自然，装饰效果自然古朴，具有浓郁民族特色。采用亚麻纤维作为家具沙发的包覆材料，质感突出，透气吸湿，耐磨性优良。图 8-10 所示为直接用麻绳缠扎制作的茶几和坐具，具有原始古朴的自然美感。

### 8.1.2　化学纤维

化学纤维是用天然的或人工合成的高分子物质为原料，经过化学或物理方法加工而制得到的纤维统称。根据所用的高分子化合物来源不同，可具体分为以天然高分子物质为原料的人造纤维和以合成高分子物质为原料的合成纤维。

（1）人造纤维

人造纤维是用某些天然高分子化合物或其衍生物做原料，经溶解后制成纺织溶液，然后

图 8-10　麻绳家具

纺制成纤维，木材、竹材、甘蔗渣、棉短绒、芦苇等都是制造人造纤维的原料。

根据人造纤维的形状和用途，分为人造丝、人造棉和人造毛三种。重要品种有黏胶纤维、醋酸纤维、铜氨纤维等。

人造纤维纺织品基本上是指黏胶纤维长丝和短纤维织物，即所谓的人造棉、人造丝等。人造纤维纺织品的性能主要由黏胶纤维特性决定，其特点主要表现如下：

① 人造棉、人造丝织物手感柔软、穿着透气舒适、染色鲜艳。

② 人造纤维织物具有很好的吸湿性能，其吸湿性在化纤中最佳。但其湿强度很低，仅为干强度的 50% 左右，且织物缩水率较大。

③ 普通黏胶织物具有悬垂性好，刚度、回弹性及抗皱性差的特点，因此其面料保形性差，容易产生褶皱。

④ 黏胶纤维织品的耐酸碱性、耐日光性及耐药品性能均较好。

总之，人造纤维的特点是，吸湿性好，染色容易，但强度较差，易起褶皱，不耐脏、不耐用。实际使用时多与其他纤维作适当的搭配。

（2）合成纤维

合成纤维是以人工合成的高分子化合物（具有适宜分子量并具有可溶或可熔性的线型聚合物）为原料制成的化学纤维，包括：聚酯纤维（涤纶）、聚酰胺纤维（尼龙、锦纶）、聚丙烯腈纤维（腈纶）、聚丙烯纤维（丙纶）、聚氯乙烯纤维（氯纶）等。

与天然纤维和人造纤维相比，合成纤维的原料由人工合成方法制得，生产不受自然条件的限制。合成纤维除了具有化学纤维的一般优越性能外，不同品种的合成纤维各具有某些独特性能。

聚酰胺纤维的优点是强力高、耐热、耐疲劳；缺点是弹性模数低而促使纤维伸长，不耐光氧化面光滑，不利于与其他聚合物的黏合。聚酯纤维的动态模量、弹性模数和高温性能均比尼龙纤维好，缺点是呈化学惰性、表面光滑，因此与其他聚合物难以黏合。芳族聚酰胺纤维（芳纶）的拉伸强度约为聚酰胺和聚酯纤维的 3 倍，弹性模数则比聚酰胺高约 10 倍以上，但这种纤维价格高。

总体而言，合成纤维强度高、耐磨、密度小、弹性好、不发霉、不怕虫蛀、易洗快干，不足是染色性较差，静电大，耐磨性、耐热性、吸湿性和透气性较差，遇热容易变形，耐光和耐候性也不理想，吸水性差。

通常，合成纤维装饰纺织品的色彩丰富、悬垂挺括、滑爽舒适，是在软体家具中应用广泛、主要采用的纤维纺织面料。图 8-11 所示为采用合成纤维面料饰面的客厅布艺沙发。

图 8-11　客厅布艺沙发

注意：人造纤维的短纤维一般称为"纤"（如黏纤、富纤），合成纤维的短纤维一般称为"纶"（如锦纶、涤纶）。如果是长纤维，就在名称末尾加"丝"或"长丝"（如黏胶丝、涤纶丝、腈纶长丝）。

### 8.1.3 纤维的鉴别方法

正确识别纺织纤维的品种对家具饰面材料的日常使用及制品保护都有益处。

常用的纺织纤维识别方法有目测手感法和燃烧法。纺织纤维鉴别试验的方法还有显微镜法、溶解法、含氯含氮呈色反应法、熔点法、密度梯度法、红外光谱法和双折射率法。本书仅对其中的目测手感法、燃烧法、显微镜法和红外光谱法进行简单介绍。

（1）目测手感法

对散状的纺织纤维原料或从纤维织物边部拆下的纤维，可以根据其外观形态、色泽、手感及手拉强度等特征，分辨出是否为天然纤维（棉、麻、毛、丝）或化学纤维。

天然纤维中：棉纤维纤细柔软，长度短而且有各种杂志和疵点；羊毛纤维较长，有卷曲，柔软而且富有弹性；麻纤维手感粗硬，常因有胶质而聚成小束，经脱胶处理后可成为单体纤维状，便于从长度、粗细及长短等特征区别与棉纤维和羊毛纤维；蚕丝纤维的形态特点是长而纤细，具有特殊的光泽。

对于纺织纤维制品，可从以下特征进行区分判定：

① 纯棉及化纤仿棉织物：纯棉织物弹性差，手感柔软，光泽较差。涤棉布料光泽明亮，色泽淡雅，手感挺爽、光洁、平整。当用手攥紧织物后并迅速放开时，涤棉制品皱褶最小，并较快恢复原状，而纯棉织物有明显皱褶，折痕较难恢复。但低分子量的涤纶制品其折痕也较多，鉴定时应注意区分。

② 纯羊毛及化纤仿毛织物：纯羊毛制品的特点是面料平整、色泽均匀、光泽柔和，手感柔软而且富有弹性，先攥紧后放松后，面料表面无折痕，并可自然恢复原状。纯羊毛和涤纶混纺得到的毛涤面料光泽较亮，但不如纯毛织物光泽柔和，织纹清晰，手感光滑挺爽，有硬板感觉，攥紧放松后几乎不产生折痕。纯羊毛和腈纶混纺得到的毛腈制品面料织纹平坦但不凸出，光泽类似人造毛织物，但手感和弹性比人造毛织物面料要好，织物的毛型感较强。纯羊毛与棉混纺得到的毛棉织物外观较差，有蜡样光泽，手感硬挺、不柔和，攥紧织物放开后有明显的痕迹。

③ 真丝与化纤仿丝织物：真丝制品光泽柔和而且均匀，虽明亮但不刺眼，织物表面有拉手感。纯的胶粘人造丝制造的纤维织物光泽明亮但不如真丝柔和，手感爽滑柔软但不挺括；涤纶长丝制品光泽均匀、手感爽滑、外观挺括；锦纶长丝光泽比较差，表面有类似一层薄蜡的感觉，手感硬挺而且有柔和感。当用手攥紧织物再放开时：真丝和涤纶丝因弹性好而无折痕；人造丝有明显折痕并很难恢复原状；锦纶丝虽有折痕，但可很快恢复原状。

（2）燃烧法

一般而言，单纯通过简单的目测和手感，很难准确鉴别纺织纤维制品的种类，对纺织纤维进行燃烧，可以比目测法更准确的判定纤维的种类。

各种化学纤维和天然纤维因化学组成不同，在燃烧过程会产生不同的现象，燃烧法鉴别纤维的原理就是根据纤维靠近火焰、接触火焰和离开火焰时的状态，以及燃烧时产生的气味和燃烧后残留物特征来辨别纤维的种类。

家具常用的纺织纤维中，部分纤维的燃烧状态见表 8-1 所示。

其他种类的纤维燃烧状态以及燃烧法测定时的具体方法详见我国现行的行业标准 FZ/T 01057.2—2007《纺织纤维鉴别试验方法 第 2 部分：燃烧法》。

FZ/T 01057.2—2007
纺织纤维鉴别试验方法 第 2 部分：燃烧法

（3）显微镜法

显微镜法的基本原理是用显微镜观察未知纤维的纵面和横截面形态，对照纤维的标准照

表 8-1 部分纺织纤维的燃烧状态

| 纤维种类 | 燃烧状态 | | | 燃烧时气味 | 残留物特征 |
|---|---|---|---|---|---|
| | 靠近火焰时 | 接触火焰时 | 离开火焰时 | | |
| 棉 | 不熔不缩 | 立即燃烧 | 迅速燃烧 | 纸燃味 | 呈细而软的灰黑絮状 |
| 麻 | 不熔不缩 | 立即燃烧 | 迅速燃烧 | 纸燃味 | 呈细而软的灰白絮状 |
| 蚕丝 | 熔融卷曲 | 卷曲、熔融、燃烧 | 略带闪光燃烧有时自灭 | 烧毛发味 | 呈松而脆的黑色颗粒 |
| 动物毛绒 | 熔融卷曲 | 卷曲、熔融、燃烧 | 燃烧缓慢有时自灭 | 烧毛发味 | 呈松而脆的黑色焦炭状 |
| 竹纤维 | 不熔不缩 | 立即燃烧 | 迅速燃烧 | 纸燃味 | 呈细而软的灰黑絮状 |
| 黏纤、铜氨纤维 | 不熔不缩 | 立即燃烧 | 迅速燃烧 | 纸燃味 | 呈细而软的灰黑絮状 |
| 莱赛尔纤维、莫代尔纤维 | 不熔不缩 | 立即燃烧 | 迅速燃烧 | 纸燃味 | 呈细而软的灰黑絮状 |
| 大豆蛋白纤维 | 熔缩 | 缓慢燃烧 | 继续燃烧 | 特异气味 | 呈黑色焦炭状硬块 |
| 涤纶 | 熔缩 | 熔融燃烧冒黑烟 | 继续燃烧有时自灭 | 有甜味 | 呈硬而黑的圆珠状 |
| 腈纶 | 熔缩 | 熔融燃烧 | 继续燃烧冒黑烟 | 辛辣味 | 呈黑色不规则小珠易碎 |
| 锦纶 | 熔缩 | 熔融燃烧 | 自灭 | 氨基味 | 呈硬淡棕色透明圆珠状 |
| 氨纶 | 熔缩 | 熔融燃烧 | 开始燃烧后自灭 | 特异气味 | 呈白色胶状 |

片和形态描述来鉴别未知纤维的类别。图 8-12 所示为部分天然纤维和化学纤维的横截面和纵面的形态显微照片。

其他种类的纤维形态显微照片、各种纤维在横截面和纵面上的形态特征以及显微镜法测定时的具体方法详见我国现行的行业标准 FZ/T 01057.3—2007《纺织纤维鉴别试验方法 第 3 部分：显微镜法》

（4）红外光谱法

红外光谱法鉴别纤维的基本原理是：以一束红外光照射试样，试样的分子将吸收一部分光能并转变为分子的振动和转动能，借助于仪器将吸收值与相应的波数作图，即可获得该试样的红外吸收光谱，红外吸收谱中的每一个特征吸收谱带都包含了试样分子基团和化学键的信息。不同物质有不同的红外光谱，将试样的红外光谱与已知的红外光谱进行比较，就可以鉴别出纤维的种类。图 8-13 所示为莫代尔纤维和尼龙 66 纤维（聚酰胺 66 纤维）的红外光谱图对比。

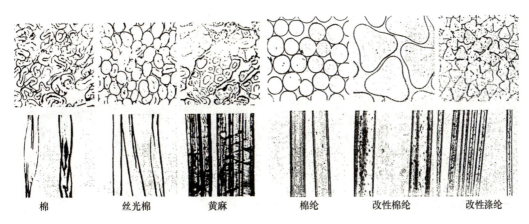

棉　　丝光棉　　黄麻　　棉纶　　改性棉纶　　改性涤纶

图 8-12 部分纤维形态的显微照片

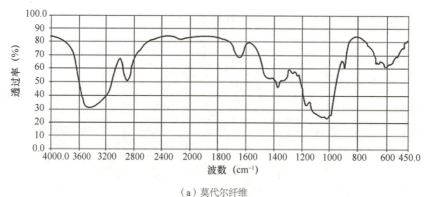

(a)莫代尔纤维

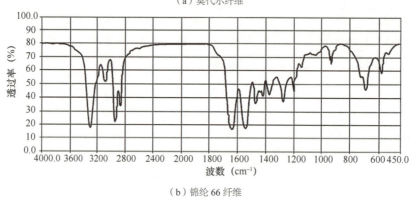

(b)锦纶66纤维

图 8-13　莫代尔纤维与锦纶 66 纤维的红外光谱图对比

### 8.1.4　纤维的成型和装饰方法

（1）纤维的成型方法

① 织花和印花：织花是利用相互垂直的经纬线在织机上反复穿梭、纺织而成各种带花纹的织物的过程。该装饰方法工艺简单，采用的原料广泛，既可平织也可进行变换不同形式的花织。印花是在纺织面料上通过印染的方法获得所需要的图案的色彩。

织花印花是大多数纤维织物采用的制造方法，也是家具覆盖物以及窗帘等织物的主要成型方法。织花印花制品的色彩鲜艳，纹路清晰、密实，规律性强，或明媚亮丽，或低调奢华，或朴实大方，均有工艺简洁明快的特点。图 8-14 所示为织花面料在沙发上的应用，该家具是德国著名软体家具品牌 BRETZ 的产品。

图 8-14　织花面料在沙发上的应用

## 拓展阅读：法国家具品牌 Rochebobois 简介

自 1960 年以来，Rochebobois（罗奇堡）一直在引领现代设计的潮流，同时也在不断推动家居文化的多元化，拥有古典、现代两大风格系列家具，产品涵盖客厅、餐厅、书房、儿童房、户外饰品等。对品质的精益求精以及锐意进取的大胆设计，保证了产品的细节经得起时间的考验。罗奇堡产品的每个设计，也都体现了对原材料和环境的尊重，以及对环保和可持续的追求。到目前为止，罗奇堡在全球 50 个国家和地区已经拥有超过 260 间精品店。

近年，罗奇堡开始与多家时尚界巨头有越来越广泛的合作，一些国际知名的家纺大品牌公司每年都会为罗奇堡设计定制特有的面料，这在家具行业中极为罕见。每年的 4 月和 10 月，罗奇堡会在巴黎举行全球发布会，是世界上唯一一家每年 2 次新品发布的整体家居品牌，推陈出新速度之快、规模之庞大是全球其他家具品牌无法比拟的。

从推崇欧美知名设计师、建筑师的创意设计，到产品材质的选用和研发以及法兰西传统手工艺传承和发扬，罗奇堡一直在致力于在产品设计和商业化运作中尝试并推广新材料科学的成果。五彩缤纷、造型时尚且极具环保理念的产品已逐步成为设计师及年轻一代消费者的家居新宠。图 8-15 和图 8-16 分别所示为罗奇堡的两款不同风格的客厅家具产品。

罗奇堡的每款沙发都有自己的表情，图 8-17 所示的这套 *Mah Jong* 组合沙发以其印花面料颇为瞩目，此款沙发成为罗奇堡最具经典产品。设计师 Hans Hopfe 最初的设计理念就是要追求的完全自由，对传统单一的沙发功能完成形态方面的突破。随意的"组合、并排、叠放"等摆放方式是麻将沙发最大的特色。此款沙发基材的构成包括布艺面料、实木框架和高弹泡棉填充，完全拼接完成。

图 8-15 罗奇堡客厅家具之一

图 8-16 罗奇堡客厅家具之二

图 8-17 *Mah Jong* 组合沙发

图 8-18 栽绒床尾凳及栽绒椅

图 8-19 加线法装饰的纺织艺术品　　　　　　　　　　图 8-20 金线刺绣法在纤维装饰中的应用

图 8-21 Moroso 的几款家具

② 栽绒：是先在木框上拉经线，而后用毛线在经线上连续打结并随后用割刀割绒，再经片剪而成。该方法是编织家具坐垫的主要方法。栽绒制品质地松软，温暖有一定弹性，还可编织成细致典雅的花纹与图案。特别是丝绒栽绒制品，具有华贵高雅的特殊气质，图 8-18 所示为意大利品牌 ROBERTO CAVALLI（罗伯特·卡沃利）的两款栽绒家具。

（2）纤维的装饰方法

纤维的装饰方法多样，常用的主要有以下几种。

① 加线法：是指在成品织物上用不同颜色的纱线加行（图 8-19），或用金银线刺绣的方式掺加到纺织纤维面料的局部（图 8-20）等。加线法工艺简单，操作方便，所得制品的艺术感染力强，深受市场青睐，是纺织品表面装饰艺术设计的重要手段。

② 染色法：染色是借助染料与纤维发生物理化学或化学的结合，或者用化学方法在纤维上生成染料而使整个纺织品成为有色物体。染色产品不但要求色泽均匀，而且必须具有良好的染色牢度。

根据染色加工的对象不同，染色方法可分为织物染色、纱线染色和散纤维染色等三种。其中织物染色应用最广，纱线染色多用于色织物和针织物，散纤维染色则主要用于混纺或厚密织物的生产，都以毛纺织物为主。应用最为广泛的染色形式是将纺织品放在染料溶液中处理，包括不同形式的传统蜡染等。

实际应用中，通常是采用多种不同方法共同使用，以取得更好的纤维装饰效果。图 8-21 所示为意大利品牌 Moroso 的家具。Moroso 的产品被誉为"不动声色的奢华"，主要为布艺和编织面料的产品，无论色彩、肌理、花纹、工艺都很特别。

## 8.2 常用家具覆面纺织品

家具常用的纤维纺织品种类较多，包括家具覆面织物和家具蒙盖织物。本书主要介绍家具覆面用织物。

### 8.2.1 纯棉纺织品

纯棉纺织品（又称纯棉梭织物、纯棉面料）是以棉花为原料，通过织机，由经纬纱纵横沉浮相互交织而成的纺织物。纯棉纺织品的种类繁多，分类方法各异。按染色方式可分为原色棉布、染色棉布、印花棉布、色织棉布。按织物组织结构可分为平纹布、斜纹布、缎纹布。按实际加工的棉花来源，又可分为原生棉织物和再生棉织物。原先棉织物是以天然无污染的优质棉花为原料，是 100% 天然无污染的优质地产棉花，主要由新疆、山东、河南、河北等我国主要棉花产地生产；再生棉织物是由废弃的棉花、工业下脚料和纺织企业的布头和纱线头回收再利用制成。

（1）特点

① 吸湿性：具有较好的吸湿性，纤维可从大气中吸收水分，含水率为 8%～10%，所以接触人体皮肤时会感到柔软亲肤。如果棉布的湿度增大，周围环境的温度较高时，棉纤维中含的水分会迅速蒸发散去，使织物保持水分平衡状态，使人感觉舒适。

② 保湿性：由于棉纤维是热和电的不良导体，热传导系数极低，又因棉纤维本身具有多孔性，弹性高优点，纤维之间能积存大量空气，空气又是热和电的不良导体，所以，纯棉纤维纺织品具有良好的保湿性，穿着纯棉织品服装使人感觉到温暖。

③ 耐热性：纯棉织品耐热能性良好，在 110℃以下时只会引起织物上水分蒸发，不会损伤纤维，所以纯棉织物在常温下穿着使用、洗涤印染等对织品都无影响，由此提高了纯棉织品耐洗耐穿性能。

④ 耐碱性：棉纤维对碱的抵抗能力较大，棉纤维在碱溶液中，纤维不发生破坏现象，该

图 8-22 纯棉帆布在软体家具中的应用

性能有利于对污染的洗涤，消除杂质，同时也可以对纯棉纺织品进行染色、印花及各种工艺加工，以产生更多棉织新品种。

⑤ 卫生性：棉纤维是天然纤维，其主要成分是纤维素，还有少量的蜡状物质和含氮物与果胶质。纯棉织物经多方面查验和实践，织品与肌肤接触无任何刺激，无副作用，久穿对人体有益无害，卫生性能良好。

⑥ 变形特性：容易变形皱缩，而且皱缩后较难抚平。易缩水，纯棉衣物的缩水率一般是2%～5%，但经过特殊加工处理后（如水洗、砂洗），可大大降低缩水率。

作为家具覆面材料使用的纯棉纤维常与其他化学纤维进行混纺，以提高实际使用价值，扩大应用领域。

（2）用途

可用于直接与人体接触的软体家具的覆面和饰面，特别适合于皮肤敏感性较高的老人和儿童使用，安全卫生，环保健康。纯棉提花面料的制造工艺复杂，织造时经纱和纬纱相互交织沉浮，凹凸有致，形成各种美丽的图案。提花面料的优劣受到原料、机器性能及人工操作经验等多方面的因素影响。优质的纯棉纺织品或纯棉提花面料可直接用作软体家具或沙发靠垫的包覆材料，如图 8-22 所示。

### 8.2.2 化纤纺织品（化纤面料）

化纤纺织品是以化学纤维为主要材料制成的纺织物，色彩鲜艳、质地柔软、悬垂挺括、滑爽舒适。但耐磨性、耐热性、吸湿透气性较差，容易产生静电。

一般而言，家具用化纤面料可主要归结为具有三大长处：一是结实耐用；二是易打理，抗皱免烫；三是可进行工业化大规模生产，而不像天然纤维的生产需要占用土地，加工费时费力、产量有限。

功能性是化纤面料发展的新优势，人类在漫长的发展过程中，真正利用的天然纤维不过几种或十几种，而进入化纤时代后，在短短的百年间，发明的化纤新品种就达上百种。化纤作为合成的高分子聚合物，生产过程中可以预先设计功能性，例如：添加抗菌剂、矿物微粉等，可分别使产品具有抗菌性或低辐射功能。

化纤面料是软体家具包覆的主要材料，应用于沙发、床垫和软椅等，具有色彩丰富、装饰感好、强度高、耐用、易保洁、价格低廉等优点，是性价比高的家具辅助材料。经过部分特殊工艺处理后的化纤面料可以分别具有更好的耐磨性能、抗菌性能和阻燃性能等。图 8-23 所示为国际著名家居面料品牌意大利 Enzo degli Angiuoni（EDA）公司的部分产品，采用聚丙烯纤维（丙纶）制作的面料，花纹设计上呈现不拘一格的几何形状，具有文化灵感的提花，让每一款面料都独一无二。

图 8-23 EDA 的家具面料

图 8-24 抗皱涤棉面料用于沙发饰面

### 8.2.3 混纺织物（混纺面料）

混纺织物是将化学纤维与其他棉毛、丝、麻等天然纤维混合纺纱织成的纺织产品，该织物既吸收了棉、麻、丝、毛和化纤各自的优点，又尽可能地避免了它们各自的缺点，而在价格上相对较为低廉，所以被广泛用于家具的覆面材料。图 8-24 所示为抗皱涤棉压纹面料在沙发饰面上的应用。

通常，涤棉是以涤纶和棉纤维为主要成分的混纺织物，涤棉混纺可以弥补涤纶吸湿性小、透气度和舒适性差的缺点，也可以修饰棉纤维易皱缩的缺陷。涤棉纺织品的主要特点是突出了涤纶和棉织物的各种优势，在干、湿状态下的弹性和耐磨性都较好，尺寸稳定，缩水率小，而且具有外观挺拔、手感厚实、富有弹性、坚实耐穿、保形性好不易皱折、易洗、快干的特点，但不能用高温熨烫和沸水浸泡。

毛涤混纺是指用羊毛和涤纶混纺纱线制成的织物，也是混纺毛料织物中最普遍的一种。毛涤混纺的常用比例是 45∶55，既可保持羊毛的优点，又能发挥涤纶的长处，几乎所有的粗、精纺毛织物都有相应的毛涤混纺品种。与全毛制品相比，毛涤质地轻薄，褶皱回复性好，坚牢耐磨，易洗快干，尺寸稳定，不易虫蛀，但手感不及全毛柔软。但若在混纺原料中使用羊绒或驼绒等动物毛，则手感较滑嫩。

除了涤棉和毛涤混纺外,实际使用中的混纺产品还包括如下列出的混纺方式。

涤麻混纺:是低廉和麻纤维混合纺织得到的织物,该面料的特点是不易变形、不起毛。麻纤维强度高,光泽好,不易褪色,耐热性优良。涤麻混纺弥补了麻织物的一些不足,使得织物挺括、吸湿性好,易洗快干。

毛粘混纺(毛呢混纺):是羊毛纤维与黏胶纤维的混合纺织品。羊毛纤维与黏胶纤维的比例直接影响到毛粘混纺织物的品质,通常所说的毛呢混纺面料是30%羊毛和70%黏胶纤维。混纺的目的是为了降低毛纺织物的成本,又不使毛纺织物的风格因黏胶纤维的混入而降低。黏胶纤维的混入,将使织物的强力和耐磨性能特别是抗皱性、蓬松性等多项性能明显变差,因此精梳毛织物的黏胶含量不宜超过30%,粗梳毛织物黏胶纤维含量也不宜超过50%。

高密NC布:系采用锦纶(尼龙)与棉纱混纺或交织的一种织物。该纺织品综合了锦纶和棉纱的优点。锦纶的耐磨性居天然纤维和化学纤维之首,而且锦纶的吸湿性好,舒适感和染色性能要比涤纶好,故锦纶与棉纱混纺或交织不会降低棉纱的吸湿性和舒适性。另外,锦纶较轻,而棉纱较重,二者交织或混纺后,可减轻织物重量。锦纶的弹性极好,与棉纱混纺或交织后,提高了织物的弹性。NC面料的缺点是:因锦纶参与交织或混纺,织物的耐热性和耐光性较差,不可暴晒,不可拧干。

柔赛丝:为70%真丝与30%有机提丝绵的混纺面料,多为用来生产床上用品。它具有真丝的柔软、顺滑、光泽,也同时具备了有机提丝绵的舒适性、高强度、透气性、保暖性。

TNC面料:该面料采用锦纶、涤纶与棉纱复合,是三合一复合纤维织就的最新面料。该面料综合发挥了涤纶、锦纶、棉纱三种纤维的特色,集三种纤维的优点于一身,耐磨性好,弹性恢复率好,强度好,手感细腻滑爽,舒适透气,风格新颖,别致。

雪尼尔布:是一种绳绒织物。雪尼尔布又称绳绒制品,是一种新型花式纱线,用两根股线做芯线,通过加捻工艺将羽纱夹在中间纺制而成。品种有黏胶雪尼尔布、腈纶雪尼尔布、涤纶雪尼尔布等。图8-25所示为不同形式的雪尼尔布。雪尼尔装饰产品可以制成沙发套、墙饰、窗帘帷幕等。特点:雪尼尔布的使用赋予了家纺面料一种厚实的感觉,具有高档华贵、手感柔软、绒面丰满、悬垂性好等优点。

图8-25 雪尼尔面料

### 8.2.4 亚麻纺织品

亚麻是人类最早使用的天然纤维之一,质感天然古朴、色彩典雅高贵,被誉为"天然纤维中的纤维皇后"。作为古老的软体家具覆面材料,亚麻独领风骚过很长一段时间,即使在当今化纤产品快速发展的浪潮撞击下,仍不失其独有的风采。

亚麻面料具有许多优良的性能,吸湿散热,透气率高达25%以上,并能迅速有效的降低皮肤表层温度4~8℃,及时调节人体皮肤表层的生态温度环境,因此被誉为"天然空调"。另外,亚麻纺织品能吸收自重20%的水分,是同等密度其他纤维织物中最高的。亚麻面料还具有保健抑菌的作用,这主要源于亚麻纤维的吸湿、放湿速度快,能协助皮肤排汗,并能清洁皮肤。亚麻织物还具有抗静电、防紫外线的作用,并且阻燃效果极佳。还有一点需要提出的是,除合成纤维外,亚麻布是纺织品中最结实的一种,纤维强度高,不易撕裂或戳破。

亚麻平布是采用亚麻或苎麻纤维为原料纺制而成的平纹布织物。亚麻平布表面呈现粗细条痕并夹有粗节纱,形成特殊的麻布风格。比棉织物硬、挺、爽、结实,外观粗犷自然,吸湿散热快,出汗后不贴身,不易吸附尘埃,它透凉爽滑、服用舒适。但与苎麻一样弹性恢复差,

图 8-26　棉麻面料在布艺沙发上的应用

不耐褶皱和磨损。由于亚麻单纤维相对较细、短，所以比苎麻平布松软、光泽柔和。

亚麻也可与棉纤维混纺的制成棉麻面料，具有许多优异的性能，棉麻属于天然材料，不含甲醇、偶氮等化学有害物质，环保健康，是人体最适合的贴身纺织品。用于家具饰面，具有透气，吸汗的效果，对皮肤无刺激，而且表面不起静电，符合环保及健康要求。由于棉麻布线粗，其表面会形成无数个按摩点，对人体有意象不到的按摩作用。图 8-26 所示高贵素雅的棉麻面料在布艺沙发中的应用。

## 8.2.5　灯芯绒

灯芯绒是表面具有纵向绒条的织物，因绒条像旧时用的灯草芯故名，也叫灯草绒。灯芯绒为割纬起绒，布面呈灯芯状绒条的织物，又称条绒布。原料一般以棉为主，也有和涤纶、腈纶、氨纶等纤维混纺或交织的。通过割绒刀将毛圈割断，经刷绒整理后，织物表面就形成了耸立的灯芯绒绒条。

灯芯绒的特点主要是，绒条圆润丰满，绒毛耐磨，质地厚实，手感柔软，保暖性好。主要用做秋冬外衣、鞋帽面料，也宜做家具装饰布、窗帘、沙发面料、手工艺品、玩具等。

灯芯绒的种类很多。按绒条粗细不同，分为特细条（19 条以上 /2.54cm），细条（15～19 条 /2.54cm），中条（9～14 条 /2.54cm），粗条（6～8 条 /2.54cm），宽条（6 条以下 /2.54cm），以及间条（粗细相间）灯芯绒等。按加工工艺不同，分为染色灯芯绒、印花灯芯绒、色织灯芯绒和提花灯芯绒（提花灯芯绒局部起毛，构成各种图案）。

常见的灯芯绒品种主要有以下几种：

① 弹力灯芯绒：在底布经纬线中加入弹力纤维，可获得经向及（或）纬向弹力灯芯绒。例如：加入氨纶丝，可提高服装穿着的舒适性，并可制成合体紧身的服装，也有利于底布结构紧密，防止灯芯绒掉毛，还可提高服装的保型性，改善传统棉制服装的拱膝、拱肘现象。

② 黏胶灯芯绒：以黏胶纱线做绒经，可提高传统灯芯绒的悬垂感、光感及手感，黏胶灯芯绒的悬垂性提高，光泽亮丽，颜色鲜艳，手感光滑，有丝绒般效果。

③ 涤纶灯芯绒：以涤纶为原料的涤纶灯芯绒颜色鲜艳、清洗及可穿性能好，而且服装的保型性好，适合做休闲外衣。

④ 彩棉灯芯绒：以天然彩色棉为原料（或主要原料）制成薄型灯芯绒，适宜做贴身穿着的男女衬衫，特别是儿童春秋季衬衫，对人体及环境均有着保护作用。

⑤ 色织灯芯绒：传统灯芯绒多以匹染、印花为主，如果将其加工成色织产品，可设计成对比强烈的绒、地不同色、绒毛混色、绒毛色彩渐变等效果，色织与印花还可相互配合。尽管染色、印花成本低、色织成本稍高，但花色的丰富，会给灯芯绒带来无穷无尽的活力。

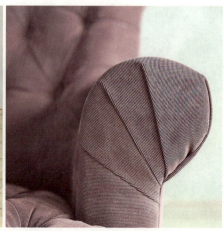

图 8-27　灯芯绒饰面的美式沙发

图 8-28　灯芯绒饰面的月亮椅　　　　图 8-29　平绒面料床尾榻

⑥ 间歇割灯芯绒：采取间歇式割绒，可形成既有绒毛竖立的凸起，又有平齐排列的凹陷，有浮雕状效果，立体感强、外观新颖别致。

⑦ 粗细条灯芯绒：采取偏割的方式，使正常的起绒组织织物形成粗细相习的线条，因绒毛长短不一，粗细绒条高低错落有致，丰富了织物的视觉效果。

图 8-27 所示为灯芯绒作为面料的美式沙发。图 8-28 所示为舒适大方的可折叠月亮椅。

### 8.2.6　平绒织物（平绒面料）

平绒是采用起绒组织织制，再经割绒整理，表面具有稠密、平齐、耸立而富有光泽的绒毛，故称平绒。

平绒的经纬纱均采用优质棉纱线。平绒绒毛丰满平整，质地厚实，手感柔软，光泽柔和，耐磨耐用，保暖性好，富有弹性，不易起皱，属于中高档的家具饰面材料。图 8-29 所示为法式新古典白桦木蓝色平绒面料床尾榻。

平绒面料根据起绒纱线不同，分为经平绒（割经平绒）和纬平绒（割纬平绒）。经平绒以经纱起绒，经割绒后制成。经平绒按绒毛长短不同，分为火车平绒和丝光平绒：前者绒毛较长，常用作火车座垫；后者绒毛较短，经丝光处理，布面光亮，常用作家具饰面、服装、军领章和装饰。纬平绒是以纬纱起绒，由一组经纱与两组纬纱（地纬与绒纬）交织而成，与灯芯绒类似，但比灯芯绒绒毛丰满。纬平绒主要用作服装和装饰。

家具饰面用的平绒面料品种很多，按材质可分为全棉平绒和弹力平绒，按花色可分为素

图 8-30　素织平绒与条子平绒

织和提花等不同风格，还可以做出同时具有提花绒面和提花平织效果的面料。图 8-30 所示为两款不同装饰效果的平绒面料，素织平绒与条子平绒。

平绒织物的外观要求：优良的平绒织物产品外观应达到绒毛丰满直立、平齐匀密、绒面光洁平整、色泽柔和、方向性小、手感柔软滑润、富有弹性等要求。

平绒织物的特征指标主要包括：

① 绒毛截面覆盖率：是绒毛截面积的总和与地布总面积的百分数。覆盖率高，表示绒面的丰满程度好。

② 绒面绒毛高度：是指割绒后直立于织物表面上单根绒毛的平均高度。绒毛的高度较高时，绒面弹性较差，但比较丰满。

③ 绒面丰满度：是指单位面积地布上的绒毛体积。它包含了绒毛的覆盖率与绒毛高度两个因素。绒面丰满度的单位为"密"。"密"数越高，则绒面越丰满。常见纬平绒的绒面丰满度在 11 密左右，经平绒的绒面丰满度在 15 密左右。

④ 绒毛固结紧度：表示绒纱在织物组织中受地经纱和压绒经纱排列挤压的程度。固结紧度越大，则绒毛固结牢度越好，越不容易脱毛。

⑤ 绒面覆盖均匀度：是用绒面绒毛经纬向间距的比值来表示，以接近 100% 为好。该指标等于 100% 时，表示绒毛经纬向的间距相等，这时绒面绒毛分布均匀、丰满、无条影，具有良好的平绒风格。

平绒织物的主要特点是耐磨性比一般织物高 4~5 倍，因为平绒织物的表面是纤维断面与外界接触，避免了使用者与布底产生摩擦。平绒表面密布着耸立的绒毛，故手感柔软且弹性好、光泽柔和。图 8-31 和图 8-32 分别所示的为设计师 Castello Lagravinese 为意大利家居品牌 Casamilano 设计的平绒软垫座椅和床，特有的色光效应使产品显得雍容华贵。床的饰面采用菱形格纹填充聚氨酯泡沫，床头采用杉木，床体为木质颗粒板。

世界上许多家具设计大师都喜欢以平绒面料装饰自己的作品，特别是在软体家具如沙发类的家具制作中，采用平绒面料表达他们对家具的理解、提升作品的档次是他们的追求。

图 8-33 所示为 Eero Saarinen（艾洛·沙里宁）1948 年为 Knoll 设计的子宫椅（也称胎盘椅）。模压法制作的玻璃纤维外壳、不锈钢脚脚踏，椅子座面被柔软的绒布包裹着，连续柔和的弯曲造型是典型的斯堪的纳维亚设计，完美地满足了坐着的舒适感。早年 Eero Saarinen 在探索椅子设计的可能性时，想通过其外壳的形状而不是缓冲的深度获得舒适感。他遇到 Florence Knoll 提出说她想要一把像装满枕头的篮子那样的座椅，让她能够真正蜷缩在里面。这个建议启发他做出这个现代家具中最具代表性和舒适的椅子。

图 8-34 所示为由 Alessandro Mendini（阿莱桑德罗·曼迪尼）为意大利家居品牌 Cappellini（坎佩乐尼）设计的 Proust（普鲁斯特椅），有着手工雕刻和绘制的木制扶手，与彩色平绒面料软包坐垫浑然一体，是意大利当代设计作品的经典代表。这个本该是独一无二的作品被无穷无尽地系列复制，自 1989 年，这把椅子在设计师本人的监督下在他自己的工厂中得到生产。

图 8-31 平绒饰面的座椅

图 8-32 Casamilano 品牌的床

图 8-33 子宫椅　　　　　　　　　　　　　图 8-34 Proust 沙发扶手椅

### 拓展阅读：意大利家具品牌 Cappellini 简介

Cappellini 是洛可可艺术传统风格的意大利顶级名牌家具，意大利家具艺术时尚化的领军品牌，是众人心中的"玩味设计家具品牌"。由于文艺复兴运动带给了人们太深远的影响，Cappellini 在意大利家具市场一直被认为是意大利 18 世纪风格家具处于主导地位的供应商。

Cappellini 的产品以艳丽、细腻见长，追求表观上的感官刺激及造型结构线条的委婉、优雅、安逸，通过细微的差别却能展现全然一新的设计概念，从 Cappellini 与众多世界上知名的设计师合作，在历史、地理、世界多元文化中寻找设计灵感，成为世界著名家具品牌。在拥有艺术时尚元素的同时，也奠定了现代设计的基础，作品造型独特，用色大胆，风格鲜明，被全球众多知名博物馆收藏。图 8-35 所示为设计师 Dror（德罗尔）在 2009 年为 Cappellini 设计的 *Peacock* 孔雀椅，由皱褶

图 8-35　*Peacock* 孔雀椅

图 8-36　*Hobo Contract* 沙发

的毡片制成，可以是单色（绿色或蓝色）或双色（绿色与灰色相连，双色的在制作时可以在端面上使用灰色）。图 8-36 所示为新加坡设计师 Werner Aisslinger 和 Tina Bunyaprasit 在 2017 年为 Cappellini 设计的两套组合沙发，面料可采用布艺、皮革或麂皮锦缎等。

## 8.3　家具覆面用皮革

皮革是动物皮经过去肉、脱脂、脱毛、软化、加脂、鞣制、染色等物理和化学加工过程，得到的已经变性不易腐烂的动物皮，简称皮革。革是由天然蛋白质纤维在三维空间紧密编织构成的，其表面有一种特殊的粒面层，具有自然的粒纹和光泽，手感舒适。革与皮不同，革遇水不膨胀、不腐烂、耐湿热稳定性好；革具有一定的成型性、多孔性、挠曲性和丰满度等；革既保留了生皮的纤维结构，又具有优良的物理性能。

皮革在家居装饰中主要用于软体家具的饰面特别是皮沙发的面料，也可用于墙面局部软包等，具有保暖、吸音、防止磕碰的功能和高贵豪华的艺术效果。图 8-37 所示是我国香港建筑设计师梁志天为以新巴洛克风格为主的意大利家居品牌 Visionnaire 设计的一款躺椅，其设

图 8-37 躺椅

图 8-38 长方形软椅

计灵感来自大自然,提取了多种自然元素如色彩、材质、图案等,用材涉及皮革、丝绒面料和金属。图 8-38 所示为设计师 Castello Lagravinese 为意大利家居品牌 Casamilano 设计的长方形软椅,菱形格纹饰面的软椅内以聚氨酯泡沫填充。Casamilano 创立于 1998 年,其品牌理念在于打造具备国际视野的家居项目,其每一件产品的原材料均属上乘,确保始终如一的品质。

### 8.3.1 皮革简介

皮革是经脱毛和鞣制等物理、化学加工所得到的已经变性不易腐烂的动物皮。皮革的表面有一种特殊的粒面层,主要特点是,具有自然的粒纹和光泽,手感舒适,具有较高的机械强度,有一定的弹性和可塑性,易于保养,耐热湿稳定性好、耐腐蚀,优良的透气(汽)、吸湿(汗)、排湿性能。

皮革的分类方法主要有以下种:

① 按种类:分为猪皮、牛皮、羊皮等(牛皮、羊皮和猪皮是制革所用原料的三大皮种)。牛皮有黄牛皮和水牛皮等;羊皮有山羊皮和绵羊皮等。这些动物皮革具体又按其层次分有头层、二层和三层。裘革的主要种类有狐狸裘革(蓝狐、银狐和红狐)山羊裘革(成年山羊和不成年山羊)、兔毛裘革(草黄兔、獭兔、白毛兔),水貂裘革(公貂和母貂)等。

图 8-39 皮革饰面的沙发及坐具

② 按用途：分为生活用革、国防用革、工农业用革、文化体育品用革；

③ 按鞣制方法：分为铬鞣革、植鞣革、油鞣革、醛鞣革和结合鞣革等；

④ 按重量可：分为轻革和重革。前者是用于鞋面、服装、手套等的革，是在皮革内部纤维表面加入适宜的油脂，使皮很柔软；后者是用较厚的动物皮经鞣剂鞣制，用于皮鞋内、外底及工业配件等。

皮革中的光面皮被广泛使用，因为光面皮拉力强度好、耐脏、耐磨而且有良好的透气性，因此被大量用于皮家具特别是沙发的制作。图 8-39 所示为意大利品牌 VG New Trends 的几款皮革饰面的沙发及坐具，作品将自由、活力和个性进行沟通，兼收并蓄的设计和高品质的质量，创造了一种 VG 空间氛围，给人健康和放松的感觉。

绒面皮家具的外观典雅大方，而且透气性好，但不足之处是易脏不易保洁，特别是在不良的室外环境中，绒面皮极易吸尘，遇到水后绒毛又会倒伏，使用时需特别注意。图 8-40 所示为意大利某品牌产品绒面皮沙发，线条极为优美流畅，以北欧手法将中式神韵演绎得很精彩。

皮革中还有一种叫修饰革，是在皮面上进行加工涂饰而成，而且可以压上不同的纹路，赋予其丰富的装饰效果，但有些涂饰革料较厚，导致所得产品的耐磨性和透气性变差。随着制革工艺的不断改进，同一种皮可以加成好多不同风格的皮，所以鉴别皮革种类和品质非常重要。

目前，市场上流行的皮革制品有真皮和人造皮革两大类，后者采用的是纺织布底基或无纺布底基，用聚氨酯涂覆处理并采用特殊发泡处理制成的，表面手感酷似真皮，但在透气性、耐磨性和耐寒性等方面都不如真皮。

鉴别真皮的几种常用方法：

① 手感：用手触摸皮子的表面，如有滑爽（粒面人文加工成粗皮的除外）、柔软、丰满有弹性的感觉即为真皮。真皮表面具有自然的褶皱而且粗细不均，用手指按压时更为明显，如

图 8-40　绒面皮制作的沙发

图 8-41　真皮表面的自然褶皱

图 8-42　真皮背面的纤维

图 8-41 所示。人造革的手感如同塑料回复性较差，产生的褶皱纹路粗细也较均匀。而一般的人造革面发涩、死板、柔软性差。

② 眼观：主要用来鉴别皮的种类和好坏，观察真皮的表面可发现大小不均的毛孔和花纹，而合成革尽管也仿毛孔，但不逼真不清晰。而且真皮的背面毛坯布满丰富的纤维，用手指接触有绒毛般的柔软感觉，如图 8-42 所示。合成革的反面是一层为提高抗拉强度设置的纺织品底板，侧面和底面也看不见动物纤维。

③ 嗅味：质量好的真皮没有什么异味，而只是真皮特有的皮毛味，如果有刺鼻的异味，有可能是制革过程中处理不好和某种化工原料使用超标。人造革制品源于石化产品，有刺鼻的塑料味道。

④ 点燃：真皮点燃后的气味与毛发点燃后气味差不多，而且燃烧后不结疙瘩，用手指能捏成粉末；人造革点燃后发出刺鼻的气味，而且燃烧后结成疙瘩。

### 8.3.2　家具常用皮革

（1）牛革

是常用的沙发面料。由于能达到一定的厚度和牢度，所以也常用于皮包、皮鞋、皮带以及各种类型的皮具制造。

黄牛革、水牛革都属牛革，但二者也有一定差别。黄牛革表面的毛孔呈圆形，较直地伸入革内，毛孔紧密而均匀，排列不规则，好像满天星斗。水牛革表面的毛孔比黄牛革粗大，毛孔数较黄牛革稀少，革质较松弛，不如黄水革细致丰满。

牛革的主要特点是：毛孔细小，光洁细腻，分布均匀紧密，革面丰满，纹理清晰，色泽柔和，薄厚均匀，皮张较大，适宜做沙发面料。牛皮的皮板比其他皮（如羊皮）更结实，手

芝华仕沙发面料

感坚实而富有弹性。一般而言，牛皮具有坚固、耐磨、厚重、华贵和稳重的风格，可用于严肃的高级会客场所和大型办公场所。

按皮革质地和外观进行分类，牛皮可以有全青皮、半青皮、压纹皮等品种。

① 全青皮：又称全粒面革，由上等的原料皮加工而成，伤残较少，皮面上保留完好的天然状态。全青皮涂层薄，能展现出皮的自然花纹美、耐磨、透气性好。另外，全青皮是直接鞣制染色而成的，皮表能清晰地看到细密的毛孔，真实感，透气性极佳。

全青皮的价格昂贵，与普通皮的不同之处在于，其所用的皮胚来源于圈养的而且是经过阉割的公牛皮，公牛皮的纤维组织整密，而且张幅较大，圈养的牛皮面伤痕较少，这是制作高档皮料的上选，优质的皮料有助于使真皮家具的整体效果更加高贵和典雅。

② 半青皮：又称二层皮，是指将原皮即全青皮剥离后下面的一层切割较厚的表皮，伤痕和虻眼比全青皮多，需要经过适度打磨才能作为沙发用皮。半青皮沙发的质感和舒适度都较好，而价格较全青皮沙发便宜很多，是性价比较高的。

③ 压纹皮：也属于半青皮，即将原皮剥离后的一层切割较薄的半青皮，这类皮的伤痕较重、虻眼较深，需经深度打磨再填充后选作沙发用皮。因皮面的观感和质感较差，为弥补不足，工艺上大都加以压花，用手轻压时褶皱较多，但其色彩丰富、款式多变。

一些家具设计大师喜欢牛皮革特有的质感和表现力，以其为载体进行家具产品的设计与制作，历史上不乏采用牛皮饰面的经典家具作品。图 8-43 所示为德国建筑师 Ludwig Mies van der Rohe 1929 年为巴塞罗那世界博览会上欢迎西班牙国王和王后设计的巴塞罗那椅（*Barcelona*），基于这一特殊场合，设计师选用不锈钢做支撑构架，全手工磨制，典雅优美的弧线成交叉状站立，柔软的全青皮彰显高贵而庄重的身份。巴塞罗那椅至今仍是兼具气质和功能完美统一的代表性座椅，是全球现代家具的典范。当年密斯提出了"少即是多"（Less is more）的设计哲学，是真正意义上的现代主义先辈。

图 8-44 所示为 1958 年 Arne Jacobsen 为哥本哈根皇家酒店的大厅接待区设计的蛋椅（*Egg Chair*），采用玻璃钢内坯，外层是意大利真皮，内有定型海绵增加弹性，亮光金属支撑的蛋椅可以 360° 旋转，坐感舒适且不变形。整个椅子造型圆滑，有机的外形，一流的舒适感，以及椅子独特的外形，使蛋椅迅速风靡整个世界，被认为是最有代表性的北欧设计。

随着时代的发展和科技的进步，皮革家具的设计与制作技术和工艺水平也在不断提高。图 8-45 所示为以制造皮家具起家、已有近百年历史的德国著名家居品牌 Walter Knoll（沃尔

图 8-43　巴塞罗纳椅

图 8-44　蛋椅

图 8-45　柏林椅

图 8-46　柏林椅的细部

Walter Knoll

特·诺尔）的某产品，系 1975 年由设计师 Gerkan 为柏林机场贵宾休息室设计的柏林椅（*Berlin Chair*），造型结构合理，有两款颜色。主要材料选用的是发光的金属和柔软的真皮。现今 Walter Knoll 生产的柏林椅皮料考究为全青皮，制作工艺技术也更加精湛，这使得整个椅子不仅看上去温和、安静，更有耐力，而且舒适感非常强。图 8-46 所示为柏林椅的细部。

图 8-47 所示为 Walter Knoll 品牌的另一个产品，2017 年新款皮家具马鞍椅，由来自维也纳的一个已有 17 年设计历史的三人设计团队 EOOS 设计。马鞍椅的框架被连续的皮革长袍包

图 8-47 马鞍椅

围,优雅、经典、严谨,选料考究,制作工艺精湛,边缘被抛光并手工染色,整个座椅的舒适性非常好。

(2) 羊革

羊革的特点是皮板轻薄,手感柔软光滑,轻柔而细腻,毛孔细小,无规则地分布均匀,表面的毛孔清楚,呈扁圆状,数根组成一组,排列形状类似鱼鳞。羊革的装饰风格以柔软、轻盈和素雅见长,主要用于华丽和轻松的场合。

绵羊革在家具软垫包覆材料中,是比较上档次的皮革面料。现在的绵羊革已可以突破传统风格,加工成压纹、水洗、印花等多种不同种类的风格。

山羊革的结构比绵羊革的结实,所以拉力强度比绵羊革好,由于皮表层比绵羊皮厚,所以比绵羊革耐磨。山羊革还可以做成多种不同的风格,可有仿旧皮革,这种皮革没有涂层,可以直接放入水中清洗,不会脱色,并且缩水率很小。与绵羊革的区别是,山羊皮粒面层较为粗糙,平滑度不如绵羊革,手感比绵羊革也稍差。

(3) 猪革

猪革为皮革中来源最广泛、价格最低廉的皮革。虽粗糙多孔、质地厚重,但经表面磨光后,可部分代替牛革或羊革使用。品质比较好的猪革光面,粒面较细,手感柔软。

通常,猪革在没有表面涂饰时存在很多问题,如毛孔粗糙,皮面凹凸,有疤痕等。可用颜料膏、染料、成膜剂等进行修平涂饰。涂饰可以赋予皮革特殊的光学效应,这种修复涂饰

图 8-48　座椅 "*Mingx*"

的革被称为涂饰皮革。随着皮革工艺的不断改进，现在猪革可以加工成不同品种的皮革，如仿旧效果、压纹效果、荔枝纹效果、水洗效果等。

（4）人造革

人造革是外观、手感似皮革，并可代替其使用的塑料制品。通常以织物为底基，涂覆由合成树脂添加各种塑料添加剂制成的配混料制成。图 8-48 所示为设计师 Konstantin Grcic 为意大利品牌 DRIADE 设计的座椅 "*Mingx*"，作品显现出明确的中国元素符号，金属骨架结构赋予座椅强度，人造革饰面的座椅面可以使坐感更舒适。

在我国，人们习惯将用聚氯乙烯（PVC）树脂为原料生产的人造革称为 PVC 人造革（简称人造革）；用 PU 树脂为原料生产的人造革称为 PU 人造革（简称 PU 革）；用 PU 树脂与无纺布为原料生产的人造革称为 PU 合成革（简称合成革）。

人造革的品种主要是聚氯乙烯人造革，此外还有聚酰胺、聚氨酯、聚烯烃人造革。

① 聚氯乙烯人造革：包括普通人造革（又称不发泡人造革）和发泡人造革。

普通人造革多以平布、帆布、再生布为底基，用直接涂覆法制成。由于涂层密实以及糊料能渗入基布的孔隙中，所以成品手感较硬、耐磨。主要用于制作耐磨包装袋、家具面料、建筑及工业配件等。

发泡人造革通常多以针织布为底基，面层糊料中含有发泡剂及其助剂，在凝胶化时发泡形成微孔结构，因而成品质轻、手感丰满、柔软。用转移涂覆法生产，多用于制作手套、包、袋、服装及家具包覆材料。

② 绒面人造革：俗称人造麂皮。其品种繁多，生产方法多样。适于用作运动鞋的包头和镶边材料。将 0.5~1mm 长的合成纤维短绒植于涂布黏接剂的聚氯乙烯人造革上，可制成植绒面革，适于制作沙发面料、包装袋及装饰品。

③ 聚酰胺人造革：透湿、吸湿性优于聚氯乙烯人造革，并有较好的外观和手感，常用于制作箱、包等。

④ 聚氨酯人造革：以起毛布为底基，以聚氨酯溶液为涂料制成。质地轻软、耐磨、透气、

保暖、手感不受冷暖变化的影响，适于制作服装、较高级的包、袋和装饰用品。

⑤ 聚烯烃人造革：以低密度聚乙烯为主要原料，用压延贴合法制成。这种人造革质轻、挺实、表面滑爽，适于制作包、袋。

（5）合成革

合成革是模拟天然革的组成和结构，并可作为其代用材料的塑料制品。表面主要是聚氨酯，基料是涤纶、棉、丙纶等合成纤维制成的无纺布。其正、反面都与皮革十分相似，并具有一定的透气性。特点是光泽漂亮，不易发霉和虫蛀，并且比普通人造革更接近天然革。

合成革品种繁多，各种合成革除具有合成纤维无纺布底基和聚氨酯微孔面层等共同特点外，其无纺布纤维品种和加工工艺各不相同。合成革表面光滑、通张厚薄，色泽和强度均均匀，在防水、耐酸碱、微生物方面优于天然皮革。

### 拓展阅读：荷兰家具品牌 Leolux 简介

荷兰著名品牌 Leolux 创立于 1934 年，设计前卫，以独特大胆的印象出现，其流畅的线条和简洁的设计秉承了美感与独特相结合的设计理念。

20 世纪 50 年代，许多丹麦和意大利的设计师纷纷加入了 Leolux，从而也带来了许多新的技术和材料，包括新型泡沫材料，经典的接缝处也慢慢被废弃，革新之路从而开始。图 8-49 所示为 Leolux 的沙发。到了 60 年代，当时著名的英国披头士乐队征服了世界，而 Leolux 在国际市场却不是太顺利，但突破和超越也成为了他们的必经之路，不断尝试新的概念。图 8-50 所示为 Leolux 的另一种风格的沙发。

至今，Leolux 已经成为了新时代的时尚品牌，这归功于长时间的不断努力和革新，才有今天

Leolux 官网

图 8-49　Leolux 的沙发

图 8-50　另一种风格的 Leolux 沙发

图 8-51　Leolux 的面料家具（皮革与纺织品）

图 8-52　Leolux 的几款个性家具

如此杰出的成就。现在的 Leolux 的沙发均由国际知名设计师设计，形制或奇特或奢华或风格化，但舒适感和质量始终上乘。

　　虽然 Leolux 是以皮革家具而闻名的，但它的纤维面料也有多种，如图 8-51 所示。选料考究、制作工艺精良是成就今日 Leolux 的辉煌的重要因素之一。图 8-52 所示为 Leolux 的几款富有个性的家具作品。

### 8.3.3 家具用皮革标准

我国现行国家推荐标准 GB/T 16799—2008《家具用皮革》中，规定了家具用皮革产品的分类、技术要求、试验方法、检验规则及标志、包装、运输、贮存。该标准适用于用猪、牛等动物皮及各种工艺、鞣剂鞣制加工制成的各种家具用皮革。

GB/T 16799—2008
家具用皮革

### 本章小结

纺织品和皮革是重要的家具覆面材料，在软体家具中应用普遍。纤维是构成纺织品的基本要素，天然纤维包括的棉纤维、羊毛纤维和麻草纤维等以及化学纤维包括的丙纶、锦纶、腈纶等均各有其性能特点，可以单独或混纺以后纺织成为性能各异的织物，用于家具覆面，起到提高家具的装饰功能和使用功能的目的。皮革也被用于家具的覆面，种类不同、性能各异的真皮革、人造革和合成革均可使家具具有更理想的使用效果。

### 思考题

1. 纺织纤维类家具覆面材料的主要功能特点和装饰特点是什么？
2. 常用的天然纤维有哪些品种？其各自的特点主要包括哪些？
3. 归纳一下常用合成纤维的主要品种及各自的特点。
4. 家具常用的纺织面料品种主要有哪些？各自的特点分别是什么？
5. 家具常用的皮革制品主要有哪些？各自的特点分别是什么？

### 拓展阅读

（1）意大利家居面料品牌 Enzo degli Angiuoni（EDA）http://www.edaspa.com/

（2）意大利家居品牌 Cappellin（坎佩乐尼）https://www.cappellini.it/en

（3）法国家居品牌 Rochebobois（罗奇堡）http://www.roche-bobois.com.cn/

（4）意大利家具品牌 Casamilano（米兰之家）http://casamilanohome.com/

（5）德国家具品牌 Walter Knoll（瓦尔特·诺尔）http://www.walterknoll.de/en

# 第 9 章

# 胶黏剂

[本章提要] 作为室内及家具设计中传统材料的胶黏剂近年来逐步受到人们的关注。我国是胶黏剂生产及使用大国,胶黏剂种类十分丰富。本章论述胶黏剂的地位及应用、特点、组成及分类;重点介绍胶黏剂的黏接机理和选用原则;全面介绍各种不同胶黏剂的特点、使用条件、改性方法等等。通过阅读本章内容,应该能够比较宏观的把握胶黏剂工业的整体情况及发展方向,能够具有在不同的使用条件下选择合适胶黏剂种类的能力。

9.1 概述
9.2 胶接机理及胶黏剂的选用原则
9.3 家具常用胶黏剂

## 9.1 概 述

胶黏剂是一种能把同种物质或异种物质,通过表面将其紧密结合成一个整体的、可起应力传递作用的且能够满足一定物理和化学性能要求的连接介质,又叫黏合剂。习惯上称为胶(但不宜称为胶水)。

在室内及家具设计中,胶黏剂是一种传统材料。几千年前,人类就开始使用胶黏剂,主要是一些天然的无机胶黏剂和动植物胶黏剂。合成胶黏剂的出现使得胶黏剂研究和应用领域得以长足发展,也使得胶黏剂成为一门单独的学科门类,一门发展速度较快的新兴边缘学科。

合成树脂胶黏剂的发展可大致分为三个阶段:诞生期(20世纪初至20世纪30年代),成长期(30~60年代)和完善期(70年代至今),现在绝大多数胶黏剂都是合成树脂类。我国胶黏剂品种已从1983年的600种,猛增到3500种。2007年,中国胶黏剂和密封剂的产量为312.5万t(不含三醛胶)。2015年我国人造板产量超过2.87亿$m^3$,其用胶量超过2000万t,如果换算成液体胶大概为4000万t。

随着新型胶黏剂的不断出现,胶合工艺也有了长足发展,混杂、接枝共聚等方式成为常见的改进方式。广泛使用的各种热熔胶、压敏胶、瞬时固化胶、万能胶等,成为了室内及家具制作不可缺少的现场辅助施工材料。与传统的连接、固定技术(如焊接、铆接、螺栓连接)相比,胶合工艺具有简单、轻便,可以连接不同材料等特点。随着新型材料的不断发展和使用,在室内施工和家具生产中的配套胶黏剂也将不断发展。

### 9.1.1 胶黏剂在木材加工工业中的地位及应用

胶黏剂在木材工业中占有举足轻重的作用,胶黏剂用量的多少,已成为衡量一个国家、一个地区木材工业技术水平的重要标志。随着对木材及其制品需求的增加,胶黏剂的用量也会越来越大,地位也会越来越重要。70%以上的木制品加工过程中要使用胶黏剂,木材加工业是胶黏剂用量最大的部门。据报道,我国50%~60%的胶黏剂用于木材加工。

木材加工业使用胶黏剂可以显著提高木材利用率,使得低劣质木材、小径材、残废材、加工剩余物、农副产品得到有效利用,并且改善木质材料的性能,如制造木塑、电屏蔽材料、强化木地板、人造板二次加工等各种复合材料。

### 9.1.2 胶黏剂特点

胶黏剂以其胶接方便、快速、经济、节能而著称,已从木材加工业逐步扩展到航空、航天、航海、原子能、交通运输、机械制造、建筑、纺织、电子、化工、医疗、文化体育等各个领域和人民生活的各个方面。与传统的铆接、螺栓连接、焊接等连接技术相比,胶黏剂和胶接技术有如下优点:

① 胶接适用范围广,胶接不受被胶接材料的类型、几何形状的限制。厚、薄、硬、软、大、小,材质不同。

② 胶接应力分布均匀、很少产生传统连接常出现的应力集中现象,可以提高抗疲劳强度。一般胶接的反复疲劳强度破坏为$4\times10^6$次,而铆接只有$2\times10^5$次。薄板胶接时,耐振性能比铆接或螺栓连接高50%左右。

③ 胶接工艺简单,设备投资少,易实现机械化,生产效率高。

④ 胶接可以减轻结构件重量、节约材料,采用胶接可使飞机重量下降20%以上,成本下降30%以上。胶黏剂的使用量是现代汽车水平的一个重要标志。

⑤ 胶接受力面大,机械强度高。

⑥ 胶接制件表面光滑、平整、美观,能提高空气动力学特性和美观性。

⑦胶接的密封性能优良，并且具有耐水、防腐和电绝缘等性能，可以防止金属的电化学腐蚀。
⑧胶接可以实现精细加工和独特组装，也可功能性胶接，如集成电路、人体组织胶接。
⑨胶接工艺温度低，对热敏部件损害小。
⑩胶接修补、密封堵漏快捷高效，如水下修补，带电操作。

当然，胶黏剂和胶接技术还不是十全十美的，也存在一些缺点，如：

① 胶接质量容易受各种因素影响，产品性能的重现性较差。
② 无损检测还不成熟，胶接的可靠性还较差。常常需要进行破坏性实验，周期性长，浪费试件、时间、资金。
③ 胶接物常需要表面处理，胶接工艺要求严格。聚乙烯（PE）等的胶合常常要进行表面处理，普通白乳胶不能在0℃以下胶接；酚醛树脂要在较高温度下胶合。
④ 胶接的力学性能和耐老化性等的研究与金属等材料相比还十分不成熟，规律性差，重现性差。
⑤ 高分子胶黏剂的胶接的温度使用范围限制大。
⑥ 贮存期短。

总之，胶接一般强度不够高、耐热性低、耐久性较差，重复性差；无损检测还不成熟；胶接在很多方面还不能完全代替传统的连接方式，如焊接、铆接等。但胶接是一门古老而年轻的技术，它的缺点通过技术进步是可以得到改进的。

### 9.1.3 胶黏剂的组成与分类

胶黏剂主要由胶料、固化剂、增塑剂与增韧剂、填料、稀释剂与溶剂、偶联剂及其他组分组成。按照胶黏剂主要成分、用途、形态和固化方式，可进行如下分类：

① 按固化方式分类：溶剂挥发型、化学反应型、冷却硬化型。
② 按表观形态分类：液态、固态、膏状与腻子。
③ 按化学成分分类：无机、有机（天然，合成）。
④ 按用途分类：结构胶、非结构胶、特种胶。
⑤ 按耐水性分类：高、中、低、非耐水胶。
⑥ 按受热后的形态变化分类：热固性和热塑性胶黏剂。

## 9.2 胶接机理及胶黏剂的选用原则

胶黏剂是靠界面（化学或物理）作用把各种被胶接材料黏接在一起的。胶接是赋与胶黏剂相和被胶接体相结合面以稳定的机械强度。分析胶接接头受外力破坏的情景，由于胶接接头材质不完全连续，易产生应力集中，导致接头破坏。

胶接接头的破坏形式主要包括：被胶接物破坏，内聚破坏，界面破坏，混合破坏。

当出现胶黏剂内聚破坏和被粘材料破坏时，破坏强度主要取决于胶黏剂和被粘材料的本体强度，讨论其强度应从本体材料的力学性能入手。当出现黏附破坏和混合破坏时，可以根据现阶段的胶合理论进行研究。

图9-1所示为胶接界面的各个组成部分的示意图。

### 9.2.1 胶接机理

（1）机械理论

这个理论由Mcbain和Hopkis提出，也是最早提出的胶接理论。机械理论认为胶合是一

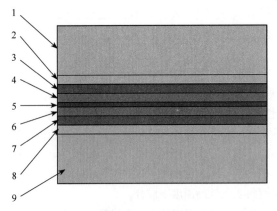

**图 9-1 胶接接头的组成**
1、9.被胶接物　2、8.受胶黏剂影响的被胶接物层
3、7.胶黏剂与被胶接物的界面层
4、6.受界面影响的胶黏剂层　5.胶黏剂

个表面过程，胶黏剂渗入被粘物的凹陷处、缝隙或/和孔隙内，固化后产生锚合、钩合、楔合等作用，使被粘物胶接在一起。简而言之，机械理论就是把胶接只看成是纯粹的机械嵌定作用。这种现象在多孔性物质黏接时尤为明显，又称"胶钉"现象。机械作用一般涉及嵌装、钩合（可以是分子级的）、锚合、钉合、树根固定等。

机械理论对解释木材等多孔性材料及表面粗糙的材料的胶接很有贡献，已在胶接实践中得到验证。如为了得到高的胶接强度，塑料、金属、玻璃等通过砂光、喷砂处理等使表面粗糙后再胶接。人造板加工过程中，需要合适的胶接温度与压力，是产生足够胶钉的条件，从而保证人造板的胶接强度。有些材料按照润湿、分子间力等的概念是难以得到良好胶接的，但机理论却可以解释它们最终可以获得良好胶接的原因。

但是机械理论无法解释非多孔性材料，如玻璃、金属等物体的胶接现象，也无法解释材料表面的化学变化对胶接作用的影响。

（2）吸附理论

吸附理论是在20世纪40年代提出的；并为大多数学者所认可。吸附理论认为胶接作用是胶黏剂分子与被粘物分子在界面相互吸附而产生的。胶接作用是物理吸附与化学吸附共同作用产生的。物理吸附才是胶接作用的普遍性原因。胶接界面的形成分为两个阶段：第一阶段胶黏剂分子通过布朗运动向物体表面运动，使分子链段或极性基团相互靠近，如提高温度、降低黏度、加压等都有利于布朗运动；第二阶段是吸附作用，胶黏剂分子通过布朗运动向被粘物表面移动，使二者的极性分子基团和链段靠近，当胶黏剂分子与被胶接物表面分子间的距离少于1nm时，便产生分子间力，即范德华力，而形成黏接。

根据范德华力性质的分析，极性分子与极性分子间的取向力（特别是强极性分子）大于极性分子和非极性分子间的诱导力和非极性分子之间的色散力。对于极性物质而言，胶合力的大小是由胶黏剂与被胶接物之间的极性基团决定的。

吸附理论已被很多事实所证明。如改性乳胶胶接玻璃、金属时，随着共聚物中—COOH的量的增加胶接强度提高；环氧树脂胶接铝合金，胶接强度跟—OH的量呈正向变化。

但是吸附理论无法解释非极性材料的胶接、胶接的内聚破坏，胶接强度的大小与剥离速度有关，被胶接物表面经硅烷偶联剂处理后，对环氧树脂的润湿性变差，但胶接强度却上升等现象。

（3）扩散理论

扩散理论认为，胶黏剂涂在被胶接物表面时，如果被胶接物是可以被它溶解或溶胀的材料，胶黏剂和被粘物分子相互扩散，大分子相互缠结交织或在界面发生互溶，导致界面消失和过渡区的产生，从而固化后形成牢固的胶合。扩散理论又称为分子渗透理论，适用于解释同种或结构、性能相近的高分子材料之间的胶接。这种理论认为由于胶黏剂大多是高分子材料，这种理论以高分子链具有柔顺性为条件。所谓分子扩散作用，就是高分子链段的相互扩散。这种理论容易解释聚合物在溶剂或热作用下的自黏及溶解性相近的聚合物的表面黏接。

扩散理论不能解释聚合物胶黏剂与金属、玻璃、陶瓷等无机物的胶接过程；无法解释一些胶黏剂与被胶接物的溶解度参数近似却难以得到良好胶接的现象。

（4）静电理论

静电理论又称为双电层理论。它认为两种不同物质相互接触，都会产生如电容器一般的正负双电层，胶黏剂与被胶接物之间也存在由正负双电层产生的这种静电引力，由于静电的相互吸引而产生胶接力。

静电理论不能解释性能相同或相近的聚合物之间的胶接；无法解释导电胶黏剂以及用碳黑作填料的胶黏剂的胶接过程；静电理论无法解释温度等因素对剥离实验结果的影响；实际上，一般静电力小于0.04MPa，静电力对胶接强度的贡献是微不足道的。

（5）化学键理论

如果被胶接物和胶黏剂之间存在可能产生化学反应的基团，胶接作用是由于胶黏剂分子与被粘物表面通过化学反应形成化学键的结果。胶黏剂分子和被胶接物分子间反应形成化学键，化学键能比分子间力要高1～2个数量级，如能形成化学键，则会获得高强度、抗老化的胶接。得到牢固持久的化学结合力，胶合强度高，这一理论对于木材等的胶接很有指导意义。

化学键理论不能解释大多数不发生化学反应的胶接现象。因为化学键的形成是有条件的，而很多情况下难以形成化学键。

除上述理论外，还有人提出了单分子膜等理论和假说，这些理论对于解释黏接现象和指导胶接工艺都有一定意义。由于实际使用的胶黏剂组成和使用等方面的复杂性，难以用一种理论圆满解释所有的胶黏现象。

### 9.2.2 胶黏剂的选用原则

胶接过程应根据被胶接物的种类及性质、胶接制品的使用条件，胶黏剂成本以及特性等来选择适当的胶黏剂。一般情况下，把提高胶黏剂和被胶接物之间的分子间力作为提高胶接性能的主要方面。

（1）根据被胶接物的种类和性质选择

选用与被胶接物分子极性相似，对被胶接物有较好的润湿性，与被胶接物间有较好互溶扩散等的胶黏剂，同时注意改善产生较强"胶钉"和较多化学键的条件，从而达到提高胶接性能的目的。

（2）根据胶接制品的使用条件、使用寿命和用途选择

胶接制品用于不同的环境应选用不同种类胶黏剂，例如：食品包装器材用胶必须是无毒、无味，不宜使用甲醛系列胶黏剂，故应选用豆胶或干酪素胶。室内木制品可以选择成本较低的脲醛树脂，而室外制品必须选用高耐水、耐候性好的酚醛树脂等胶黏剂。

（3）根据胶黏剂特性及胶接工艺选择

每种胶黏剂都有其使用条件，不同的生产条件分别适合于不同的胶接工艺。如水性异氰酸酯的适用期较短，应尽快完成胶接，而酚醛树脂的适用期相对较长，因此在选择胶接工艺和胶黏剂时应充分考虑胶黏剂的特性及胶接工艺。

## 9.3 家具常用胶黏剂

### 9.3.1 氨基树脂胶黏剂

氨基树脂胶黏剂主要包括脲醛树脂（UF）、三聚氰胺甲醛树脂（MF）及三聚氰胺改性脲醛树脂（尿素、三聚氰胺、甲醛共缩聚树脂，MUF）胶黏剂，都属于热固性胶黏剂，在木材加工业中具有重要的作用，也是用量最大的胶黏剂。

#### 9.3.1.1 脲醛树脂

脲醛树脂是由尿素和甲醛在催化剂（碱性或酸性催化剂）作用下，经过一系列加成、缩

聚反应生成初期的脲醛树脂，然后在固化剂或助剂作用下，能形成空间网状交联结构的不溶、不熔的树脂。脲醛树脂为乳白色黏稠液体，具有胶接力好、中等耐水、固化快（常温、高温）、颜色浅、水混溶性好、易调制合适的黏度和浓度、成本低、合成容易、可制成溶液状、泡沫状、粉末状及膏状等各种形态等的优点。广泛应用于用于胶合板、刨花板、中密度纤维板、细木工板等各种人造板的制造，是木材胶黏剂行业中用量最大的胶种。脲醛树脂也常常用于改进材料的性能，如纸张或织物中加入脲醛树脂可以提高纸张抗撕裂强度和使织物（服装）永久性的不熨自平。

脲醛树脂存在的问题是由于自身合成工艺的特点而造成的游离甲醛含量高。甲醛是一种具有强烈刺激性的有毒气体，属高挥发性有机化合物类室内有机污染物。甲醛对人体健康的危害主要有四种作用方式：刺激作用、致敏作用、致突变和致癌作用。甲醛对人的刺激作用于眼睛、嗅觉及呼吸道，眼睛最敏感，嗅觉和呼吸道刺激次之。甲醛中醛基活性很强，能与人体的蛋白质反应生成氮亚甲基化合物，使蛋白质发生变性，还能引起生物DNA蛋白质交链和DNA单链断裂引起基因突变，并进一步证实甲醛具有遗传毒性。为此，世界卫生组织已经宣布甲醛是人类的致癌物质，甲醛污染是造成室内空气污染的罪魁祸首之一，对产业工人、胶黏剂使用者、环境都有严重污染，这在很大程度上限制了它的使用范围，解决人造板甲醛释放问题已经到了刻不容缓的地步。

我国于2002年1月颁发了GB 18580—2001《室内装饰装修材料 人造板及其制品中甲醛释放限量》。于2017年重新修订的国家强制标准GB 18580—2017《室内装饰装修材料 人造板及其制品中的甲醛释放限量》中，对甲醛释放限量提出了严格的要求，此部分的内容在本书第3章3.1.2.1中已有提及，在此不再赘述。

另一个重要的关于胶黏剂中的有害物质限量的强制标准为GB 18583—2008《室内装饰装修材料 胶黏剂中有害物质限量》，其中，规定了室内建筑装饰装修用的溶剂型、水基型、本体型三大类胶黏剂中的有害物质限量具体指标。

GB 18583—2008
室内装饰装修材料
胶黏剂中有害物质
限量

鉴于甲醛所具有的毒性及危害，降低脲醛树脂中的甲醛释放成为当下的胶黏剂研究领域的重要课题之一，脲醛树脂改性成为研究的热点问题。

胶接制品释放甲醛主要来源有如下几方面：

① 树脂本身的游离甲醛。即树脂在合成过程中未参加反应的游离甲醛。

② 木材中纤维素与脲醛树脂的在热压过程中反应释放出甲醛。纤维素分子中含有羟甲基，在较高温度和酸性条件下，与脲醛树脂胶黏剂中含有的甲醛发生反应生成半缩醛，再进一步与别的纤维素羟基形成缩甲醛交联；甲醛的低聚物也可直接与纤维素羟基形成聚合缩甲醛交联，反应生成的各种缩甲醛，一定条件下会逐步分解放出甲醛。

③ 在热压过程中释放出甲醛。在热压过程中未发生固化反应的线型结构树脂部分亚甲基、羟甲基、二甲基醚基等基团断裂释放出甲醛。脲醛树脂固化初期的反应也具有可逆性，所以人造板实际生产中，即热压时脲醛树脂胶黏剂在有水分的环境中会放出游离甲醛。为减少固化后的脲醛树脂胶黏剂游离甲醛的释放，以能更大程度缩短固化时间为目的的固化剂可被优先使用。

④ 胶接产品使用时，由于胶层是弱酸性，受外界温湿影响会放出甲醛。人造板在各种不尽相同的使用条件下，往往会受到温度、湿度、酸碱、风化、光照等环境条件的影响，使板内先前固化的树脂发生降解而释放出甲醛。

从上述分析可知，针对胶接制品释放甲醛的原因，降低脲醛树脂游离甲醛含量、提高胶黏剂耐老化性、对人造板后处理都可以降低甲醛释放量。其中，降低摩尔比、调整合成工艺、加入改性剂、改进脲醛树脂胶黏剂调胶及人造板热压工艺改进、对人造板后期处理都能有效的降低人造板的甲醛释放量。研究和实践表明，以下具体措施可以有效降低甲醛的释放量：

① 降低摩尔比，采用合适的合成工艺、摩尔比，分批加料，控制反应条件，添加线型聚合物，添加高反应性单体、脱水。脲醛树脂合成时，尿素与甲醛的羟甲基化是一个可逆过程，

分批加尿素，使得缩聚反应多次进行，不仅可降低树脂中游离甲醛含量，同时还能起到减缓反应速度，使树脂的分子量分布更合理，减少树脂中醚键的含量，即减少了热压胶合时醚键水解而产生的甲醛。如在脲醛树脂分子中引入三聚氰胺、聚乙烯醇、酚类、纳米 $TiO_2$ 等物质能够很好的降低其甲醛；

② 在保证不缺胶的前提下尽量减少胶层厚度；

③ 改进固化条件，高温和延长热压时间，降低板坯含水率；

④ 调胶时，加入填料和甲醛捕捉剂。人造板在使用过程中可能释放出甲醛，通过添加某种助剂能起到降低甲醛释放的作用。如某些纤维填充剂（如树皮粉、木粉）、蛋白质填充剂等，既能增量填充降低成本，它们中的某些成分又能与游离甲醛反应，使制品甲醛释放量下降；

⑤ 使用合适的固化剂，使胶层趋于中性；

⑥ 对人造板进行二次加工，用氨等进行后处理；

⑦ 通过加入面粉、纸浆废液、矿石粉等填料，可以进一步降低脲醛树脂成本，同时提高性能，降低甲醛释放量。

#### 9.3.1.2 三聚氰胺甲醛树脂胶黏剂

（1）三聚氰胺甲醛树脂

三聚氰胺甲醛树脂胶黏剂由三聚氰胺和甲醛在催化剂作用下缩聚而成，简称三聚氰胺树脂。树脂外观呈无色透明黏稠液体，具有胶接强度高；耐水性好；硬度高，耐磨性好；耐热性高，光泽好；耐化学腐蚀；耐污染等优点，常用作塑料贴面板的装饰纸和表层纸的浸渍和人造板饰面纸的浸渍。但其价格较贵，由于交联密度、硬度和脆性高而易产生裂纹。

三聚氰胺-尿素-甲醛树脂可以成功地用于条件颇为恶劣的室外。三聚氰胺和尿素复合树脂的耐水性，因三聚氰胺和尿素及甲醛的摩尔比不同而不同。当甲醛的用量在适当范围内时，三聚氰胺与尿素相比其用量越多，复合树脂的耐水性越好。三聚氰胺-尿素共缩合树脂可用于制造耐水胶合板、刨花板、中密度纤维板、集成材、单板层积材等，通常以氯化铵为固化剂，并加入面粉等添加剂与增量剂使用。

（2）三聚氰胺-尿素-甲醛共缩聚树脂（MUF）胶黏剂

MF 树脂耐水、胶接强度高，但贮存稳定性差、价格贵。随着对胶合产品甲醛释放量限制的要求的高涨，MUF 胶黏剂的研究越来越受到重视。日本等已经有了相关标准。其耐水性、胶接强度、胶接产品甲醛释放量等与三聚氰胺的量直接相关。可以通过三聚氰胺甲醛树脂和脲醛树脂共混、共缩聚等方法制备。

### 9.3.2 酚醛树脂胶黏剂

#### 9.3.2.1 酚醛树脂简介

酚醛树脂（PF）是由酚类与醛类在催化剂作用下缩聚而形成的树脂，PF 树脂最早合成高分子，特别是用于制造耐水、耐候性人造板。优点是制备的人造板胶接强度高、耐水、耐热、耐磨、耐化学药品腐蚀等，缺点主要是颜色深、胶层硬脆、易龟裂，固化温度高，对单板含水率要求严，价格较贵。在木材加工领域中酚醛树脂是使用广泛的三醛树脂之一，其用量仅次于氨基树脂胶黏剂。

#### 9.3.2.2 影响酚醛树脂性能的因素

① 原料：酚类主要是苯酚及其衍生物（二甲酚、间苯二酚、多元酚等），醛类主要是甲醛，还有乙醛、糠醛等。苯酚中对、邻甲酚及 2,5-二甲酚的量，所以量不能过多，否则难以形成体型结构，原料甲醛中甲醇会降低反应速度，影响产品质量，应在 12% 以下。

② 摩尔比：摩尔比越高，树脂中游离酚含量越低，固化速度越快，树脂化（清液-浑浊）

时间越长，这可能与树脂的水溶性有关。但是当摩尔比小于1时，不能形成体型结构。

③ 催化剂：碱性催化剂一般采用 NaOH、Ba(OH)$_2$ 或者 NH$_4$OH。生产水溶性 PF 树脂常用 NaOH 催化剂，活性高，一般用量为苯酚的 10%～15%，用量太多，树脂的性能下降。生产醇溶性 PF 树脂用 Ba(OH)$_2$ 催化剂，催化性能平缓，残留物不降低树脂性能。生产醇溶性 PF 树脂也用 NH$_4$OH 催化剂，催化性能平缓，反应易于控制。酸性催化剂一般有盐酸、硫酸、石油磺酸、草酸等，但在木材工业使用较少。金属离子催化剂的催化性能平缓，反应易于控制，常用的有乙酸锌、氧化锌等。

④ 加料次数：一次缩聚，采用弱碱催化，反应平稳。利于降低水溶性，易于脱水。醇溶性树脂和高邻位 PF 树脂合成时采用。为了使反应平稳进行，通常情况下分批加入甲醛。在木材工业用 PF 树脂时常采用二次缩聚工艺，可减缓反应放热，降低胶黏剂游离酚含量。

⑤ 反应温度：一般情况下反应温度要低于 90℃，温度太高，反应速度太快，不易控制，导致凝胶现象。

合成酚醛树脂所用原料不同，生成树脂的性能差异较大。在胶合板制造及热压胶接部件黏接时使用水溶性酚醛树脂，木制品室温固化时常使用醇溶性酚醛树脂，故带有乙醇的气味。酚醛树脂具有优异的胶接强度、耐水、耐热、耐磨及化学稳定性好等优点，特别是耐沸水性能最佳。正是因为这些特性，用它制作的胶合板和木制品可用于室外及潮湿的地方，制品均表现良好的耐气候老化性。

脲醛树脂、酚醛树脂和三聚氰胺甲醛树脂是木材加工行业使用量最大的合成树脂，俗称"三醛胶"，我国现行国家相关标准 GB/T 14732—2006《木材工业胶黏剂用脲醛、酚醛、三聚氰胺甲醛树脂》对这三种胶黏剂的质量指标有详细的规定。

GB/T 14732—2006
木材工业胶黏剂用脲醛、酚醛、三聚氰胺甲醛树脂

### 9.3.3 烯类高聚物胶黏剂

常用烯类胶黏剂有聚乙酸乙烯酯乳液、乙酸乙烯酯共聚乳液和丙烯酸酯类胶黏剂。

#### 9.3.3.1 聚乙酸乙烯酯胶黏剂

聚乙酸乙烯酯胶黏剂（PVAc）是将乙酸乙烯酯单体分散在水介质中，以聚乙烯醇为保护胶体，加入乳化剂和过氧化物或偶氮类化合物引发剂，在一定条件下进行自由基聚合反应制备的乳白色黏稠乳状液，俗称白乳胶或乳白胶。白乳胶对纤维类材料和多孔性材料黏接良好，现已大量用于建筑、家具等木工胶接方面，包括用于木家具、门窗、贴面材料等的黏接等，也可以和水泥混合后制成乳胶水泥，用于黏接木材、混凝土、玻璃、煤渣砖和金属等。

聚乙酸乙烯酯可以通过本体聚合、溶液聚合、乳液聚合来合成。大多数采用乳液聚合，特别是木材用胶黏剂。乳液聚合是单体在乳化剂作用下分散在水中进行的聚合。体系主要由单体、水、乳化剂及水溶性引发剂组成。

白乳胶具有良好安全的操作性能，无毒、无腐蚀、无火灾和爆炸危险，可用水洗涤，能在常温条件下胶接，不易产生缺胶或透胶，固化后的胶层无色透明，不会污染板面，干状胶接强度高，胶层韧性好，不损害刀具，贮存期长，使用方便等优点。因为白乳胶为热塑性胶黏剂，耐水性、耐湿性及耐热性都较差，不宜在室外使用。易出现蠕变现象和低温冻结；最低成膜温度高，冬季胶接不理想，对如聚烯烃类塑料等非极性材料胶接强度不高。

#### 9.3.3.2 共聚改性聚乙酸乙烯酯乳液胶黏剂

为了克服聚乙酸乙烯酯乳液耐水性差、耐热性差及易蠕变的缺点，增加胶层韧性，经常以内增塑的方法引入其他单体共聚改性来制备新型白乳胶。主要的品种有：

（1）乙烯-乙酸乙烯酯共聚乳液（EVA 乳液）

EVA 乳液是较为成功的一种改性乳液，主要原料除乙烯外其他大致与 PVAc 均聚乳液相

同。合成工艺与 PVAc 大致相同，但需要压力。产品除具有均聚乳液的特点外，低温成膜性好，耐水性、耐酸碱性好，胶接面广。主要用于木材、皮革、水泥、金属、塑料等的胶接，还用于乳胶涂料制造、过滤烟嘴的胶贴，在室内装饰中用于聚氯乙烯薄膜、聚苯乙烯泡沫塑料的黏接，还用于制造压敏胶黏剂。

（2）乙酸乙烯酯 -N- 羟甲基丙烯酰胺（VNA）共聚乳液

VNA 乳液合成工艺与 PVAc 聚合工艺相同，只是 N- 羟甲基丙烯酰胺要分批单独加入。由于羟甲基丙烯酰胺链节在共聚物中仍具有反应性，在加热或者酸性固化剂条件下可以交联固化，使胶层的耐水性、耐热性、耐化学药品性明显改善，强度也有所增加，同时 VNA 乳液贮存稳定性良好，胶接工艺简便，可冷压或热压，适用于连续化生产。在木材工业中主要用于人造板表面装饰加工，如微薄木的湿贴，装饰板、细木工的粘贴，以及布、人造革、皮革的粘贴。

（3）三元共聚改性乙酸乙烯酯共聚乳液

为了进一步改善乙酸乙烯酯类乳液胶黏剂的性能，还可以采取三元、四元甚至更多单体共聚制造乳液胶黏剂。常见三元共聚改性乳液品种有乙酸乙烯酯 - 丙烯酸丁酯 - 羟甲基丙烯酰胺共聚乳液（VBN 共聚乳液）、乙酸乙烯酯 - 丙烯酸丁酯 - 氯乙烯共聚乳液（VBC 乳液）、乙烯酯 - 乙酸乙烯酯 - 丙烯酸酯共聚乳液等。

#### 9.3.3.3 丙烯酸酯胶黏剂

丙烯酸树脂胶黏剂是以多种丙烯酸酯为主要单体，与其他含有烯键的化合物共聚而成，它们是合成胶黏剂中的后起之秀，性能独特、品种繁多。

乳液型丙烯酸树脂胶黏剂一般为共聚乳液。常用品种有热塑性和热固性两种。热塑性树脂主要是丙烯酸单体与苯乙烯、乙酸乙烯酯、丙烯腈和甲基丙烯酸甲酯等单体的共聚物。可用于粘贴无纺布、织物复合、植绒、地毯背衬等，室内施工时可用于织物、聚氨酯泡沫、塑料薄膜、胶合板、纸和铝箔等的黏接，还可用做密封剂和防水涂料。

也可以将甲基丙烯酸甲酯以 5% 的浓度溶于氯仿制成的透明黏稠胶液，用于有机玻璃板的黏接。

$\alpha$- 氰基丙烯酸酯胶黏剂具有很多优点：使用方便，常温固化，固化迅速，便于流水作业，不需特殊处理被胶接物表面；使用量少，黏度低，用量少；胶接强度高，应用广；胶层透明，气密性好；能改变共聚物的成分，可制备胶膜性质从柔软到坚硬的各种胶黏剂。常用共聚单体有甲基丙烯酸酯类、苯乙烯、丙烯腈和乙酸乙烯酯等。但是也存在一些缺陷，如固化快，不适宜大面积胶接；耐水耐湿和耐溶剂性差，耐热性差；胶层脆，不耐冲击；价格贵；具有一定的刺激性气味等。

最常用的瞬间胶黏剂 502 胶所用单体即为 $\alpha$- 氰基丙烯酸的乙基酯，可以用于钢、铜、硬质塑料、有机玻璃、聚苯乙烯、木材、陶瓷、玻璃等材料的小面积瞬间黏接。

### 9.3.4 环氧树脂胶黏剂

凡是含有两个以上环氧基团的高分子化合物通称为环氧树脂。环氧树脂胶黏剂是指以环氧树脂为基料配以其他助剂的胶黏剂。优点是胶合强度很高，耐腐蚀，稳定性好，且电绝缘性能和机械强度都很高的热固性树脂。因环氧树脂胶黏剂综合性能优异，应用广泛，而发展迅速、种类繁多，其中产量最大、应用最广的是双酚 A 型环氧树脂，又称通用（或标准）环氧树脂。该胶黏剂的胶接强度高，可胶接材料范围广，环氧树脂中含有环氧基、羟基、醚键、氨基、酯键等基团，可以形成化学键和电磁力，对大部分材料有很高的胶接强度，被称为万能胶和大力胶。胶黏剂主要用双酚 A 缩水甘油醚型环氧树脂中的 E-51、E-44、E-42 等低分子量品种。

环氧树脂节能以其优异的性能，获得了广泛的应用，可以胶接金属，如钢、铝、不锈钢、铅、镍以及各种合金；还可以胶接陶瓷、玻璃、木材、纸版、塑料、混凝土、石材、竹材等非金属材料；同时也可以进行异种材料之间的胶接。但对未处理的聚乙烯、聚丙烯、聚四氟乙烯、聚苯乙烯、聚氯乙烯等塑料。对于橡胶、皮革、织物等软质材料的胶接能力也很差。除胶接之外，环氧树脂胶黏剂还可以用于灌注、密封、嵌缝、堵漏、防腐、绝缘、导电、固定、加固、修补等。环氧树脂在木材工业中主要用于建筑施工现场、家具、装饰品制造、黏接金属材料等，常用于其他胶黏剂难于胶接的蔷薇科阔叶树的高密度木材，也可用于黏接陶瓷、玻璃、硬塑料、混凝土和石材等。

未加入固化剂的环氧树脂，在常温或加热条件下，环氧基等官能团一般本身不会发生化学反应，使大分子交联成体型结构；一般环氧树脂均能在酸性或碱性固化剂作用下固化。常用固化剂以多元胺为主，主要有乙二胺、二乙烯三胺、三乙烯四胺和间苯二胺等，或者酸酐类固化剂，如顺丁烯二酸酐、邻苯二甲酸酐。

环氧树脂胶黏剂韧性不佳，脆性大，价格较高是其存在的主要问题。为了改善这些缺点，满足不同用途，常需在配方中加入增韧剂和增塑剂、稀释剂和填料等。

### 9.3.5 橡胶类胶黏剂

橡胶型胶黏剂是以天然橡胶或合成橡胶为基料的胶黏剂。木材加工业较常用的有氯丁橡胶和丁腈橡胶。橡胶胶黏剂具有一些突出的优点：弹性优良，适用于胶接柔软或热膨胀系数相差较大的材料；能常温、低压胶接；对多种材料胶接性能好。橡胶类胶黏剂有结构型和非结构型。单独使用时常为非结构型，胶层较软，可用于非结构黏接。若与酚醛树脂及环氧树脂配合使用时可作结构胶，多用于结构性黏接。

此种胶黏剂可用于橡胶之间、橡胶与金属、塑料、木材、皮革、水泥等的胶接。特别适用于异种材料之间的胶接。在木材工业中，为提高人造板的使用价值及使木制品表面更加美观，常用装饰材料进行表面再加工，而橡胶胶黏剂就是一种用于表面胶粘的较理想胶种。

（1）氯丁橡胶类胶黏剂

氯丁胶乳是最早合成的胶乳，是在氯丁橡胶中加入硫化剂、填料、防老化剂、促进剂及其他助剂和混合溶剂制成的压敏型胶黏剂，常用为单组分胶黏剂，也有双组分品种。氯丁橡胶胶黏剂对极性和非极性物质都有较好的胶接性能（氯的极性），广普、高效，被称为万能胶；胶层弹性好，抗冲击强度和抗剥离强度高；不硫化也具有较高的内聚强度和黏附强度；具有优良的耐候性、耐化学药品和耐燃性；耐久性好，初黏性好，只需接触压力便能很好胶接，特别适于特殊形状的表面胶接；施工工艺简单。主要用于胶接玻璃纤维、软木、石棉、处理织物、皮革、水泥、运动场人造草坪。也可用于木材及人造板贴面和封边黏接，也用于需要柔性黏接和压敏黏接的各种材料，是家具与室内经常使用的胶种之一。近年来为克服溶剂型氯丁橡胶胶黏剂有机溶剂污染和火灾危险，开发了各种氯丁橡胶乳液型胶黏剂，用于与溶剂型产品类似的场合。氯丁橡胶类胶黏剂，还用于制造各种压敏自黏胶带和各种压敏自粘泡沫材料。

（2）丁腈橡胶胶黏剂

以丁腈橡胶为基料配以增黏树脂，硫化剂及硫化促进剂，防老剂，填料，增塑剂，溶剂等其他助剂制备的胶黏剂。具有优异的耐油性，优良的耐热、耐磨、耐老化和化学介质性；耐水性和气密性良好，胶接强度高，尤其对于极性材料如木材的胶接性好等优点。但是初粘力不好，单组分胶需要热压；耐寒性、耐臭氧性、电绝缘性差；在光和热的长期作用下易变色等缺点也限制了它的广泛应用。

丁腈橡胶胶黏剂对极性聚合物材料、多孔性材料、金属材料、硅酸盐材料等胶接效果良好。在木材工业中，主要用于把金属、塑料等复合到木材上，提高木材的使用价值。

（3）其他种类胶黏剂

压敏胶，俗称不干胶，是一种对压力敏感的胶黏剂。常以胶带或胶片的形式使用，可以以天然橡胶为主要原料制备。可用于压敏胶粘带，大量用于包装、临时固定、展览会墙面布展及产品标签的制作，喷漆时还可以用作非涂饰面的保护。

### 9.3.6 热熔性胶黏剂

热熔胶是一种无溶剂的热塑性固体胶黏剂，在室温下呈固态，加热熔融为流体，冷却时迅速固化而实现胶接。最早的热熔胶有石蜡、松香、沥青，20世纪50年代才出现了合成热熔胶。90年代又开发了结构热熔胶，不仅胶接强度高，而且耐热性可达180℃。热熔胶胶接迅速，能够反复加热、多次胶接，胶层耐水、耐酸、耐油、导电性能好；但耐热性和胶接强度较低，不适于胶接热敏性材料。

（1）热熔胶的组成

热熔胶是由基本聚合物、增粘剂、增塑剂、黏度调节剂、抗氧剂、填料等组成。基本聚合物主要有乙烯-乙酸乙烯酯共聚物（EVA）、聚乙烯（PE）、聚酰胺树脂（PA）、丁基橡胶（BR）、聚氨酯等，其中EVA用量最大。但是基本聚合物的熔融黏度一般很大，对被胶接物的润湿性和初黏性差。为了改善其胶接性、初黏性、流动性、耐热性、耐寒性和韧性等性能，也可适当加入松香及其衍生物，萜烯树脂及其改性树脂，石油树脂等增塑剂；石蜡、微晶蜡、低分子聚乙烯蜡等黏度调节剂；滑石粉，轻质碳酸钙，硫酸钡，黏土，钛白粉等填料；邻苯二甲酸酯类增塑剂，2,6-二叔丁基对甲酚等抗氧剂。

（2）热熔胶应用

热熔胶胶合迅速，可在数秒钟内固化，适合连续化、自动化生产。热熔胶对各种材料都有较强的黏合力，应用范围较广。热熔胶广泛应用于印刷、制鞋、包装、装饰、电子、汽车、家具、玩具、家用电器、卫生用品、服装、首饰、工艺品等加工。在木工行业主要用于人造板封边，单板拼接，装饰薄木拼接，表面装饰材料贴面，力学实验试件制作、书籍装订等。

乙烯-乙酸乙烯酯共聚树脂热熔胶（EVA热熔胶）是目前热熔胶中用量最大、应用最广的一类。EVA热熔胶主要是利用本体聚合法生产，最后制成粒状、条状待用，广泛用于人造板封边，拼接单板，或用作拼接单板胶线。

### 9.3.7 聚氨酯胶黏剂

聚氨酯胶黏剂是指各种异氰酸酯和含羟基化合物如聚酯多元醇以及聚醚多元醇等化合而成，在高分子化合物主链上含有氨基甲酸酯基团（-NHCOO-）或异氰酸酯基的一类胶黏剂。聚氨酯胶黏剂分为多异氰酸酯和聚氨酯两类，已有溶剂、热熔、厌氧、压敏、光敏、乳液、发泡等多种形式。由于聚氨酯胶黏剂分子链中含有异氰酸酯基和氨基甲酸酯基，因而具有高度的极性和活泼性，对多种材料具有很高的黏附性能，不仅可胶接多孔性材料还能胶接表面光洁的材料，如：泡沫塑料、陶瓷、木材、织物等，而且可以胶接表面光洁的材料，如：钢、铝、不锈钢、玻璃以及橡胶等。同时聚氨酯胶黏剂具有聚酯柔性的分子链，因此耐冲击、耐振动、抗疲劳性好，适用于表面性质或热膨胀系数相差较大的材料的胶接。但是也存在如对水和湿气敏感，胶层易产生气泡，耐热性不高，耐强酸和强碱性差等缺点。

广泛用于金属、橡胶、塑料、织物、木材、皮革、陶瓷、玻璃等自身或相互之间的胶接。特别是在木材工业中日益受到重视，已在刨花板、中密度纤维板、集成材、各种复合板等方面得到应用；也可以用于易碎品的包装邮寄等。在木材加工业主要用于集成材和各类人造板的制造，也可以用于人造板与其他材料的复合。

虽然我国聚氨酯胶黏剂产业规模和技术水平有了很大发展，但与国外相比仍有不小差距。主要表现为：鞋用聚氨酯树脂有95%以上要靠进口，国内几家自主开发的装置规模较小，设备、工艺比较落后，产品性能特别是各批次产品的稳定性尚达不到国外水平。

按组成不同分为：单组分，双组分聚氨酯胶黏剂。

① 单组分：溶剂型；湿气固化型；光固化型；水乳型。

② 双组分：多元醇为主剂、多异氰酸酯为固化剂型；聚氨酯预聚体为主剂、多元醇为固化剂型。

为解决人造板及其制品的甲醛释放问题，研究开发了水性高分子异氰酸酯胶黏剂（API），也是今后大有发展的一类胶黏剂。由于API为水性且使用方便，其需求量逐渐增加。API主要用于集成材和各类人造板的制造，也可以用于人造板与其他材料的复合。

### 9.3.8 天然胶黏剂

天然胶黏剂是人类最早利用的胶黏剂，从糨糊到骨胶、生漆、酪朊等，至今仍在使用。天然胶黏剂一般价格低廉，使用方便，无毒害；但胶接强度、耐水性差，随着合成树脂工业的飞速发展，合成树脂胶黏剂已取代了大部分天然胶黏剂。随着世界由工业化社会向生态化社会发展，石油及煤炭资源短缺使人们对可再生资源利用有了重新认识，利用可再生资源生产环保型木材胶黏剂已成为国内外学者普遍关注的研究课题。

#### 9.3.8.1 蛋白质胶黏剂

植物蛋白质和动物蛋白质都可以用来制作胶黏剂，这类胶黏剂主要有皮骨胶、血胶和植物蛋白胶等。

（1）皮骨胶

骨胶是以牲畜骨为主要原料，先在石灰浆中浸泡，然后水洗、中和，再用温水浸泡，浸出液脱水干燥制成。皮骨胶干燥的胶层加热可以重新软化，冷却后重新凝固，属于热塑性胶黏剂。对木材、纸张等附着力好，胶合强度较高，调制方便，胶层弹性好，对刀具磨损小。胶合中压力要求较低，对木材无污染。但是胶层固化时收缩明显、防霉性能较差。除在木制家具中应用外，皮骨胶广泛应用于火柴工业、印染和砂纸、砂带、皮革等。

（2）血胶

血胶是以多种血液蛋白质组成的混合物，早期曾在胶合板及刨花板制造中大量使用，由于耐水性较差以及易霉变等缺点，随着合成树脂胶黏剂的发展，用量逐渐减少。

（3）植物蛋白胶黏剂

随着世界由工业化社会向生态化社会发展，木材工业面临资源短缺、环境保护等重大问题，利用大宗农产品等可再生资源生产环保型的绿色化工产品已经引起世界各国工业界的重视，给木材胶黏剂带来了新的挑战和机遇。对环境无害而又可再生的植物蛋白胶黏剂日益得到人们的重视和青睐，开发植物蛋白基木材胶黏剂已成为国内外学者普遍关注的研究课题。

但是植物蛋白胶黏剂普遍存在"耐水性差，胶合强度弱，成本高，固化温度高和固化速度慢"等问题。近年来研究表明，通过化学改性方法能从一定程度上改善蛋白基木材胶黏剂的耐水性和胶合强度。研究者通过物理、化学、生物工程方法来改性大豆蛋白，以改善其黏接强度和耐水性，如用尿素、十二烷基硫酸钠、十二烷基苯磺酸钠、盐酸胍等溶液改性大豆蛋白，改性后的蛋白质其部分藏于内部的疏水端将转而朝向外，疏水部位相互作用而形成胶束团，增加疏水性进而提高胶接性能，或者加入交联剂，使得大豆蛋白形成稳定的网状结构，从而提高胶接强度。

改性后大豆蛋白胶黏剂胶合强度、黏度、稳定性虽然有所改善，但是热压温度高、固化速度慢、固体含量低、黏度大、流动性差、施胶困难、使用成本高等问题阻碍了在人造板制造中的使用。

### 9.3.8.2 碳水化合物胶黏剂

玉米、小麦、大米、木薯、土豆等都可以作为淀粉的原料，利用淀粉可以制备淀粉胶黏剂，优点是价格便宜、使用方便、无毒、可以食用。但是耐水性、耐生物分解性差等缺点阻碍其应用，可以通过改性加以改善。

可以用淀粉 100g、水 300g、搅拌后加 30%NaOH 25mL，搅拌 1h，用酸调 pH 值为 7.5，加甲醛水溶液 10mL，油酸钠 1g，搅拌均匀制备日用糨糊。

### 9.3.8.3 其他天然树脂胶黏剂

纤维素不溶于一般溶剂，不能直接用作胶黏剂。一般要化学改性之后，才可以溶解做胶黏剂。木质素、单宁、生漆、松香、虫胶和沥青等天然树脂的化学组成不同，但都可以在一定条件下作为胶黏剂使用。其中木质素、单宁主要用来代替苯酚生产酚醛树脂，用于刨花板、胶合板制造。生漆、松香和虫胶在室内装饰工程中应用较少。沥青则是常用的室内防水胶黏剂。

## 本章小结

胶黏剂是家具生产中不可缺少的辅助材料，在人造板生产中应用也很广泛。常用的胶黏剂品种为各种合成树脂胶，包括脲醛树脂、酚醛树脂和三聚氰脲醛树脂等。此外，聚醋酸乙烯酯乳液胶（PVAc）和乙烯-乙酸乙烯酯共聚物（EVA）等热熔胶以及部分天然树脂胶也在家具部件的黏接中起着重要的作用。

## 思考题

1. 简要说明几种胶接理论要点及局限性。
2. 合成脲醛树脂胶黏剂时尿素为什么要分批加入？
3. 简述酚醛树脂胶黏剂的合成原理，合成热塑型和热固型酚醛树脂的条件分别是什么？
4. 简述聚乙酸乙烯酯乳液胶黏剂合成及"固化"机理。
5. 简述热熔胶的主要成分及各组分的作用。
6. 简述聚氨酯胶黏剂的胶接机理。

## 推荐阅读书目

# 参 考 文 献

奥塔卡·麦赛尔，桑德·奥尔特曼，卡劳特·凡·维基克. 坐设计：椅子创意世界［M］. 济南：山东画报出版社，2011.
程汉亭，刘书伟，黎明. 名贵硬木树种及木材识别［M］. 北京：中国农业科学技术出版社，2014.
邓旻涯. 家具与室内装饰材料手册［M］. 北京：人民出版社，2007.
迪米切斯·考斯特. 建筑设计师材料语言：木材［M］. 北京：电子工业出版社，2012.
杜少勋. 皮革制品造型设计［M］. 北京：中国轻工业出版社，2011.
黄世强. 胶黏剂及其工程应用［M］. 北京：机械工业出版社，2006.
江敬燕. 圆竹家具的研究［D］. 南京：南京林业大学，2001.
江泽慧. 世界竹藤［M］. 沈阳：辽宁科学技术出版社，2002.
克里斯·来福特瑞. 欧美工业设计5大材料顶尖创意：玻璃［M］. 上海：上海人民美术出版社，2004.
克里斯·来福特瑞. 欧美工业设计5大材料顶尖创意：金属［M］. 上海：上海人民美术出版社，2004.
克里斯·来福特瑞. 欧美工业设计5大材料顶尖创意：塑料［M］. 上海：上海人民美术出版社，2004.
李婷，梅启毅. 家具材料［M］. 2版. 北京：中国林业出版社，2016.
李重根. 金属家具工艺学［M］. 北京：化学工业出版社，2011.
林金国. 室内与家具材料应用［M］. 北京：北京大学出版社，2011.
刘晓红，王瑜. 板式家具五金概述与应用务实［M］. 北京：中国轻工业出版社，2017.
刘晓红. 家具胶黏剂实用技术与应用［M］. 北京：中国轻工业出版社，2014.
刘一星，赵广杰. 木材学［M］. 2版. 北京：中国林业出版社，2012.
伦敦设计博物馆. 50把改变世界的椅子［M］. 北京：中信出版社，2010.
毛成栋. 家用纺织品配饰设计与产品开发［M］. 北京：中国纺织出版社，2015.
谭守侠，周定国. 木材工业手册（Ⅰ）（Ⅱ）［M］. 北京：中国林业出版社，2007.
王承遇，陶英. 玻璃材料手册［M］. 北京：化学工业出版社，2008.
吴智慧，李吉庆，袁哲. 竹藤家具制造工艺［M］. 北京：中国林业出版社，2009.
吴智慧，徐伟. 软体家具制造工艺［M］. 北京：中国林业出版社，2008.
邢声远，周硕，曹小红. 纺织纤维与产品鉴别应用技术手册［M］. 北京：化学工业出版社，2016.
郁文娟，顾燕. 塑料产品工业设计基础［M］. 北京：化学工业出版社，2006.
周定国. 人造板工艺学［M］. 2版. 北京：中国林业出版社，2011.
朱毅，孙建平. 木质家具贴面与特种装饰技术［M］. 北京：化学工业出版社，2011.
Charlotte and Peter Fiell. Modern Chair［M］. Italy：TASCHEN Press，2002.
GB 18580—2017《室内装饰装修材料　人造板及其制品中甲醛释放限量》［S］. 北京：中国标准出版社，2017.
GB 18583—2008《室内装饰装修材料　胶黏剂中有害物质限量》［S］. 北京：中国标准出版社，2008.
GB 28241—2012《塑料家具中有害物质限量》［S］. 北京：中国标准出版社，2012.
X-Knowledge Co.，Ltd. 布艺与家具设计终极指南［M］. 武汉：华中科技大学出版社，2015.
X-Knowledge Co.，Ltd. 木材设计终极指南［M］. 武汉：华中科技大学出版社，2016.